非常规油气开发地质建模与数值模拟丛书

致密砂岩储层描述与地质建模技术

张云峰 等 著

科学出版社

北 京

内 容 简 介

本书系统介绍了致密砂岩储层描述与地质建模技术。以准噶尔盆地吉木萨尔凹陷芦草沟组、松辽盆地北部齐家凹陷高台子油层、松辽盆地南部大安凹陷扶余油层为主要研究对象，分析了源内咸化湖泊相、源上三角洲相和源下河流相致密砂岩储层成因机制与分布模式，在此基础上应用致密砂岩储层精细描述与建模技术，揭示了致密砂岩储层微纳米级孔隙类型、结构形态特征，应用实例介绍了致密砂岩储层天然裂缝和不同压裂模式下人工裂缝识别与评价技术、优质储层识别与预测技术及非常规储层地质建模关键技术。

本书可供从事油气储层地质研究的科技人员使用，也可供高校相关专业的师生阅读参考。

图书在版编目(CIP)数据

致密砂岩储层描述与地质建模技术/张云峰等著. —北京：科学出版社，2020.5
（非常规油气开发地质建模与数值模拟丛书）
ISBN 978-7-03-051180-5

Ⅰ. ①致⋯ Ⅱ. ①张⋯ Ⅲ. ①致密砂岩–砂岩储集层–地质模型 Ⅳ. ①P588.21

中国版本图书馆 CIP 数据核字（2016）第 321190 号

责任编辑：焦　健　柴良木／责任校对：王　瑞
责任印制：肖　兴／封面设计：铭轩堂

科学出版社 出版
北京东黄城根北街 16 号
邮政编码：100717
http://www.sciencep.com

北京九天鸿程印刷有限责任公司 印刷
科学出版社发行　各地新华书店经销

＊

2020 年 5 月第　一　版　　开本：787×1092　1/16
2020 年 5 月第一次印刷　　印张：14 1/4
字数：330 000

定价：198.00 元
（如有印装质量问题，我社负责调换）

《非常规油气开发地质建模与数值模拟丛书》
编 委 会

主　　任：冉启全

副 主 任：张云峰　龚　斌

成　　员：(按姓氏笔画排序)

马世忠　王志平　王剑秦　石　欣

兰正凯　刘宗堡　李　宁　李俊超

张　雁　袁江如　徐梦雅　彭　晖

《致密砂岩储层描述与地质建模技术》主要作者名单

张云峰　马世忠　吕延防　刘宗堡

张　雁　李易霖　文慧俭　冯福平

王剑秦　李婷婷

前 言

随着油气地质勘探理论不断发展,非常规油气资源成为全球石油储量及产量增长的新热点。近年来,非常规油气地质科学方面的研究取得了巨大进步。常规的油气勘探更多地关注生、储、盖、运、圈、保等条件,而对于非常规油气资源来说,致密砂岩储层的精细研究是非常规油气资源勘探与开发的关键。在当今全球能源紧张的情况下,非常规油气资源是非常重要的资源类型,而致密油则是研究的热点。对于致密砂岩储层微纳米孔隙发育的研究,以目前常规储层分析技术与手段,不但难于识别微纳米孔隙,更难于研究其孔隙结构、渗流特征,且微纳米级孔隙结构与常规储层孔隙结构在静态、动态特征上存在很大差异,甚至其机理完全不同。美国高度重视致密油的勘探开发并取得了巨大成功,其致密油产量在2018年达到$3.30×10^8$t,国际能源署与石油输出国组织均预测2025年美国致密油产量将达到$4.25×10^8$t。北美洲地区页岩气储层纳米级孔径范围为$5\sim160$nm,主体为$80\sim100$nm。致密油资源在中国分布范围广,在鄂尔多斯盆地、四川盆地、准噶尔盆地等都有分布。全球致密油可采资源量为$4.73×10^{10}$t。

目前,我国致密油勘探开发研究快速发展,但毕竟起步晚,经验较少。近年来,我国借鉴美国对致密油勘探开发的经验,加大了对致密油的勘探开发,现已形成有体系的勘探格局。在鄂尔多斯盆地、松辽盆地、准噶尔盆地、四川盆地、渤海湾盆地、三塘湖盆地等多口探井中发现工业油流,并形成多个致密油产区,如鄂尔多斯盆地三叠系延长组长7段、准噶尔盆地二叠系芦草沟组、松辽盆地青山口组-泉头组、四川盆地中-下侏罗统、渤海湾盆地沙河街组、三塘湖盆地芦草沟组。除此之外,在柴达木盆地、二连盆地、雅布赖盆地等勘探中也取得了明显成效。

本书针对致密砂岩储层的复杂性,紧密围绕致密砂岩储层的成因与分布、微观孔隙结构、裂缝与优质储层等认识难题,开展精细描述与建模关键技术攻关,综合了三维数字岩心技术、Maps图像拼接技术、恒速压汞技术等,同时结合铸体薄片等分析技术方法,在致密砂岩储层微纳米孔隙发育特征及定量分析技术上形成了明显创新,揭示了致密砂岩储层成因机理,建立有效储层分布模式,突破致密砂岩储层精细描述与地质建模技术,研发了具有自主知识产权、适合致密砂岩储层的精细描述与建模软件,为油气藏数值模拟提供了有效的地质模型支撑。本书形成了一套针对致密砂岩油气储层精细描述、地质建模、数值模拟的创新理论和特色技术,丰富了石油地质理论。

本书由东北石油大学致密油成储成藏机理及预测科研团队完成,分为七章。其中,第一章致密砂岩储层成因机理由张雁、张云峰执笔;第二章致密砂岩储层类型及其分布模式由刘宗堡、马世忠、吕延防、李易霖执笔;第三章致密砂岩储层微观孔喉结构精细表征及主控因素分析由文慧俭、李易霖执笔;第四章致密油充注孔喉下限研究由臧起彪、李易霖执笔;第五章致密储层人工裂缝复杂缝网形成机理由冯福平、胡超洋执笔;第六章致密砂岩优质储层识别与预测由孙雨、张云峰、李婷婷、李易霖执笔;第七章致密砂岩储层建模技术研究由李易霖、王剑秦、马世忠执笔。全书由李易霖、曹思佳、陶振统稿，吕延防、马世忠审定。

感谢国家自然科学基金面上项目（41572132、41772144），黑龙江省自然科学基金项目（重点项目）（ZD2016007），国家高技术研究发展计划（863计划）项目（2013AA064903），国家科技重大专项（2017ZX05001-003）对本书的资助。

作　者
2019年11月

目　　录

前言

第一章　致密砂岩储层成因机理 ·· 1
　第一节　致密砂岩储层的构造成因机理 ································ 1
　第二节　致密砂岩储层沉积成因机理 ··································· 8
　第三节　致密砂岩储层的成岩作用机理 ································ 16
　第四节　致密砂岩储层的甜点类型及成因 ····························· 26
　第五节　典型致密油藏基本特征 ·· 28

第二章　致密砂岩储层类型及其分布模式 ································ 38
　第一节　岩相划分 ·· 38
　第二节　岩相控制下的微相发育特征 ··································· 44
　第三节　岩相控制下的沉积微相空间分布规律初探 ·················· 52
　第四节　沉积微相平面组合特征初探 ··································· 57

第三章　致密砂岩储层微观孔喉结构精细表征及主控因素分析 ······ 59
　第一节　储层微观孔喉结构精细表征研究 ····························· 59
　第二节　储层微观孔喉结构主控因素 ··································· 100

第四章　致密储层人工裂缝复杂缝网形成机理 ·························· 115
　第一节　致密储层脆性特征研究 ·· 115
　第二节　致密储层人工裂缝起裂、延伸和转向机理 ·················· 124
　第三节　致密储层人工裂缝评价方法 ··································· 140

第五章　致密砂岩优质储层识别与预测 ································· 149
　第一节　不同类型致密砂岩优质储层识别与评价方法 ··············· 149
　第二节　优质储层预测实例研究 ·· 156

第六章　致密砂岩储层建模技术研究 ···································· 174
　第一节　致密砂岩储层纳米级孔喉建模技术 ·························· 174
　第二节　致密砂岩储层宏观地质建模技术 ····························· 182

参考文献 ·· 217

第一章 致密砂岩储层成因机理

第一节 致密砂岩储层的构造成因机理

构造运动在造成温度和压力变化的同时，对异常压力区的形成、成岩阶段以及改造裂缝高渗带等方面都有巨大的影响。

一、致密储层多形成于构造稳定的负向构造单元内

从目前国内外致密油气藏分布的位置来看，致密油气藏主要分布于前陆盆地拗陷-斜坡、拗陷盆地中心及克拉通向斜部位等负向构造单元，从各油田油气分布来看，油气并不局限于二级构造单元，而是涵盖了盆地中心及斜坡，有效勘探范围扩展至全盆地，油气具有大面积分布、丰度不均一的特征。

一般致密油气藏多形成于深层，而随着地层埋深的增加，在上覆地层压力作用下，地层孔隙度、渗透率、孔喉半径逐渐减小，当减小到某一数值时，浮力对油气运移成藏不再起主导作用，此时油气运移的动力主要为异常压力、扩散作用力和毛细管压力差。其中，异常压力和扩散作用力主要来源于生烃增压，即干酪根生成烃类后，体积会急剧增加，当围岩为致密储层时，压力向外传导缓慢，导致异常高压。毛细管压力差则主要出现在砂泥交互界面上，储层岩石颗粒越小，孔径越小，毛细管压力越大。在源储层交界的位置，毛细管压力差是由源岩指向砂岩，油气因此进入砂岩的孔喉中。原始条件下，岩石是亲水的，所以原来砂岩孔喉中的水由小孔喉流出，使砂岩内含油饱和度不断增加。由此可见，与烃源岩相邻接、大面积分布的砂泥交互结构是致密油藏形成的必备条件，而构造稳定的负向构造单元则更易于具备这样的条件。

负向构造单元中心多为构造地势最低的位置，长期处于还原环境，多发育多时代烃源岩，主要为暗色泥岩、泥页岩及石灰岩夹杂层，发育的各类烃源岩可分属多个时代或在多个层段均有分布（其单层厚度不等，厚度从几十厘米到几十米）。作为主要储集层的砂质岩与相邻的烃源岩呈互层状分布。储集层与烃源岩表现出烃储相连、储盖一体的特征。有的为不等厚互层且以砂质岩为主，储集层与烃源层呈旋回状分布，个别地区烃源岩就是储集岩。在这种条件下的平面上，油气或滞留在烃源岩内，或连续分布于紧邻烃源岩上下的大面积致密储层中；纵向上，多层系叠合连片含油，形成大规模展布的油气聚集。流体分异差，无统一的油水界面，油、气、水常多相共存，含油气饱和度变化大，具有整体普遍含油气的特征。

吉林大安-红岗地区位于松辽盆地南部中央拗陷区西北部大安-古龙生油凹陷边部，面积 $2278km^2$，在生油凹陷内主要发育白垩系青山口组、嫩江组两个主要生油层系。嫩江组暗色泥岩厚 396~610m，占地层总厚的 88.9%~91.2%，单层最大厚度>140m，嫩一段暗色泥岩厚度大、有机质丰度高，综合评价有机质类型为Ⅰ型；青山口组暗色泥岩厚 101.5~315.5m，占

地层总厚的33%~79.7%，泥岩单层厚度最大为72m，颜色以灰黑色为主，质纯，性脆，有机质丰度较高，母质类型为Ⅰ~Ⅱ$_1$型。大安地区扶余油层属于典型致密砂岩储集层，储集层孔隙度为1.1%~13.5%，渗透率为0.01×10^{-3}~20.00×10^{-3}μm^2，以致密储层为主。与青山口组烃源岩相邻，综合评价证实大安–古龙是最好的生油凹陷，红岗北地区长期处于油气运移的指向，具备充足的油源条件。吉林大安研究区位置如图1-1所示。

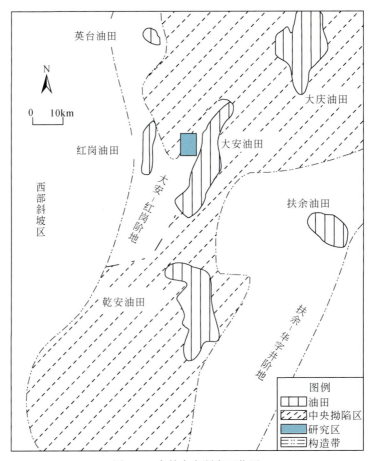

图1-1 吉林大安研究区位置

构造稳定平缓利于砂体大面积分布。国内外大量典型致密气藏的构造倾角普遍小于2°（表1-1）。其原因可能是构造平缓，水动力不很强，可形成大面积的砂体，沉积颗粒不容易按成分和密度分异，泥质含量也会较高。同时缺少构造变形使得裂缝不发育，不能增加其渗流通道和储藏空间。

表1-1 世界典型致密砂岩油气藏特征

油田	面积/km^2	构造倾角/(°)	储层厚度/m	孔隙度/%	渗透率/mD*
Blanco	3467	0~6	122~274	4~14	0.3~10
Hoadley	4000	0.5	20~30	8~14	0.5~1
Jonah	97	2	853~1280	8~14	0.01~1

续表

油田	面积/km²	构造倾角/(°)	储层厚度/m	孔隙度/%	渗透率/mD*
Milk River	17500	0.1	61~91	10~26	<1
Wattenberg	2600	<0.1	23~45	8~12	0.005~0.05
苏里格	37850	<1	31	8.5	0.4~36

* $1D=0.986923×10^{-12}m^2$。

吉林大安地区泉四段地层厚度变化较小，分布稳定。绝大部分区域，以10m为间距的地层厚度等值线分布极为稀疏，地层厚度一般在100~120m（图1-2）。在这样大的面积

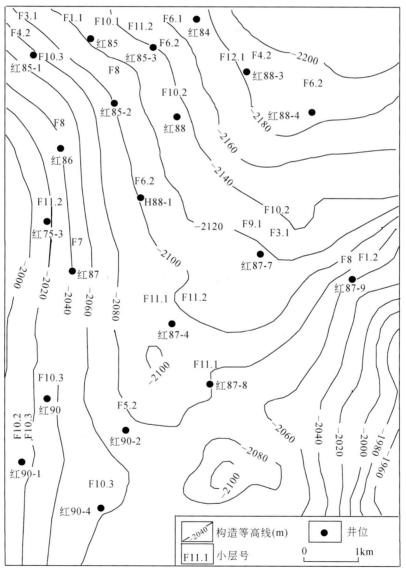

图1-2 泉四段地层厚度等值图

内，地层厚度变化仅有 20~30m，最大厚度差只有 60m，反映了该区泉四段沉积时期区内差异沉降很小，地势极为平缓。粗略估算，当时平行盆地长轴方向的总体地势坡度约为 1°，西部垂直盆地长轴方向的总体地势坡度约为 2°。

应用回剥的方法得到泉四段形成历史图件（图1-3），可以看出泉四段在青-3 沉积末期地层非常平缓，几乎没有起伏；在青一段沉积末期依然保持整体平缓的构造局面；在青二段沉积末期研究区中部出现局部凹陷，已形成现今构造的雏形；从青三段沉积末期到嫩江组沉积末期可见是构造坡度稳定增大的过程；从嫩江组沉积末期到新生界沉积末期，构造形态几乎没有发生变化，只是埋深在增加。

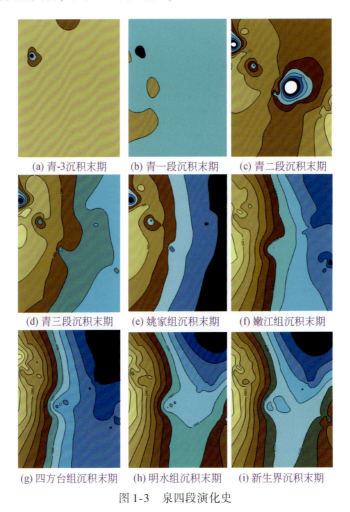

图1-3 泉四段演化史

二、水平构造运动及对致密储层物性的影响

水平构造运动会使岩石发生变形（弹性、塑性和断裂等变形），当应力超过岩石的弹性极限时，即发生塑性变形；当应力超过岩石的强度极限时（或破裂极限）就发生断裂变

形。在弹性变形之后和断裂变形之前的塑性变形阶段会出现屈服或塑性流变现象。因此岩石所承受的挤压或拉伸作用产生的塑性变形会对岩石成岩或孔隙演变产生影响。

外力的影响使得岩石内部颗粒质点产生滑移。一般情况下，刚性颗粒本身的大小和形态基本未发生改变，塑性颗粒可发生不同程度的形态改变。这种粒间滑动是构造变形对成岩作用产生影响的主要变形机制。影响这种塑性变形的因素有岩石本身的力学性质，如岩石的成分、粒径和分选性等。岩屑砂岩及长石岩屑砂岩相对于石英砂岩或硅质岩屑含量较高的砂岩而言，前者抗压强度较低，岩石的塑性变形较强。影响岩石塑性变形的外部地质因素有上覆岩石载荷、温度、流体、时间、构造应力大小和构造变形方式等。区域构造变形强度的递增，造成砂岩成岩强度的显著加强，孔隙度明显减少，储层类型也从原生型或次生-原生型变为裂缝-孔隙型或孔隙-裂缝型。

中国学者对塔西南和库车拗陷挤压应力与孔隙度减小量进行了实验测试。结果表明水平构造变形对砂岩压实作用的影响是比较显著的，也具有普遍性。无论在区域上，还是局部构造，只要有水平构造应力的存在就会对砂岩的压实作用产生影响。它引起的砂岩压实速率在 $0.00094 \sim 0.001141 \mathrm{Ma}^{-1}$ 之间。

变形而不破裂，说明岩石塑性较强。这种塑性变形应该是发生在成岩作用的早期，塑性矿物比较多而且占据较大空间，由于应力变化，塑性矿物优先变形，岩石整体随之发生变形，同时改变了储层孔隙空间。当变形达到破裂极限时，岩石破裂并形成断层，断层的存在代表了脆性断裂，应力得到了充分的释放。断裂对物性的影响可能更多地体现在裂缝分布方面，而对孔隙的影响不大。

吉林大安研究区现今构造形态为凹陷和一侧缓坡的组合，断层整体不发育，但斜坡带较向斜内部断层明显更发育（图1-4）。分别选取向斜内部和陡坡带探井进行物性分析，向斜内部储层孔隙度、渗透率分布如图1-5（a）所示，陡坡带储层孔隙度、渗透率分布如图1-5（b）所示，通常向斜内部孔隙型储层孔隙度与渗透率呈对数正相关，即渗透率随孔隙度增大而增大；而陡坡带孔隙度增幅不大，渗透率增幅却很大，从铸体薄片图1-6中可见，向斜内部储层以孔隙型储集空间为主，而在发育有大断层的斜坡带，储层内的储集空间则由孔隙和裂缝混合而成。

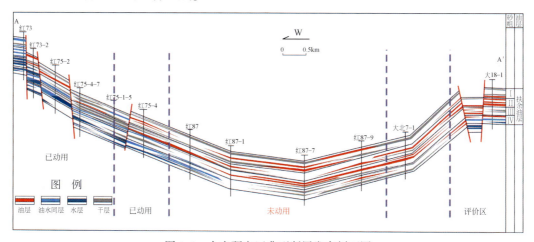

图1-4 大安研究区典型断层发育剖面图

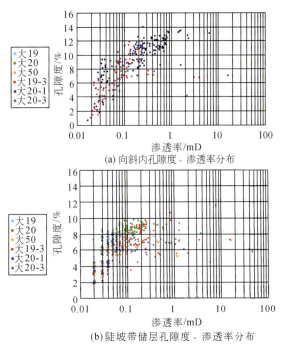

图 1-5 大安研究区向斜内部与陡坡带储层孔隙度、渗透率分布

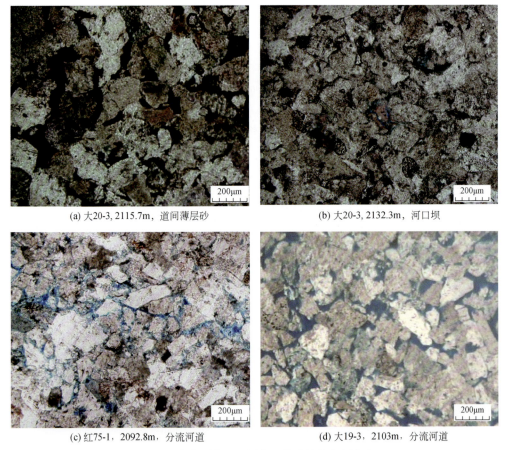

图 1-6 大安研究区不同位置微观储集空间分布

三、垂直构造运动及对致密储层物性的影响

大多数盆地经历了早期地壳持续下降和后期抬升剥蚀浅埋，其持续地壳下降往往造成强烈的压实作用，从国内外所报道的致密砂岩油气储层形成的地质年代来看，无一例外均为前新生界地层，由此可见长期地壳下降导致的持续埋藏与压实是砂岩致密的根本性机理。而地层抬升受到剥蚀，对于埋藏在其下砂岩地层是一个压力卸载的过程，在岩石的弹性范围内，也会引起砂岩地层的回弹。在骨架体积不变的假设下，砂岩地层的回弹将会导致砂岩地层孔隙扩容，为油气聚集提供更多的空间。通过物理模拟实验证实，在岩石弹性范围内，卸载会造成下伏砂体回弹，且回弹量是可观的，可超过1%；岩性是影响砂体回弹的最主要的因素，围压次之。曾经有很多学者已经注意到了这种现象，并认为它可能是一种新的油气成藏机理。这种成藏过程类似于一块海绵被挤压、舒张再挤压，使流体吸入其中孔隙的过程。对于致密储层，游离气体很难靠浮力突破毛细管阻力。这种周期性应力把天然气吸到孔隙空间，狭窄的喉道又限制了流体继续流动，最终形成致密砂岩油气藏。

研究表明，吉林大安地层有两处不整合，一是嫩江组末期至四方台组沉积开始时期的地层，二是泰康组和第四系之间的地层。红88-1井埋藏史和热史恢复图（图1-7）显示，泉四段沉积之后在很短的时间（约10Ma）就达到了现今埋深的90%，在此之后主要是缓慢地沉降和二次抬升，因此本区泉四段砂岩的压实成岩过程不是均匀的，而是一个前期快速完成，后期缓慢改变的过程，研究区构造沉降曲线显示了泉四段沉降过程（图1-8）。

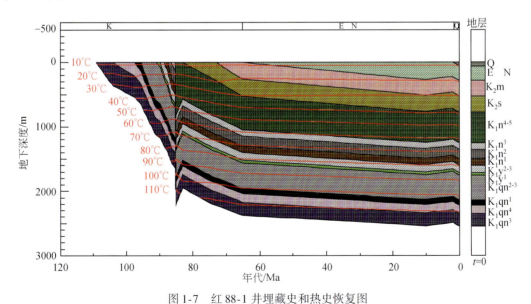

图1-7　红88-1井埋藏史和热史恢复图

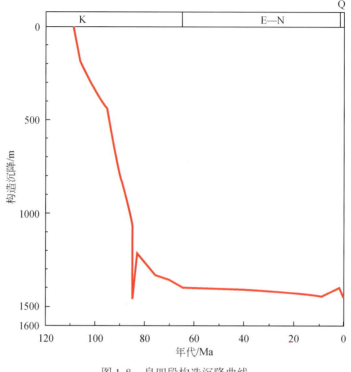

图 1-8 泉四段构造沉降曲线

压实作用（埋藏和热演化）对物性的影响可以从孔隙度-埋深图中充分显示，总体上孔隙度值随深度增大而逐渐降低。500m 以内数据相对较少，孔隙度变化不明显；800～2300m 孔隙度下降趋势明显。研究区扶余油层的深度多在 1900～2300m 之间，在这个深度范围内，孔隙明显增多。考虑到本区油源区主要为邻近的大安-古龙生油凹陷，青山口组暗色泥岩厚 101.5～215.5m，已进入生烃门限，可为本区提供充足的油气资源。嫩江组沉积末期，大安-古龙生油凹陷青一段烃源岩进入第一次大量生排烃期，在此期间发生构造整体抬升事件并伴随构造释压作用，孔隙度会相应反弹增大，油气及酸性流体就近进入储层空间，引起溶蚀扩容。

第二节 致密砂岩储层沉积成因机理

沉积环境不仅控制砂体的类型、形态、厚度、规模及空间分布，影响砂体的平面和纵向展布与层间、层内的非均质性，而且还在微观上决定着岩石碎屑颗粒大小、填隙物多少、岩石结构（分选、磨圆度、接触方式）等特征。其在决定了岩石原始孔渗性好坏的同时，对后期成岩改造也有较大影响，因此沉积环境是决定致密储层物性的前提条件。

一、海、湖过渡环境是致密油的主要形成环境

从国内主要致密油储层的形成环境来看（表 1-2），国内外致密油主要形成于（海）

湖相碳酸盐岩、深（海）湖水下三角洲砂岩、深（海）湖重力流砂岩等三种储集层内，均为海、湖过渡环境的产物。

表1-2 不同地区致密油储层形成环境统计表

地区	层位	埋深/m	沉积环境	岩石类型	孔隙度/%	渗透率/mD
鄂尔多斯盆地	三叠系延长组	1000~2600	湖泊三角洲	岩屑长石细砂岩	7~13	0.02~0.3
松辽盆地	白垩系泉头组扶杨油层	1800~2400	湖泊三角洲	岩屑长石、长石岩屑粉砂岩	5~12	0.03~1.2
松辽盆地	白垩系青山口组高台子油层	1800~2360	湖泊三角洲	岩屑长石、长石岩屑粉砂岩	5~12	0.02~2
准噶尔盆地	二叠系芦草沟组	2300~4500	咸化湖相	云质粉细砂岩	6~20	<1
四川盆地	侏罗系大安寨组、沙溪庙组	1400~3200	湖泊三角洲	介壳灰岩、粉细砂岩	2~5	0.03~0.65
渤海湾盆地	古近系沙河街组	1800~3000	扇三角洲、深水浊积扇	泥晶云岩、方沸石	2~8	0.01~0.1

在致密油藏中，孔喉极为细小，岩石内部发育大量的微纳米级孔喉网络，这种孔喉网络在具有强大的毛细管力的同时，也限制了浮力在油气聚集中的作用，油气的聚集主要是在源储压差的作用下就近发生，具有运移距离短但排烃效率高等特点。可见致密油藏只有当储层与烃源岩相邻时才有可能形成，而海、湖过渡环境正好具备了形成优质烃源岩及烃源岩与储层相邻的有利条件。

（一）海、湖过渡环境有利于形成优质烃源岩

陆相盆地有利于形成优质烃源岩的条件和环境：古气候潮湿、温暖；相对稳定的持续沉降并具有相当规模的半深湖-深湖区；水体高富营养化，利于湖盆中藻类等生物的高产能；还原环境，形成如湖相纹层状富含生物残体的暗色泥岩、泥页岩等欠补偿的细粒生物沉积；发育多套较厚、有机质丰度高、干酪根以Ⅰ-Ⅱ$_1$型为主的烃源岩。

海相优质烃源岩多沉积在陆棚、陆台内的凹陷（盆地）及其斜坡地带，水体相对稳定，一般水深在30~300m。这些地带养料和阳光充足，导致水体中海洋生物大量繁殖，从而形成富有机碳的海相沉积，具有较高的生烃潜力。

（二）海、湖过渡环境具备了源储相间或相邻的天然条件

致密油主要储集在与烃源岩紧密相邻的储层中，从而使生油层形成的油气无须经过大规模长距离运移而直接聚集。

例如，咸化湖泊碳酸盐沉积环境中，优质烃源岩与碳酸盐富集层或膏盐层呈互层分布，咸化湖泊碳酸盐岩夹持在半深湖-深湖相暗色泥页岩中，致密油成藏条件优越。深湖水下前三角洲沉积环境中，在形成优质泥质烃源岩沉积的同时，接受三角洲前缘输送的薄层粉细砂岩沉积，从而形成优质烃源岩与薄层粉细砂岩互层或紧邻、源储紧密接触的地质

特征。深湖凹陷或斜坡部位，其本身处于生烃凹陷中心，由于水体扰动而出现重力流沉积体与烃源岩直接接触。

(三) 海、湖过渡环境下形成的储层组构特征更易于致密化

在海、湖过渡环境下，致密储层多处于三角洲前缘亚相，与三角洲分流平原相比，前缘内的各种砂体搬运距离更长，水动力减弱，粒度更细，多以细砂、粉砂、泥质粉砂岩等为主，且泥质含量更高，因此原生孔隙发育较差。操应长等通过室内实验证明，在受到相同压力时，粒度小的颗粒与粒度大的颗粒相比，其孔隙度变化更大，即在地质历史的埋藏过程中，粒度较细的砂岩减孔量较大，更易于压实而致密。以齐家地区青山口组和姚家组为例，青山口组沉积时期，研究区湖域面积最广，主要发育三角洲内前缘、外前缘、前三角洲等亚相类型；姚家组沉积时期，湖盆萎缩，研究区主要发育三角洲内前缘亚相。从研究区 257 口井的粒度中值随深度变化过程 [图 1-9 (a)] 可以看出，姚家组岩石粒度中值大于青山口组岩石粒度中值，且不同地层岩石粒度中值随深度变化不大；但从孔隙度随深度变化过程 [图 1-9 (b)] 可以看出，二者孔隙度均随深度增加而减小，但青山口组样品的孔隙度随深度减小更多，而姚家组样品的孔隙度随深度减小较少。

粒径小的颗粒比表面积较大，在承受同样压力的情况下不易发生变形、滑动，负荷的压力大都用来挤压孔隙，造成粒度小的砂样孔隙度变化较快；而粒度大的颗粒，相对受的压力就要大一些，会分担一部分挤压孔隙空间的力，从而使埋藏过程中的孔隙度变化较慢。因此，颗粒较细的砂岩较粗砂岩减孔量更多。

分选对砂岩压实作用也有重要影响，分选系数越大，压实减孔量就越大。这主要是分

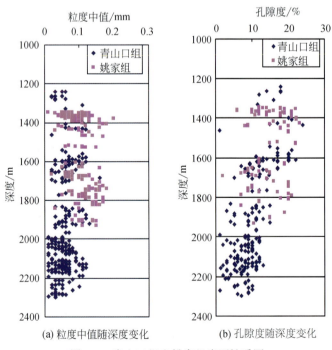

图 1-9 青山口组和姚家组岩石性质图

选越差，较细颗粒越易充填在较粗颗粒排列形成的孔隙之中，使孔渗性越差，压实过程中颗粒重排越容易，减孔量越大。

二、沉积作用是形成致密储层物性差异的前提和基础

沉积作用决定了储层岩石的原始组分和结构，也就决定了储层的原始物性，分选好、颗粒粗、刚性矿物含量高的储层物性更好。同时，原始储层性质对后期成岩作用也具有比较大的影响。原始孔隙结构好、岩性纯的储层在成岩作用过程中利于酸性水的流通，利于溶蚀作用的发生，使孔隙得以连通。因此，沉积作用不仅对原始孔隙结构具有控制作用，而且对成岩作用也具有控制作用，是影响储层物性的先决因素。

（一）沉积作用控制着致密储层原始物性差异及分布

储层原始物性好坏及空间分布主要受储层岩石组分、粒度、分选等特征的影响，而这些性质主要受沉积时气候环境、水动力条件、物源供给等因素的影响。

1. 母岩性质及距离物源远近控制着储层岩石的组分特征

沉积物物源是影响储层物性的主要因素之一，母岩类型影响岩石颗粒、胶结物的成分及含量，距离物源区的远近影响砂岩的成分成熟度，从而影响储层的物性特征。

从母岩性质来看，当岩屑成分以岩浆岩或泥岩为主时，塑性较强，遭受压实作用时更容易发生变形，或挤入粒间孔隙中，使岩石孔隙减孔率较大。随着搬运距离的增加，沉积物成分成熟度增加，石英等刚性颗粒含量增加，使岩石抗压强度增加，岩石在压实作用下减孔率较小。图1-10和图1-11中比较了吉林大安地区和古龙向斜地区的岩石成分和孔隙度随埋藏深度变化，吉林大安地区的岩石成分中石英含量较古龙向斜地区大，故吉林大安地区孔隙度随深度变化比古龙向斜地区小。

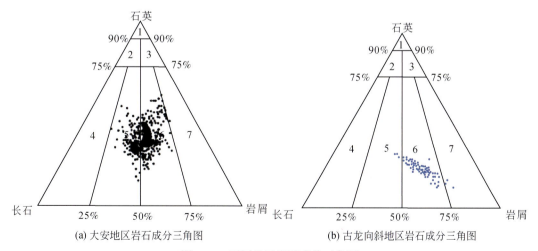

图1-10 不同地区岩石成分三角图

1. 石英砂岩；2. 长石石英砂岩；3. 岩屑石英砂岩；4. 长石砂岩；5. 岩屑长石砂岩；6. 长石岩屑砂岩；7. 岩屑砂岩

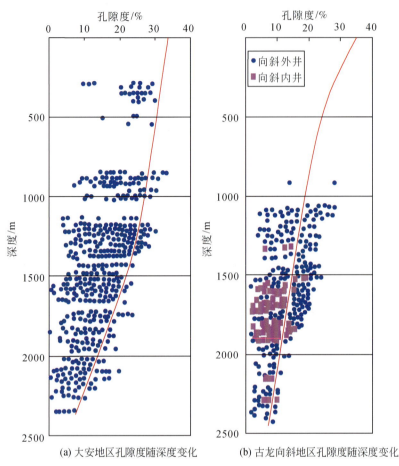

图 1-11　埋藏深度对不同地区孔隙度影响图

2. 相对高能成因砂体是致密油藏中的有利储层

沉积相是储层发育的基础，对储层的物性及时空展布规律具有明显的控制作用。在沉积相带不同时，碎屑成分、粒度及泥质含量等也不同，导致物性发生变化；在同一沉积相带中，水动力条件的变化使沉积物成分有所不同，导致渗透率产生差异。

一般情况，在高能环境下，水动力条件强，床沙经过强烈的筛选、磨蚀和搬运，形成结构成熟度和成分成熟度均较高的砂岩，这类砂岩通常黏土杂基含量低、不稳定组分含量低、磨圆程度高、分选好、粒度相对较粗，因此，这类砂岩的初始孔隙度比较高，通常为40%。在研究区，这类高能环境主要为不同类型的分流河道微相，如高位下切河道、水进积型河道和下切分流河道以及河口坝等。而低环境，如决口扇、前缘席状砂等环境，水动力条件相对较弱，沉积物颗粒细小，悬浮搬运的黏土、云母类成分含量相对较高，一般为粉砂岩或泥质粉砂岩，因此砂岩初始孔隙度一般较低，通常为30%。一般来说，初始物性比较好的砂岩一般在埋藏成岩改造后，也具有相对较高的物性参数，即具有继承性，除非遇到特殊的成岩改造作用，如强烈的晚期碳酸盐充填作用。而初始物性本来就差的粉砂岩，经过成岩改造后，物性相对也比较差，同样具有继承性，除非遇到强烈的溶蚀改造。

吉林大安扶余油层主要发育分流河道、坝缘溢岸薄层砂、天然堤、河口坝、席状砂、分流间等砂体类型。从图 1-12 可见，不同砂体有效孔隙度、水平渗透率具有一定差异。分流河道有效孔隙度、水平渗透率最高，其次是河口坝，而天然堤、分流间及坝缘溢岸薄层砂的有效孔隙度、水平渗透率较低。

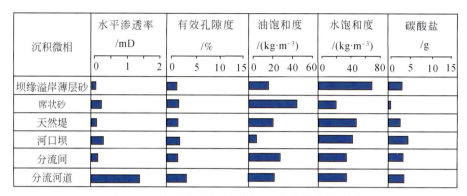

图 1-12　吉林大安扶余油层不同微相物性统计图

不同沉积微相含油级别差异较大，分流河道微相以含油、油浸和油斑为主；河口坝微相为油斑、荧光和不含油；席状砂微相为油斑和不含油；天然堤微相为不含油；坝缘溢岸薄层砂微相为油斑、荧光和不含油；分流间为荧光和不含油（图 1-13）。这种差异是油气充注难易程度的反映，即高能成因砂体较低能成因砂体孔喉更发育，储层孔隙度、渗透率更高，油气更易于充注，是致密油藏的有利储层。

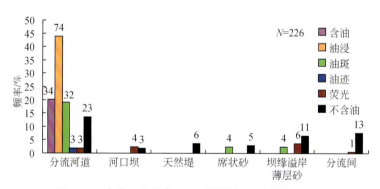

图 1-13　吉林大安扶余油层不同微相含油性统计图

（二）沉积作用对成岩作用具有重要影响

不同沉积环境不仅影响着微相砂体的颗粒组成、大小分布等原始性质，其对后期成岩作用的影响也不容小觑，主要表现为不同沉积环境下发生的成岩作用类型、组合、先后顺序不同。

低孔隙度、低渗透率储层一般发育在冲积扇、水下扇、扇三角洲平原亚相、三角洲前缘末端等相带中，这些相带中沉积物分选性差，泥质含量较高，压实作用强烈，在成岩早期就变为低孔隙度、低渗透率储层。另外，在煤系或者与煤系地层相邻的储层一般为低孔隙度、低渗透率储层。煤系地层沉积时古地形平缓，沉积颗粒分选磨圆差，且煤系地层沉积环境富含水生和陆生植物，在沉积过程中或早成岩期，植物很快腐烂分解产生腐殖酸并形成酸性环境，使得碳酸盐、硫酸盐、硅酸盐等碱性条件下沉淀的胶结物不易形成，因而在早成岩期缺乏方解石、石膏、浊沸石矿物的胶结充填作用，颗粒间缺少胶结物支撑，沉积物易受压实。因此，在煤系地层中一般孔隙度小于10%，渗透率小于$1.0\times10^{-3}\mu m^{2}$，主要形成低渗透率储层。

1. 不同沉积环境对成岩作用的影响

1) 潮湿沉积环境

潮湿沉积环境多为酸性环境，如煤系地层。在早成岩早期，植物遗体在喜氧菌的作用下遭受氧化分解，形成大量腐殖酸，使地层水介质很快变为酸性，颗粒间缺乏胶结物的支撑，压实作用强烈，泥质或软岩屑呈假杂基状充填在原生孔隙中，孔隙度一般小于10%。在中成岩早期，烃源岩中形成的有机酸性水只能有限地进入，改善部分储层的储集性能。因此酸性成岩环境中压实作用是形成低孔隙度、低渗透率储层的主要原因。

2) 干旱沉积环境

在干旱沉积环境中易沉积盐系地层（碎屑岩和盐岩互层），这种成岩环境与煤系酸性成岩环境正好相反，它们在早成岩期地层水为碱性条件。因此，原生孔隙被大量方解石或石膏等强烈充填胶结，储层物性变差。不仅如此，盐系地层常常缺乏烃源岩，形成的有机酸性水很有限，酸性水的溶蚀作用弱，因此碱性成岩环境中胶结作用是形成低孔隙度、低渗透率储层的主要原因。

3) 淡水、半咸水湖泊三角洲沉积环境

在这类沉积环境中，早成岩期为弱碱性成岩环境，方解石、石膏、浊沸石等在早成岩阶段胶结充填在原生粒间孔隙中，抑制了压实作用的进行。在中成岩早期，湖相泥岩中生成的有机酸性水沿着层序界面、断层面以及三角洲叠置砂体，从烃源岩向砂岩的运移过程中溶蚀其中的胶结物及长石和岩屑颗粒，形成次生溶蚀孔隙。这些次生孔隙发育带常常是优质储层的发育带。

2. 岩石组分特征对储层成岩作用的影响

岩石颗粒成分对致密砂岩储层成岩作用具有一定的影响作用：岩石成分成熟度低，则岩石的化学和机械性质不稳定性强，抗压能力弱，孔隙度不易保存。这主要是由于成分成熟度越高，石英等刚性颗粒比例越高，易于形成支撑，不易受压变形溶蚀，从而能有效保护原始孔隙结构，保存原生孔隙，而泥质岩岩屑为塑性岩石组分，极易变形和破碎，在压实、压溶作用下，被压扁、伸长和揉皱，破坏岩石颗粒支架结构，使孔喉结构复杂化，孔喉变细，储层物性变差。

对吉林大安扶余油层砂岩矿物成分统计表明，当石英含量<30%时，孔隙度<9%，渗透率<0.2mD。随着石英含量增多，储层物性变好。当石英含量为35%时，孔隙度近14%，渗透率为0.8mD（图1-14）。

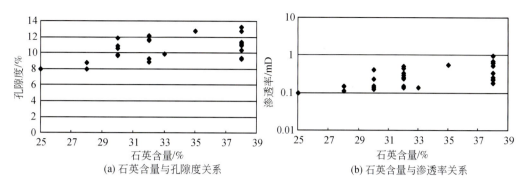

图 1-14 吉林大安扶余油层石英含量与孔隙度、渗透率关系图

3. 岩石结构特征对储层成岩作用的影响

岩石结构特征包括粒度大小、分选性等。不同微相砂体形成时的水动力条件不同,组成岩石粒度大小、分选性等各有不同。研究表明,粒度越小、分选越差,胶结物含量越高,储层物性越差。

1) 粒度对成岩作用的影响

岩石颗粒粒度是沉积水动力条件的综合反映,沉积水动力越强,则沉积碎屑颗粒越粗,颗粒表面积越小,颗粒之间的支撑力越大,连通性越好;而粒度越小的颗粒越易于滑动和重排,压实作用越易于进行,储层物性越差。

图 1-15 比较了吉林大安扶余油层分流河道、河口坝、席状砂和分流间四种微相的粒度分布频率,分流河道和河口坝相对更粗,分选性相对更好;席状砂和分流间相对较细,分选性相对较差。从吉林大安扶余油层粒度中值与孔隙度、渗透率关系图(图 1-16)中可见,当粒度中值变大,孔隙度也迅速上升,最大可达 14% 左右。

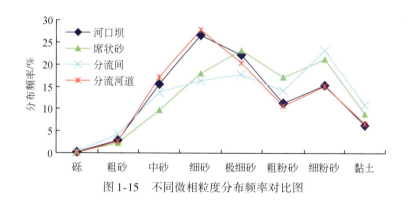

图 1-15 不同微相粒度分布频率对比图

2) 分选性对成岩作用的影响

研究表明,碎屑颗粒分选越好,粒度分布越均匀,颗粒间支撑作用越强,原生孔隙越发育,越不利于压实、胶结等导致岩石致密的成岩作用的进行,却有利于流体在其中的交换作用,溶蚀作用相对较发育,储层物性较好。

沉积物的分选程度与沉积环境的水动力条件有密切关系。沉积速度快,颗粒分选差,颗粒大小混杂,排列杂乱,粒间互相充填,孔隙缺乏,从而导致储层物性差。颗粒分选好，颗粒大小均一，排列有序，喉道均匀，粒度中值大，岩石孔隙度、渗透率就大；反之亦然。例如，红 75-1 井扶余油层砂岩分选系数<2 时，孔隙度可达 10% 以上，分选系数>2 时，孔隙度迅速下降到 10% 以下（图 1-17）。

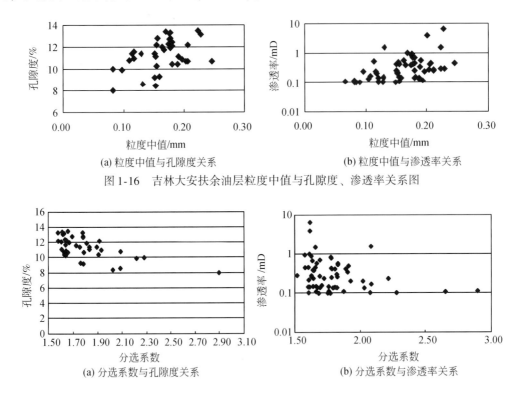

图 1-16　吉林大安扶余油层粒度中值与孔隙度、渗透率关系图

图 1-17　红 75-1 井扶余油层分选系数与孔隙度、渗透率关系图

第三节　致密砂岩储层的成岩作用机理

沉积环境决定了沉积物的组分、结构，对储层原生特征及早期成岩作用具有较大的影响，沉积物沉积后，沉积盆地的温度、压力、流体性质对储层后期成岩作用过程具有较大的控制作用。

一、致密成岩作用的影响因素

（一）地温场对致密成岩作用的影响

在砂岩埋藏成岩过程中，盆地地热场的分布和热演化史对有机质和无机沉积物的成岩演化都产生重要影响。地温场可以控制水-岩反应作用的类型和速率，如各种矿物的沉淀、转化以及压溶等，同时可显著加快砂岩的压实速率。在埋藏过程中砂岩的压实作用主要可分为上覆岩石载荷引起的机械压实作用和由盆地的地温梯度引起的热效应压实作用两种，后者即反映了地温场对压实作用的影响。

研究表明，随埋深增加，压实作用增加，孔隙度随之降低。同时，温度随深度增加而增加，孔隙度与温度具有反比关系，即随着温度增加，孔隙度降低。温度与孔隙度之间具有指数关系。

在不同地区，温度与孔隙度指数关系式是有差异的。有关学者对比分析了松辽盆地和准噶尔盆地的地层温度与孔隙度的关系发现，在相同温度条件下，松辽盆地的孔隙度比准噶尔盆地的孔隙度小（图1-18），这主要是二者地温梯度不同所致，准噶尔盆地的地温梯度为2.0℃/100m，而松辽盆地南部的地温梯度为4.0℃/100m，在上覆地层压力相同时，温度越高，岩石组分越容易变形，支撑作用越小，颗粒接触越紧密，从而引起砂岩压实量更显著，即相同深度下，较高的地温梯度对应较大的砂岩压实量或较小的孔隙度保存量，因而具有更低的孔隙度。

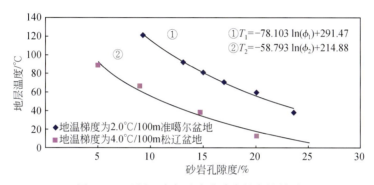

图1-18　地层温度与砂岩孔隙度的定量关系

不同地温场的盆地生油门限也有较大不同，高地温场的盆地同时代的生油岩生油门限比低地温场的生油门限浅，如白垩系烃源岩，在东部高温型盆地，如松辽盆地、二连盆地内的生油门限分别为1000~1300m之间，而在西部低温型盆地，如准噶尔盆地、塔里木盆地等的生油门限多在2400~4400m之间，比东部明显深（表1-3）。

表1-3　中国北方沉积盆地地温梯度与有机质演化程度深度表

盆地名称		东部盆地			西部盆地				
		松辽盆地	二连盆地	渤海湾盆地	酒东盆地	吐哈盆地	准噶尔盆地	塔里木盆地	柴达木盆地
源岩时代		K	J_3-K_1	E	K	J	P	C、T、E	E
有机质演化阶段界限深度/m	生油门限	1050~1300	1250	2600~2800	2660~3000	2800~3000	2400~4200	3600~4400	3100
	高成熟	2100	2600	4000~4300	—	4500	5000~6200	6200~6700	4400
	过成熟	2800	—	4600~4800				>7000	5500
地温梯度/(℃/100m)		3.70	3.50	3.58	3.00	2.50	2.07	1.98	2.70

(二) 压力场对致密成岩作用的影响

储层主要受三种压力作用,分别为油气藏内部孔隙流体压力(P_e)、上覆岩层静水压力(P_w)、储层介质内毛细管力(P_c)。由于沉积物的压实作用,地层中孔隙流体(油、气、水)所承受的压力称为孔隙流体压力,又称为地层压力。正常压实情况下,孔隙流体压力与静水压力一致,凡是偏离静水压力的流体压力即称为异常地层压力。静水压力随着埋藏深度线性增大,主要与上覆水柱高度和水密度有关;毛细管力随着埋藏深度增大,呈现指数趋势快速增大,主要与储层介质的孔喉半径有关。

通常随深度增加,上覆岩层静水压力增大,压实作用增加,储层物性变差,此时孔隙流体压力与上覆水静压力相等或相近,此即正常压力。但在某些致密气层或遭受较强烈剥蚀作用的盆地,孔隙流体压力低于静水压力,地层内部即出现异常低压或欠压;而当孔隙不畅通,且不断有液态或气态物质生成时,或体积增大时,会导致地层内压力高于周围一般地层,地层内部即出现异常高压或超压,上限为地层破裂压力。在不同压力场条件下成岩作用具有较大的差异。

相关研究表明,异常压力的发育可抑制有机质演化、有机酸生成、黏土矿物转化和胶结作用的进行,从而使储层的孔隙度随之发生改变,并影响储层的物性特征。泥岩中超压的释放有利于泥岩中已经生成的有机酸向邻近储层运移,延缓了储层的溶解作用,从而加大了次生孔隙发育的范围,异常压力发育的封闭性环境不同于常压环境,一旦异常压力封闭层破裂,必定导致异常压力体系内外物理化学条件的变化,同时也会打破原有水岩作用的化学平衡,导致原矿物的溶解或新矿物的沉淀,进而影响次生孔隙的发育。

(三) 沉积流体及生烃流体对储层物性的影响

各种不同成因不同 pH 的流体在成岩作用过程中直接与岩石颗粒接触,可起到加速化学反应等作用,流体性质不同,成岩作用不同,在储层致密化进程中的影响也不同。

在煤系地层或酸性成岩水介质环境中,酸性流体在早成岩作用阶段就很丰富,酸性流体对砂岩的溶蚀作用较强,从而降低了砂岩的抗压性,加快了后期的压实进程。

成岩阶段储层经历的变化与有机质的演化有很好的对应关系。以大安地区扶余油层为例(图 1-19),当埋深 700m 以上(早成岩阶段 A 期),以机械压实作用为主,孔隙度由 35% 降到 15%~20%,自生矿物开始形成,石英次生加大、亮晶方解石和自生黏土矿物胶结部分颗粒,降低了储层物性。埋深 900~1500m(早成岩 B 期—中成岩 A 期,伊/蒙间层第一迅速转化带),有机质处于半成熟-低成熟阶段,有机酸产量高,溶蚀作用占主要地位。溶蚀作用产生大量的次生孔隙,总孔隙度达到 18%~25%,形成第一次次生孔隙发育带。埋深 1500~2000m(中成岩 A 期伊/蒙间层第二迅速转化带),有机质处于成熟阶段,进入生油高峰,有机酸浓度降低,溶蚀作用逐渐变弱,同时黏土矿物大量生成,使得孔隙度进一步降低,为次生孔隙减少发育带,总孔隙度降低到 10%~15%。埋深 2000~2400m(中成岩 B 期),大量自生矿物的出现使得晚期胶结交代作用增强,同时也发育少量的次生孔隙,这可能与酸性水介质沿不整合运移并造成溶解有关,可形成局部次生孔隙发育带,孔隙度可达 10%~20%。

烃类充注一方面改变了孔隙流体性质，减缓或抑制了胶结作用，其所含的有机酸及大量 CO_2 等酸性气体有利于溶蚀的进行；另一方面其产生的超压能缓冲上覆地层的压实作用，使深部储集层孔隙得到保护。

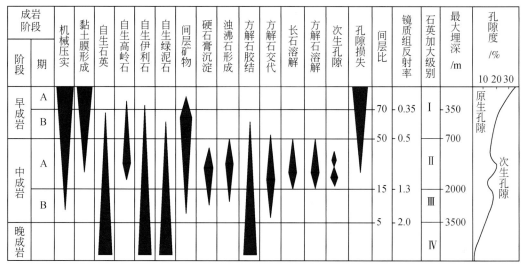

图 1-19　吉林大安地区扶余油层成岩阶段划分

二、压实致密成岩机理

压实作用是造成储层致密化最主要的因素，在成岩作用的每个阶段均有发生。压实作用的发育程度受多种因素控制，如岩石的组分、砂岩的产状、地层压力大小及胶结作用的发育程度等。

强烈的压实作用不但破坏了大部分的原生孔隙，同时也不利于次生孔隙的保存。多数情况下，压实作用造成的砂岩孔隙减少比胶结作用造成的砂岩孔隙减少更为严重。

机械压实作用的效应是使沉积物（岩）中的水分排出，孔隙度降低，体积缩小。当上覆地层压力或构造应力超过孔隙水所能承受的静水压力（达 2~2.5 倍）时，颗粒接触点上晶格会变形和溶解，即产生压溶现象。通常情况下，细砂岩比粗砂岩压溶作用的速度更快，而且其形成的埋深多大于 3000m。在致密储层的成因研究中，压溶作用主要表现为石英颗粒的压溶，是物理、化学因素共同引发的，随着作用的增强，受压溶处的颗粒接触类型依次为点接触→线接触→凹凸接触→缝合接触。

压实作用的强弱主要可通过岩石颗粒排列紧密、塑性颗粒变形或挤入孔隙、刚性颗粒表面产生微细裂纹、长形颗粒定向排列、颗粒接触关系线接触比例增加等现象反映出来（图 1-20）。强烈的机械压实作用造成了原生孔隙的大量丧失，导致孔隙流体在砂体中的流动能力大大减弱，从而使砂体的储集物性变差，是造成储层低孔隙度、低渗透率的主要成岩作用。

压实作用的强弱与深度、储层岩石矿物组成及结构特征等关系较密切。

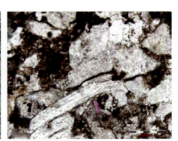

(a) 颗粒之间镶嵌接触　　　　　(b) 塑性岩屑挤入颗粒间　　　　　(c) 白云母弯曲变形

图 1-20　压实作用强的表现

（一）深度超过 2000m 时易形成致密储层

绝大部分致密储层形成深度超过 2000m。尤其地层形成之初构造活动强烈，地层得以迅速埋藏，此时形成的储层胶结作用不强，对压实作用的抵制影响较小。

孔隙度总体变化趋势是随深度逐渐减小，三个区块（吉林大安、古龙向斜外、古龙向斜内）的深度超过 2000m 后，平均孔隙度均低于 12%。

吉林大安油田扶余油层主要形成于 1900~2300m 深度范围内，据前人对构造运动的研究，扶余油层曾经历过抬升作用，古埋深应大于 2000m。同时该套地层（泉四段）沉积之后在很短的时间（约 10Ma）就达到了现今埋深的 90%，在此之后主要是缓慢沉降和二次抬升，因此泉四段砂岩的压实成岩过程不是均匀的，而是一个先期快速完成，后期缓慢改变的过程，故胶结作用不强。所以本套储层致密主因是深度较大，压实作用强。

（二）压实作用受刚性矿物含量、塑性岩屑含量、粒度及分选性影响

对于距离物源比较近、沉积环境水体能量不高、沉积物成分比较复杂，尤其是塑性和不稳定碎屑含量较高的储层，在埋藏过程中没有异常压力形成的条件下，压实作用可使颗粒重排、塑性碎屑变形，从而呈假杂基状充填于碎屑颗粒之间，导致常规砂岩储层成为致密储层。因此岩石矿物组成的差异直接造成压实程度不同，从而决定了储层物性在平面、垂向上分布都有较大差异。

随深度增加，压实作用逐渐加强，孔隙度逐渐减小。在岩屑成分相同的条件下，随着石英含量的降低，岩屑含量增加，压实作用对孔隙度的影响逐渐增加。同时，在石英含量相同的条件下，岩屑所占百分比越高，压实作用造成孔隙度降低越快（图 1-21）。

可利用不同矿物含量与矿物脆性系数加权简要计算并比较不同地区岩石组成的塑性程度。为方便起见，令石英脆性系数为 100，岩屑多为岩浆岩岩屑，假定岩屑脆性系数为 50，长石、碳酸盐矿物脆性系数为 25，泥质脆性系数为 5。

利用不同地区的岩石成分比例和脆性系数进行加权，可得到不同地区的总脆性系数，脆性系数越大，岩石塑性越弱，从表 1-4 中可见，吉林大安扶余油层脆性系数最高，古龙葡萄花油层（向斜区）脆性系数最小，即吉林大安扶余油层相对塑性弱，而古龙葡萄花油层（向斜区）塑性最强。由此可见压实作用对古龙葡萄花油层（向斜区）储层影响最大，导致在相同深度条件下，古龙葡萄花油层（向斜区）储层的孔隙度衰减更快，孔隙度更小。

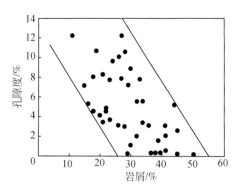

图 1-21 孔隙度与岩屑关系图

表 1-4 不同地区的岩石成分脆性系数一览表

岩石成分	吉林大安扶余油层脆性系数	古龙葡萄花油层（向斜区）脆性系数	古龙葡萄花油层（向斜外）脆性系数
石英	28.12	22.23	22.67
岩屑	27.34	32.23	33.73
长石	29.15	30.00	30.18
碳酸盐	12.2	10.54	8.51
泥质	3.19	5.00	4.91
总体	52.29	48.73	49.45

在同样压力作用下，颗粒大、分选好、泥质含量低的岩层压实程度低于颗粒小、分选差、泥质含量高的岩层，成为相对优势储层以及流体的优势通道。如图 1-22 所示，大安扶余油层不同岩性的孔隙度分布范围不尽一致，粒度越粗，孔隙度总体越高，此为压实作用所影响。

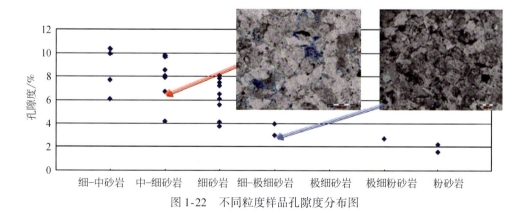

图 1-22 不同粒度样品孔隙度分布图

(三) 沉积时杂基含量越高, 压实作用越强

在低能条件下或者在浊流条件下，由于沉积水体浑浊或者水体能量不高，碎屑颗粒间杂基含量比较高，成为泥质砂岩。粒间孔隙被杂基所占据，孔隙间的流体交换不顺畅，使后期形成的溶蚀性流体很难进入孔隙中，因此粒间孔隙或者粒内孔隙都不发育（图1-23）。从图1-24中可见，随泥质含量增加，孔隙度减小。新疆吉木萨尔凹陷二叠系芦草沟组部分致密储层形成于此类控因。

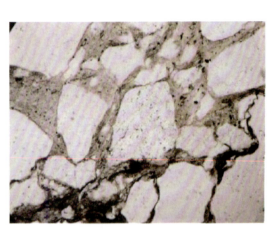

图1-23 泥质砂岩形成的致密砂岩储层

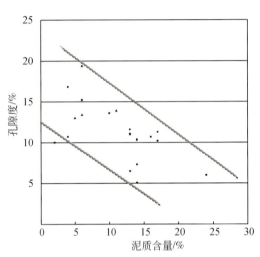

图1-24 泥质含量孔隙度交会图

(四) 自生黏土矿物的大量沉淀易形成致密砂岩储层

此类致密砂岩储层可以是结构成熟度和成分成熟度均比较高的砂岩，也可以是结构成熟度较高而成分成熟度不高的砂岩。对于碎屑含量比较高，岩石分选性好的储层而言，若在埋藏过程中自生黏土矿物充填并堵塞了颗粒间的喉道，将原孔喉分割成细小的微孔隙，可造成岩石渗透率极低而形成致密砂岩储层。

(a) 铸体薄片

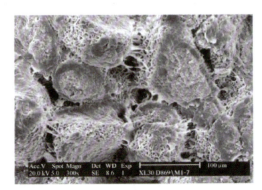

(b) 扫描电镜

图1-25 石英砂岩中黏土矿物的包壳（塔里木盆地满西1井，井深528718m）

从图 1-25 可见，岩石颗粒较大，分选性较好，孔喉面孔率相对较高，但黏土包壳的存在，破坏了原孔喉的连通性，使孔喉相对孤立，严重破坏储层的渗透性。

三、胶结致密成岩作用机理

在砂岩储层埋藏过程中，由于胶结物大量存在于碎屑颗粒之间，极大地降低了储层的孔隙度，储层的渗透率也随之降低，形成低孔隙度、低渗透率的致密储层。但早期胶结物的存在可能保存了形成比较早的次生孔隙。

在成岩过程中，主要胶结物有硅质胶结物、碳酸盐胶结物、长石、石膏、硬石膏及黏土矿物等。其中，在数量上较多的是硅质胶结物、黏土矿物胶结物和碳酸盐胶结物，其他类型胶结物数量较少，对砂岩储层的致密化贡献较小。

（一）硅质胶结物

硅质胶结物主要来源于非晶质硅质、流体带入、黏土矿物转化、长石、岩屑等颗粒的溶蚀以及石英的压溶作用等。

1. 黏土矿物演化释放硅并造成自生石英沉淀

砂岩（包括相邻泥岩地层）中的蒙皂石（或伊利石层含量较低的混层伊利石/蒙皂石）通过该反应，最终转变成伊利石，并释放出大量的硅离子。蒙皂石向伊利石（或伊利石层含量较低的混层伊利石/蒙皂石向伊利石层含量较高的混层伊利石/蒙皂石）的转变是温度的函数，因而深埋藏地层会比浅部地层具有更丰富的硅离子和硅质胶结物。

2. 长石溶解释放硅并造成自生石英沉淀

长石溶解释放的硅是碎屑地层中自生石英沉淀的另一物质来源，无论是钾长石还是斜长石，其溶解产物均有 SiO_2，基本反应方程是

$$KAlSi_3O_8 + H^+ + H_2O \longrightarrow Al_2Si_2O_5(OH)_4 + SiO_2 + K^+$$
钾长石　　　　　　　　　　高岭石　　　石英

$$NaAlSi_3O_8 + H^+ + H_2O \longrightarrow Al_2Si_2O_5(OH)_4 + SiO_2 + Na^+$$
斜长石　　　　　　　　　　高岭石　　　石英

这些化学反应表明，钾长石和斜长石（尤其是偏于酸性的斜长石）都可以有相当数量的游离硅产生。如果有机酸作为长石的溶解介质，大量长石溶解的深度应在地温80℃以下的地层中，而硅质胶结物的大量沉淀也应出现在相对深埋地层中，即至少在早成岩晚期之后的时间段中。因而大多数砂岩中自生石英沉淀作用都发生在压实作用使得颗粒间关系基本固定之后。其沉淀作用造成的岩石机械强度增加对岩石孔隙的保持没有实际意义，其占据的孔隙空间使岩石孔隙度进一步降低，因而它们被认为是破坏性的成岩作用。

硅质胶结作用表现为自生石英和石英次生加大现象。自生石英主要呈微晶、细晶充填于孔隙中；次生石英则围绕自生石英颗粒边缘同轴生长，晶体向孔隙中生长，充填残余孔隙或自生的石英小晶体与高岭石共生充填于粒间孔中，从而进一步降低了砂岩的孔隙度。

研究表明，自生石英随着埋深和地温的增加而逐渐形成，自生石英的形成除了受时温

的影响之外，还与石英颗粒的粒径、含量、黏土包壳有关。当石英颗粒较细小时，加大边可占原颗粒与加大总面积的33.06%，加大边可以占粒间孔隙面积的30.35%。当含量较高时，部分石英颗粒通过加大胶结作用连接在一起，呈链条状分布在岩石中。

石英胶结物来源于缝合线和黏土及云母催化的厚层石英溶解。颗粒仅在缝合线和含泥或云母层中互相胶结。石英胶结和孔隙度损失是时间的函数。在恒定温度下，t时间内沉淀在表面积为Q_A的石英颗粒上的自生石英体积V_q可用下式计算：

$$V_q = MrQ_A t/\rho, \quad r = a\,10^{bT(t,z)} \tag{1-1}$$

式中，M为石英的摩尔质量，取60.09g/mol；r为石英沉淀速率，mol/cm^2；ρ为石英的密度，取2.65g/cm^3；Q_A为石英颗粒表面积，cm^2；$T(t,z)$为温度，℃；a为常数，一般$a=1.98\times10^{-22}$mol/cm^2；b为常数，一般$b=0.022$℃$^{-1}$；t为时间，s；z为地层埋藏深度。

$t_0 \sim t_m$时间内沉淀在单位体积石英颗粒表面的自生石英体积可用下式计算：

$$V_q = \int_{t_0}^{t_m} V_q \mathrm{d}t = \int_{t_0}^{t_m} \frac{aM}{\rho} Q_A / 10^{bT(t,z)} \mathrm{d}t \tag{1-2}$$

当V_e体积的石英胶结物沉淀在石英颗粒表面后，石英颗粒的表面积Q_A可由下式得到：

$$Q_A = Q_{A0}(\phi_0 - V_e)/\phi_0 \tag{1-3}$$

式中，ϕ_0为石英胶结作用开始时的孔隙度；Q_{A0}为自生石英开始形成时，石英颗粒原始表面积，可用下式计算：

$$Q_{A0} = 6fV/D \tag{1-4}$$

式中，D为石英颗粒粒径；f为石英含量；V为单位体积。

（二）黏土矿物胶结物

黏土矿物胶结物主要由沉积时期进入砂岩的杂基和后期转化形成的黏土矿物组成。由于早期黏土直接进入砂岩中沉积下来，黏土含量越高，砂岩压实作用越明显。

自生黏土矿物主要包括蒙脱石、高岭石、绿泥石、伊利石等。

高岭石主要由骨架颗粒正长石和斜长石溶解产生，其适合酸性水质条件，一旦埋深进入碱性环境，则易转化为伊利石。

绿泥石形成时的水质多为弱碱-强碱性，绿泥石可由孔隙内流体结晶形成，也可由黑云母蚀变而来，形成温度在100℃以上，相当于成岩阶段的中-晚期。

伊利石多呈发丝状充填在粒间孔隙，少量呈碎屑颗粒的衬边产出。其次为伊/蒙混层黏土矿物和绿泥石，其中伊利石的平均体积分数约为77.18%；伊/蒙混层黏土矿物、绿泥石和蒙脱石体积分数平均分别为18.26%、4.47%和0.09%；伊/蒙混层黏土矿物中蒙脱石层体积分数为15.06%~23.18%，属有序混层带，粒间孔隙和孔隙喉道被成岩黏土矿物充填后，砂岩孔隙度、渗透率降低，且黏土含量越高，孔隙度、渗透率越低（图1-26）。

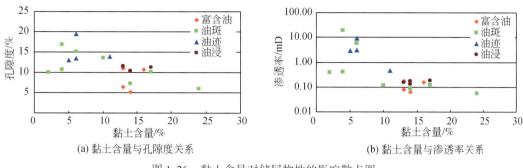

图 1-26 黏土含量对储层物性的影响散点图

(三) 碳酸盐胶结物

早期方解石胶结主要呈基底式胶结，由于沉积时期气候比较干旱，湖盆为盐湖、半咸水湖泊，特别是盐湖发育的早期，水体中 Ca^{2+}、Mg^{2+} 浓缩，形成超 Ca^{2+}、Mg^{2+} 的结晶，这类碳酸盐矿物起到了很强的胶结作用。晚期 Fe^{2+} 在强还原环境下可以进入 $CaCO_3$ 和 $MgCO_3$ 矿物的晶格中，形成铁方解石和铁白云石。

碳酸盐胶结含量在不同环境中变化较大，主要呈粒间胶结物、交代物，或在次生孔隙内以填充物形式出现。常见为微晶状、晶粒状或连晶状产出，成分上多为含铁方解石，呈镶嵌式充填于孔隙间，导致储层孔隙被堵塞，这也是储层孔隙度和渗透率衰减的主要原因，碳酸盐含量越高，储层物性越差（图 1-27）。

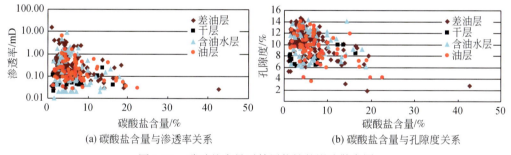

图 1-27 碳酸盐含量对储层物性的影响散点图

研究表明，当碳酸盐矿物体积分数超过 10%，砂层则转变为致密层；随着碳酸盐矿物含量的增加，孔隙、喉道逐渐变细和变窄，储层孔隙度、渗透率均快速降低，储层物性显著变差。但早期碳酸盐胶结物的存在在一定程度上减弱了压实作用，保存了原生孔隙，同时为次生孔隙的形成提供了物质基础。

干旱环境中沉积盐系地层（碎屑岩和盐岩互层），这种成岩环境在早成岩期地层水为碱性条件。因此，原生孔隙被大量方解石或石膏等强烈充填胶结，储层物性变差。不仅如此，盐系地层常常缺乏烃源岩，形成的有机酸性水很有限，酸性水的溶蚀作用弱，碱性成岩环境中胶结作用是形成低孔隙度、低渗透率储层的主要原因。

新疆吉木萨尔凹陷二叠系芦草沟组发育的泥页岩中，主要发生灰质胶结、自生黏土矿物胶结等，胶结作用成为储层致密化成因之一。

第四节　致密砂岩储层的甜点类型及成因

甜点即在致密储层中储集性为相对高孔渗、紧邻优质烃源岩、保存条件好、构造稳定与埋藏深度适中等较好背景下的储集体。其突出特征是储集层在整体低孔隙度、低渗透率背景下，储层基质孔隙度与覆压渗透率相对较高、裂缝较发育。致密砂岩储层中，优质储层的形成主要与流体的溶蚀作用、早期胶结作用、差异胶结和压实作用等因素有关。

一、有机酸溶蚀机理

随着对次生孔隙研究的逐渐深入，人们发现在砂岩储层中被溶蚀的矿物类型很多，包括方解石、长石、各种岩屑等。

由于长石矿物属于铝硅酸盐类，而三氧化二铝在常温条件下的溶解度极低，如果要使大量的长石发生溶解，则必须将三氧化二铝从孔隙水中移走，这样才能使溶解方程继续进行，但是弱碳酸很难做到。在对油田水的研究中发现，油田水中一元羧酸、乙酸和丙酸的含量较高，而且有机酸在 100~200℃ 之间出现极大值，在 80~120℃ 之间有机酸的浓度最高。所以笔者提出了有机酸的溶蚀作用机理，即有机质在演化过程所形成的羧酸、酯、醚类衍生物，在孔隙溶液中具有极强的酸性，使得砂岩中不稳定的铝硅酸盐矿物发生溶解，形成次生孔隙。尤其当温度在 80~120℃ 范围内时，有机酸浓度最高，此时可发生溶蚀作用。反应式如下：

$$3KAlSi_3O_8 + 2CH_3COOH + 9H_2O \longrightarrow Al_2Si_2O_5(OH)_4 + 2K^+ + 4H_4SiO_4 + CH_3COO^-$$
　　钾长石　　　　　　　　　　　　　高岭石

$$NaAlSi_3O_8 + H^+ + H_2O \longrightarrow 2Al_2Si_2O_5(OH)_4 + 2SiO_2 + 2Na^+$$
　　斜长石　　　　　　　　　高岭石

当温度高于 120℃ 时，有机酸将发生脱水羧作用产生 CO_2，使溶蚀作用更易进行。这一机理解释了在埋藏比较深的砂岩储层中，尤其是和烃源岩相邻的砂岩储层中次生孔隙发育的原因。反应式如下：

$$CH_3COOH \longrightarrow CHCH_3COOH \longrightarrow CH_4 + CO_2$$
$$CH_3COOH + H_2O \longrightarrow CH_4 + CO_2$$

二、弱碳酸溶蚀机理

有研究人员认为，有机质演化过程中释放出的二氧化碳在一定的压力条件下的地层中形成弱碳酸，从而使砂岩中方解石胶结物发生溶解，形成次生孔隙。有机地球化学的研究也证实了在有机质演化过程中的确有二氧化碳析出，从而使这一成因机理在解释砂岩储层中方解石胶结物的溶蚀作用时得到完善。反应式如下：

$$CaCO_3 + 2H^+ \longrightarrow Ca^{2+} + H_2O + CO_2 \uparrow$$

$$CaMg(CO_3)_2 + 4H^+ \longrightarrow Ca^{2+} + Mg^{2+} + 2H_2O + 2CO_2 \uparrow$$

三、淡水溶蚀机理

相关学者根据对北海油田和墨西哥湾油气田储层孔隙的成因研究，认为在沉积盆地中孔隙水流动具有两个基本的成因，一个是在水利势头的驱动下大气淡水流入盆地，另一个是随着沉积物的埋藏，沉积物的压实作用迫使孔隙水向上流动。溶解成因的次生孔隙需要孔隙水的连续流动，而流动的孔隙水对一些矿物相是不饱和的。根据化学分析，现代地下水在地下 100m 对于钠长石、斜长石、微斜长石、绿泥石和方解石都是不饱和的。目前国内外研究资料都表明大气淡水的活动范围和深度都是很大的。大气淡水对大部分碎屑沉积颗粒都是不饱和的，因此大气淡水的溶蚀作用一样可以形成大量的次生孔隙。

吉木萨尔凹陷芦草沟组上段云质岩储集层中，溶蚀孔发育带位于芦草沟组顶部不整合面附近，溶蚀孔发育带的分布与不整合有关，多口井岩心薄片中见到大量反映风化淋滤溶蚀作用与暴露淡水作用的标志（主要有表生风化淋滤溶蚀孔、去云化方解石、示底构造等）。

从铸体薄片、扫描电镜中可见溶蚀现象普遍存在于长石、岩屑中，储层孔隙类型也以溶蚀扩大孔为主，本地区次生孔隙占 3/4，对改善砂岩储层的储集性能起到积极作用。

本区内溶蚀作用主要是易溶矿物长石与岩屑颗粒的溶蚀及少量碳酸盐胶结物的溶蚀，形成粒间孔及少量长石、岩屑粒内溶孔，对改善砂岩储层的储集性能起到积极作用。

大量砂岩镜下薄片鉴定表明，本区储层碎屑岩易溶组分长石和岩屑含量较高，伴随着有机质的成熟，有机酸随孔隙流体进入这些孔隙，与这些易溶组分发生溶解形成次生孔隙空间，增大了储集层的孔隙体积，不同程度地改变了孔隙和喉道的几何形态，形成了较多的溶蚀粒间扩大孔、溶蚀粒内孔以及铸模孔等多种次生孔隙，进而改善了研究区储层的物性，致使早期的压实作用和胶结作用形成的致密层物性变好，部分孔喉相对较发育的储层甚至转化为低孔隙度、低渗储层。

红岗北地区扶余油层砂岩孔隙中约有 3/4 是次生孔隙，次生孔隙的发育状况对该区低孔隙度、特低渗透率砂岩物性条件的改善起到了举足轻重的作用。尽管部分溶蚀孔隙又被后期含铁碳酸盐胶结物充填，但仍有较多次生孔隙被保留下来，与原生粒间孔隙共同组成石油赋存的主要空间，是形成低孔隙度、低渗透率背景下优质储层的关键性因素。

四、裂缝扩容机理

裂缝不仅可以使孤立的孔洞得以连通，发育成有效的储集空间，极大地提高基质渗透率，更是油气的主要运移通道。

五、早期胶结作用保持孔隙作用机理

大多数的胶结作用，如硅质胶结作用、碳酸盐胶结作用和黏土矿物胶结作用，只要发生在岩石因压实作用而完全固结、颗粒相对位置完全固定之前的较早成岩阶段，而且相对分散，就对砂岩原生孔隙具有保持作用。胶结物的存在可起到支撑颗粒的作用，因此可不同程度地减弱压实程度，这也是深埋藏条件下砂岩孔隙得以保存的重要机制之一。

多数研究者认为，白云石，尤其是铁白云石，出现在方解石沉淀之后较晚的埋藏成岩阶段，其沉淀环境的温度较高，此时白云石主要起到减少孔隙空间的作用。而有的研究者发现，存在早期低温白云石沉淀，尽管有时其含量较高，但是岩石所具有的较大粒间孔隙体积使白云石沉淀后仍有孔隙残留。白云石胶结作用所增加的岩石机械强度和抗压实能力会显著改变后期埋藏过程中的压实曲线，从而使岩石在深埋藏条件下仍能保留相对较多的孔隙空间。

硅质胶结物的形成与黏土矿物转换、长石溶解等有关，当这些物质的溶解现象发生在地层浅部位时，就具有保持储层孔隙的作用，因为它们是发生在有效压实作用前的胶结作用，相应岩石机械强度的增加提高了岩石的抗压实能力，在这种情况下，硅质胶结物的数量与面孔率之间显示出良好的正相关关系。

近年来研究表明，我国中生代、新生代地层中广泛分布着以孔隙环边衬里方式产出的绿泥石，绿泥石的沉淀作用是在长石溶解前的较早成岩阶段发生的，此时压实作用已大致使颗粒间的接触关系达到点接触–线接触阶段，但绿泥石沉淀以后颗粒间相对位置的变化十分有限，即绿泥石的存在大大降低了压实作用对岩石粒间孔隙的破坏作用；同时，绿泥石沉淀后会在埋藏成岩过程中继续生长，并持续到自生石英沉淀以后，这会不断增加岩石的机械强度并平衡埋藏成岩过程中不断增加的上覆载荷，从而使砂岩的原生粒间孔隙和次生溶蚀孔隙得以保存；除此之外，绿泥石的形成会抑制相对晚成岩阶段石英的胶结作用，绿泥石主要通过降低每个砂岩颗粒上单晶生长部位的数量来起到对石英胶结的抑制作用，这使得绿泥石胶结作用发生的地方很少有自生石英生长，并从化学角度使砂岩的孔隙得以保存。

六、差异压实和差异胶结作用机理

差异压实作用主要是指在同样压力作用下，颗粒大、分选好、泥质含量低的岩层压实程度低于颗粒小、分选差、泥质含量高的岩层，成为相对优势储层以及流体的优势通道。

差异胶结作用与差异压实作用有关，在同样压力作用下，泥岩压实作用强，孔隙水从泥岩向相邻储层排驱，因此与泥岩相邻的砂岩边部胶结物含量高，易于胶结，而远离泥岩的砂岩中部胶结物含量低，颗粒间相对疏松，易成为相对优势储层以及流体的优势通道。

第五节 典型致密油藏基本特征

一、源内湖相碳酸盐致密油的基本特征

中国湖相碳酸盐沉积主要发育在二叠纪、侏罗纪、白垩纪和古近纪。二叠系湖相碳酸

盐岩主要分布在准噶尔盆地、三塘湖盆地等，以咸化湖盆沉积的白云岩及白云石化岩类为主。侏罗系湖相碳酸盐岩主要分布在四川盆地、鄂尔多斯盆地等。白垩系湖相碳酸盐岩主要分布在松辽盆地、酒西盆地等（贾承造等，2012）。

从中国湖相碳酸盐岩致密油储层岩性来看，咸化湖泊白云岩及白云石化岩类最为有利，该类储层夹持在半深湖-深湖相暗色泥页岩中，埋深适中，一般小于3500m，分布广泛，凹陷和斜坡区都有发现。其中准噶尔盆地中二叠统芦草沟组最为典型。

准噶尔盆地芦草沟组致密油主要发育在盆地南缘的博格达山前凹陷和吉木萨尔凹陷。吉木萨尔凹陷沉积物源来自周边各凸起，凹陷内沉积演化主要受周边各凸起的升降运动的控制。凹陷大面积发育滨浅湖、半深湖-深湖沉积，湖域中有零星的浊积扇分布，主要为三角洲前缘亚相和滨浅湖-半深湖亚相泥岩沉积，陆源碎屑较多。芦草沟组在整个凹陷内部广泛分布，具有南厚北薄、西厚东薄的特征，埋深在800~4800m，厚度在200~400m。

在统计的83个样品中，最小孔隙度的值为6.090%，最大孔隙度的值为25.790%，孔隙度的平均值为11.304%，累计样品百分数在50%时的孔隙度值约为11%［图1-28（a）］。在统计的83个样品中，最小渗透率的值为0.002mD，最大渗透率的值为4.096mD，渗透率的平均值为0.011mD，累计样品百分数在50%时的渗透率值约为0.016mD［图1-28（b）］。可以看出孔隙度小于12%的样品占比59%，渗透率小于0.128mD的样品占比72%，主要属于致密、低渗透率储层。

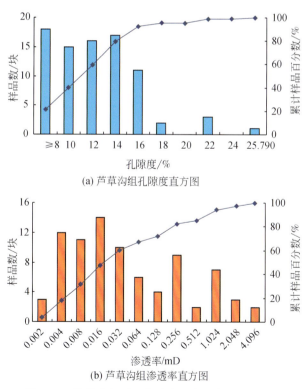

(a) 芦草沟组孔隙度直方图

(b) 芦草沟组渗透率直方图

图1-28 芦草沟组覆压孔隙度、渗透率分析直方图

芦草沟组岩石学特征表现为岩性多变、矿物成分多样、多为过渡性的岩类，呈"三多"特征。根据 139 块全岩矿物 X 射线衍射资料，石英含量占 20.9%，白云石含量占 24.5%，方解石含量占 11.9%，斜长石含量占 21.8%，钾长石含量占 3.6%，铁白云石含量占 1.7%，黏土矿物含量占 13.3%，黄铁矿含量占 0.9%，其他矿物及组分含量占 1.4%，矿物成分多样，成分成熟度低（图 1-29）。

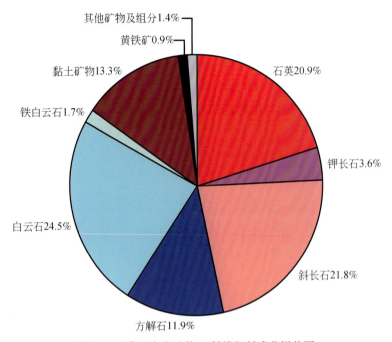

图 1-29　典型全岩矿物 X 射线衍射成分饼状图

从岩性上看，主要有碳酸盐岩类和碎屑岩类，其中碳酸盐岩类主要包含砂屑云岩和微晶白云岩两种类别；碎屑岩类主要包含云屑砂岩、云质粉砂岩、岩屑长石粉细砂岩和泥岩四种类别（图 1-30）。

其中，暗色泥岩为主力烃源岩层，厚度较大，一般为 180~320m，其有机碳含量为 5.16%~8.03%，氯仿沥青"A"含量为 0.44%~0.73%，生烃产量（S_1+S_2）为 3.5~20.98mg/g，干酪根为 $I-II_1$ 型，镜质组反射率 R_o 为 0.5%~1.63%，是一套很好的生油岩。

云质岩是致密油主要富集层位，纵向上与泥岩互层分布，砂地比分布在 21%~28% 之间，砂岩厚度多小于泥岩厚度，属于互层分布。平面上云质岩与烃源岩紧邻叠置分布。吉木萨尔凹陷芦草沟组构造背景单一，燕山运动之后的构造运动对其影响不大，一直处于单斜构造形态，但由于输导体系不畅通，其属于原地自生自储型致密油，故越是处在凹陷区含油性越好。

(a) 砂屑云岩　　(b) 微晶白云岩　　(c) 云屑砂岩
(d) 云质粉砂岩　(e) 岩屑长石细粉砂岩　(f) 泥岩

图 1-30　典型铸体薄片照片

二、源下深湖水下三角洲砂岩致密油

湖泊三角洲是河流入湖形成的陆源碎屑沉积体系，多出现于湖盆深陷后的抬升期，可进一步划分为三角洲平原、三角洲前缘和前三角洲三个相带。前三角洲位于三角洲前缘的外缘，是三角洲中最细物质的沉积区，具有分布面积广、以暗色泥岩为主、夹薄层粉砂岩、逐渐向深湖区过渡等特点，前三角洲相带薄层粉细砂岩与优质烃源岩互层或紧邻，致密油成藏条件较好，是深湖水下三角洲砂岩致密油分布的主要沉积相带。

深湖水下三角洲砂岩致密油在中国分布最广泛。在松辽盆地青山口组和泉头组、渤海湾盆地沙河街组、鄂尔多斯盆地延长组以及四川盆地中、下侏罗统均有发现。松辽盆地上白垩统青山口组（高台子油层）和泉头组（扶余油层）致密油是其中的典型代表。

松辽盆地泉头组地层主要发育在中央拗陷区的齐家-古龙凹陷和长岭凹陷，主要为河流相成因。其主要烃源岩来源于上覆的青山口组，自下而上分为青一、青二、青三段。青山口组沉积时期发生了规模较大的湖侵事件，其中青一段以深湖-半深湖相沉积为主，形成了大面积厚层的深湖相黑色泥岩夹油页岩、泥质灰岩和介形虫层；厚度60~80m，分布面积超过$4\times10^4 km^2$，埋深1800~2500m；其有机质丰度高，母质类型存在差异，干酪根类型以Ⅰ型为主，有机碳含量主体为0.9%~3.8%，平均2.13%，R_o为0.7%~1.3%。青一段为Ⅰ~Ⅱ$_1$型，青二、青三段为Ⅰ~Ⅱ$_2$型，有机质处于成熟、高成熟阶段，为盆地最主要烃源岩，通过扶余油层已发现的储量与青一段烃源岩叠合对比分析表明，已发现的储量大多数分布在烃源岩R_o>0.7%范围内，说明成熟烃源岩控制着致密油的分布范围。青山口组烃源岩在生油高峰阶段，发生了强烈的生排烃作用，其中青一段平均生烃强度为 $7.05×10^6 t/km^2$，排烃强度为 $4.2×10^6 t/km^2$；青二、青三段平均生烃强度为 $5.6×10^6 t/km^2$，排烃强度为 $1.8×10^6 t/km^2$。青山口组烃源岩条件优越，为下伏扶余油层致密油成藏提供重要物质基础（黄薇等，2013）。

从图 1-31 可以看出，大安油田扶余油层致密储层孔隙度主体分布区间在 12%~18%，渗透率主体分布区间在 0.1~1mD 之间，属于典型的致密储层。

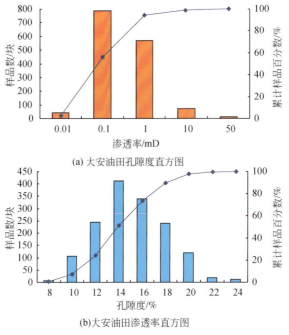

图 1-31　大安油田扶余油层孔隙度、渗透率分析直方图

根据岩心观察、薄片鉴定等结果，确定大安油田扶余油层岩石多为岩屑长石砂岩和长石岩屑砂岩。从整个大安油田样品薄片鉴定结果看，碎屑成分主要为石英、长石、岩屑（图1-32）。研究区内岩石成分中，岩屑和长石含量较区域岩石偏高，石英含量偏低，具有低成分成熟度的特点，为致密储层的形成奠定了物质基础。

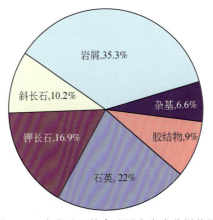

图 1-32　大安油田扶余油层全岩成分饼状图

扶余油层砂岩粒度主要分布在 0.04~0.16mm 之间，以细砂、中砂岩为主（图1-33）。细砂岩、粉砂岩含油性较好，分别以含油、油浸为主和以含油、油浸、油斑为主，为主力储油岩石类型，泥质粉砂岩、粉砂质泥岩和泥岩含油性较差或不含油（图1-34）。

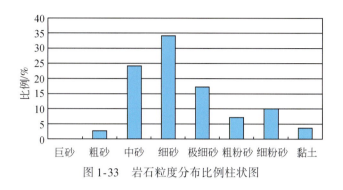

图1-33 岩石粒度分布比例柱状图

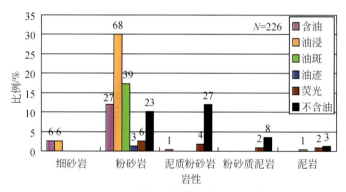

图1-34 不同岩石含油级别分布比例图

三、源上深湖水下三角洲砂岩致密油

齐家油田在地理上属于黑龙江省泰康县，位于滨洲铁路线以北，距齐家火车站北西约0.8km处，坐标范围为 46°45′45″N~46°46′30″N，124°39′00″E~124°40′00″E。研究区位于松辽盆地中央拗陷区齐家-古龙凹陷北部的齐家向斜西翼（图1-35），构造形态表现为西高东低的单斜形态，区内断裂关系简单，断层密度小，断层走向为北北西向和近南北向。该区毗邻凹陷的生油中心，油源充足。

齐家油田及邻区主要勘探目的层青山口组、姚家组属拜泉-杏树岗砂岩体前缘带，物源来自北东侧。其主要包括齐家南地区、齐平地区以及龙虎泡地区，面积1839km²，探井235口（三维内）。

齐家油田及其邻区发育三套湖相泥岩，分别位于嫩江组一段、青二-青三段、青一段源岩。其中青二-青三段和青一段源岩既是烃源岩，也是区域性盖层，青二-青三段还是良好的储集层。

齐家油田高台子油层共划分为4个油层组：高一组、高二组、高三组和高四组，高一

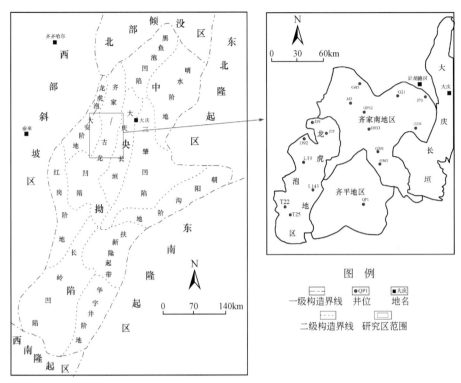

图 1-35 齐家地区位置图

组的储集层主要是含水层，属于正常的湖相沉积，砂岩发育较差，高二组和高三组为主要的含油层，属于浅湖相、三角洲前缘相沉积，砂岩发育，砂体分布广，厚度大。高二组划分为 5 个小层，高三组划分为 8 个小层，总计 13 个小层。

根据《油气储层评价方法》（SY/T 6285–2011），齐家油田高台子储层岩石渗透率分布在低渗–致密等级，且以致密和超低渗为主；孔隙度分布在中孔–超低孔等级，中孔、低孔、特低孔均较发育，由此可知研究区储层岩石物性较差（表 1-5）。从高四组底到高三组顶，整体呈一大规模水退旋回，表现为高四组中下部砂体不发育，砂岩厚度小，规模不大，孔渗性较差；高三组上部砂体发育，砂岩厚度大，砂体规模较大，孔渗性较好。

表 1-5 研究区物性分级

渗透率			孔隙度		
等级	渗透率 K 范围/mD	比例/%	等级	孔隙度/%	比例/%
特高渗	$K \geq 2000$	0	特高孔	$\phi \geq 30$	0
高渗	$500 \leq K < 2000$	0.5	高孔	$25 \leq \phi < 30$	1.6
中渗	$50 \leq K < 500$	12.4	中孔	$15 \leq \phi < 25$	36.6

续表

渗透率			孔隙度		
等级	渗透率 K 范围/mD	比例/%	等级	孔隙度/%	比例/%
低渗	$10 \leqslant K < 50$	8.4	低孔	$10 \leqslant \phi < 15$	29.7
特低渗	$1 \leqslant K < 10$	14.8	特低孔	$5 \leqslant \phi < 10$	24.3
超低渗	$0.1 \leqslant K < 1$	32.2	超低孔	$0 \leqslant \phi < 5$	7.8
致密	$0.01 \leqslant K < 0.1$	31.7	—	—	—

注：来源于《油气储层评价方法》(SY/T 6285—2011)。

根据岩心观察、薄片鉴定等结果，确定本区高三组、高四组储层岩石多为岩屑长石砂岩和长石岩屑砂岩。从样品薄片鉴定结果看，碎屑成分主要为石英、长石、岩屑（图1-36）。储层石英含量一般在16%~37%之间，平均含量26.97%；长石平均含量32.33%，其中钾长石在16%~39%之间，平均含量26.79%；斜长石一般在0~20%，平均含量5.54%；岩屑占12%~40%，平均含量27.64%，主要为酸性喷出岩碎屑。从三者含量来看，石英、长石、岩屑含量基本相当。

填隙物包括杂基及胶结物两类，杂基是和碎屑颗粒同时沉积的细小物质，充填在碎屑颗粒之间的孔隙中。研究区杂基主要由黏土矿物组成，约占5.01%，总体上粒度越细，杂基含量越多；胶结物以碳酸盐为主，平均含量约8.07%，局部出现泥质、钙质偏高的现象或有化石富集。不同样品中两种填隙物所占比例不同，一般砂岩层底部以钙质为主，中上部以泥质成分为主。

黏土矿物主要为伊利石、绿泥石和伊/蒙混层。其中，伊利石约占黏土矿物总量的66%；绿泥石约占21%；伊/蒙混层约占12%，以伊利石为主（图1-37）。从扫描电镜中看，黏土矿物多以搭桥式和薄膜式分布于粒表和粒间孔隙之中，缩小了孔隙有效半径，增加了表面积，孔隙在铸体薄片中多呈浸染状，说明黏土矿物的存在对砂岩的渗透性和润湿性将造成较大的影响。

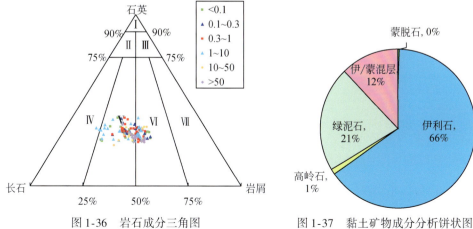

图1-36　岩石成分三角图　　图1-37　黏土矿物成分分析饼状图

碎屑岩的结构指碎屑颗粒的粒径、形状、圆度、球度、表面特征、分选性以及碎屑与填隙物之间的关系，砂岩结构特征对碎屑岩的孔喉发育及分布情况乃至渗透率均有明显的影响。据粒度统计结果表明，研究区多数砂岩粒度主要分布在 0.01~0.15mm 之间，以粗粉砂、细粉砂为主（图 1-38）。不同微相砂体的粒度分布不同，分流河道、河口坝粒度最粗，以细砂所占比例最高，分选性相对较好；其次是坝内缘和席状砂，以极细砂和细粉砂为主，分选性较差；溢岸薄层砂、分流间粒度以细粉砂所占比例最高，分选性最差。颗粒接触关系以点–线接触为主，少量点接触，磨圆度主要为次棱状。

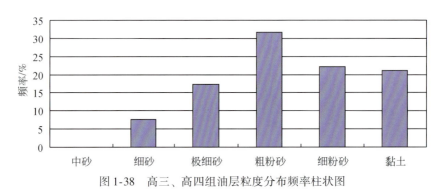

图 1-38 高三、高四组油层粒度分布频率柱状图

齐家致密油区油水分布散乱无规律性，致密油连片席状分布，整体镶嵌在青山口组的齐家–古龙凹陷内，属源内成藏（图 1-39）。

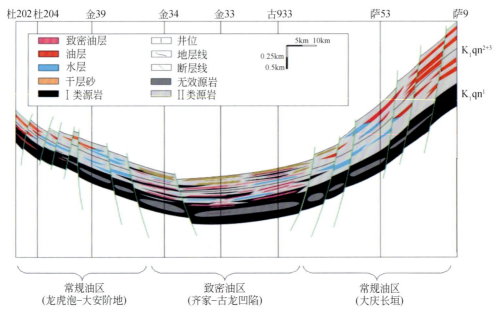

图 1-39 齐家–古龙凹陷油藏剖面图

在 K_1qn^1 段以 I 类源岩为主，主要为临源型接触关系，在 K_1qn^{2+3} 段内致密储层主要镶嵌在 II 类源岩中，局部与 I 类源岩直接接触，"砂包泥"和"泥包砂"互层型源储接触关系明显。主要致密油富集段为 K_1qn^{2+3} 段中、下部，在 K_1qn^{2+3} 段上部以水层和干层砂为主，

K_1qn^{2+3}段的储层含油性差别可用其源储组合特征来解释，由于青山口组源储组合关系的垂向变化规律是"下泥上砂"临源型—"泥包砂"互层型—"砂包泥"互层型逐渐过渡，自下而上砂岩增多而泥岩减少，可以理解为自下而上油源供给逐渐减少。虽然在K_1qn^{2+3}段上部主要是三角洲内前缘沉积环境，水下分流河道砂、溢岸薄层砂、席状砂及河口坝砂相对发育，但是其油源供给量不足，导致K_1qn^{2+3}下段致密油更为富集。

第二章 致密砂岩储层类型及其分布模式

在充分研究吸收前人工作成果基础上,以岩心观察描述与野外露头剖面观察为基础,同时参照单井测井曲线以及周边井位相应层段测井曲线发育特征,判断研究区新描述各层段发育的沉积微相,对研究区内部致密砂岩储层类型进行了划分,同时总结了其分布模式和空间分布规律。本次研究将岩相定为构成微相的基本沉积单元,并针对三个区域的致密砂岩储层划分了14种岩相,总结了研究区不同沉积微相内岩相空间发育特征以及组合规律,并对微相的平面以及垂向分布规律进行了总结归纳。

第一节 岩相划分

岩相(lithic facies)是指一定沉积环境中形成的岩石或岩石组合,它是沉积相的构成单元。岩相和沉积相是从属关系,而不是同一关系。不同沉积相中因沉积环境的不同发育着不同的岩石学特征以及岩性组合,这种岩石特征及岩性组合也可以反过来很好地反映沉积岩形成时的环境,这也是对沉积相进行划分的主要依据。岩相的分类命名方案有很多,但本次对岩相的分类和命名是以沉积层理构造+岩性为依据命名的,如板状交错层理细砂岩相、块状层理泥岩相等。这种分类命名方式中的层理类型以及岩性可以很好地反映沉积环境、水动力强弱以及搬运方式的差异,因此又可以成为能量单元。由于研究区内层理复杂多样,本次岩相划分所选取的有效厚度下限为0.05m,保留有效厚度以上的主要层理类型,共识别出包括交错层理和平行层理在内的8种主要层理类型。而研究区内岩石学特征的多样性同样使岩相命名复杂,本次在划分时对其进行简化,只保留主要岩石类型,包括泥岩、粉砂、细砂岩以及中砂岩。某些岩相所表示的水动力以及沉积环境相仿,而且通过岩心观察描述,层理构造识别具有局限性,无法准确识别层理,故采用复合命名法。结合野外露头剖面观察确定某种沉积微相中发育的层理特征,对比岩心观察描述确定主要层理以及次要层理,同时在命名上参照岩石学命名的少前多后的命名原则,如板状-槽状交错层理粉砂岩相。该种岩相表示其层理类型主要为槽状交错层理,板状交错层理占比相对较小,但都表示高能水动力环境,多数发育在河道、河口坝等沉积微相中。在岩相中的岩石学特征方面同样采用了复合命名法,如中-细砂岩相。这种命名法表示在某种特定的层理内其岩石学特征以细砂岩为主,细砂岩中砂岩的占比较少但是不可以忽略,因此采用此命名方法。

一、岩相划分结果

在岩心描述基础上,选取典型层段拍照,结合单井测井曲线以及与周边井位相应层位进行对照,并在实际层段岩石学组合特征确定沉积微相基础上,对这些井相应层段的构造特征以及岩石学特征进行详尽描述，重点观察砂体内部发育的层理特征，保留0.05m以上的岩相有效层理厚度，详细记录深度、层理和其岩石学特征。室内总结岩心观察数据划分岩相单元，其结果如下。

（一）古龙南地区

在对古龙南地区葡萄花油层岩心精细描述的基础上，共识别出板状交错层理、槽状交错层理、包卷层理、波状层理、块状层理、平行层理、水平层理以及透镜状层理8种主要层理类型；泥岩、粉砂岩、细砂岩，以及中砂岩4种岩性，并遵循上述岩相划分以及命名原则将其组合成14种岩相（图2-1）。

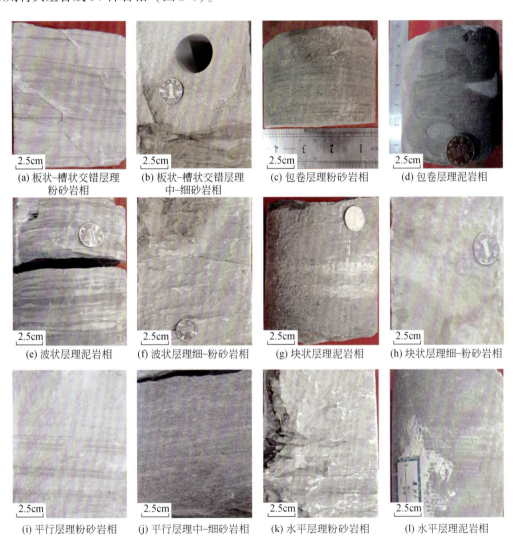

(a) 板状-槽状交错层理粉砂岩相　(b) 板状-槽状交错层理中-细砂岩相　(c) 包卷层理粉砂岩相　(d) 包卷层理泥岩相
(e) 波状层理泥岩相　(f) 波状层理细-粉砂岩相　(g) 块状层理泥岩相　(h) 块状层理细-粉砂岩相
(i) 平行层理粉砂岩相　(j) 平行层理中-细砂岩相　(k) 水平层理粉砂岩相　(l) 水平层理泥岩相

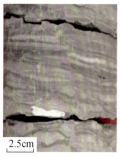
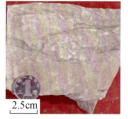

(m) 透镜状层理泥岩相　　(n) 透镜状层理细-粉砂岩相

图 2-1　古龙南地区岩相分类

(a) 古 655 井，1896.63m；(b) 敖 13 井，1554.09m；(c) 敖 13 井，1567.99m；(d) 敖 13 井，1565.49m；(e) 古 655 井，1875.39m；(f) 敖 13 井，1553.19m；(g) 敖 13 井，1542.59m；(h) 古 655 井，1884.01m；(i) 英 941 井，1930.21m；(j) 英 941 井，1942.31m；(k) 古 625 井，1912.07m；(l) 英 86 井，1965.11m；(m) 敖 13 井，1599.99m；(n) 英 941 井，1920.61m

（二）大安地区

采用同样的命名原则以及分类方案，结合测井曲线以及在前人对该地区沉积环境认识的基础上对大安地区红 75-9-1 井岩心进行观察描述，详细描述其微相发育特征、构造特征以及岩石学特征，并对其进行岩相划分。在岩心观察基础上确定了其主要发育的层理有板状交错层理、槽状交错层理、水平层理、平行层理、波状层理、块状层理以及透镜状层理 7 种主要的层理，还包括泥岩、粉砂岩、细砂岩、中砂岩在内的 4 种岩性。结合岩相划分命名方案将其划分为 11 种岩相类型，如图 2-2 所示。

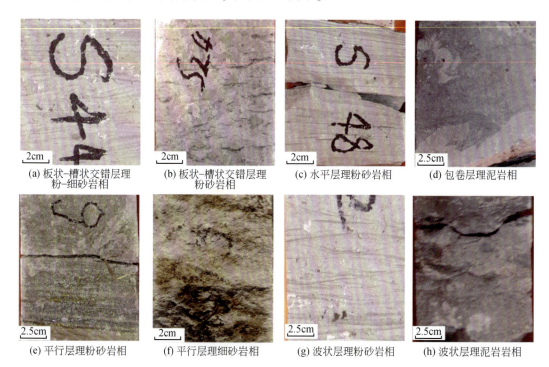

(a) 板状-槽状交错层理粉-细砂岩相　(b) 板状-槽状交错层理粉砂岩相　(c) 水平层理粉砂岩相　(d) 包卷层理泥岩相

(e) 平行层理粉砂岩相　(f) 平行层理细砂岩相　(g) 波状层理粉砂岩相　(h) 波状层理泥岩岩相

(i) 块状层理泥岩相　　(j) 透镜状层理粉砂岩相　　(k) 透镜状层理泥岩相

图 2-2　大安地区红 75-9-1 井岩相划分

(a) 21.42.51m; (b) 2145.91m; (c) 2153.62m; (d) 2149.62m; (e) 2179.42m; (f) 2216.73m;
(g) 2204.69m; (h) 2189.51m; (i) 2195.21m; (j) 2171.17m; (k) 2199.22m

二、岩相特征

岩相由构造相和岩石相共同组成，构造相主要代表水动力强弱的层理，岩石相同样可以代表沉积环境，所以岩相同时也可以是一种能量单元，形成于不同沉积环境和水动力条件下的不同岩相，具有不同的内部结构特征，见表 2-1。

表 2-1　不同岩相特征

序号	岩相代码	岩相名称	结构特征	界面特征	解释
1	Ft	板状-槽状交错层理中-细砂岩相	粉砂结构，颗粒粒径介于0.1~0.05mm之间，以槽状交错层理为主，少量板状交错层理，层理内部可见细小爬升纹层	层系底界为槽型冲刷面，纹层之间不平行相互斜交	具有下切趋势，水动力强
2	Fs	板状-槽状交错层理粉砂岩相	中砂-细砂结构，以细砂岩为主，少量中砂岩，以槽状交错层理为主，少量板状交错层理，层理内部可见细小爬升纹层		
3	Fc	包卷层理粉砂岩相	粉砂结构，颗粒粒径介于0.1~0.05mm之间，砂岩和少量泥岩混杂或不同类型砂岩层面卷曲	层理向下逐渐变为正常	构造成因
4	Mc	包卷层理泥岩相	泥质结构，颗粒粒径小于0.005mm，断面光滑，泥岩和少量砂岩或者由含砂量不同的泥岩层理界面卷曲		
5	Mr	波状层理泥岩相	泥质结构，颗粒粒径小于0.005mm，断面光滑，纹层呈不对称波状，层面可见明显的波痕	层面具有明显不对称波痕特征，总体方向平行于层面	水动力动荡或单向水流
6	Sr	波状层理细-粉砂岩相	细砂-粉砂结构，其中以粉砂为主，少量细砂岩，纹层呈不对称波状，层面可见明显的波痕		

续表

序号	岩相代码	岩相名称	结构特征	界面特征	解释
7	Mm	块状层理泥岩相	泥质结构,颗粒粒径小于0.005mm,断面光滑,无成分和结构分异现象	取决于上下层理类型	成因不确定
8	Sm	块状层理细-粉砂岩相	细砂-粉砂结构,其中以粉砂岩为主,内部均匀,无成分和结构分异现象		
9	Fp	平行层理粉砂岩相	粉砂结构,颗粒粒径介于0.1~0.05mm之间,多数由粒度相对不同的粉砂岩叠覆,纹层之间相互平行,但不一定平行于层面	纹层之间相互平行,界面有粒度变化	较强水动力
10	Sp	平行层理中-细砂岩相	中砂-细砂结构,以细砂岩为主,少量中砂岩,多数有粒度相对不同的粉砂岩叠覆,纹层之间相互平行,但不一定平行于层面		
11	Fh	水平层理粉砂岩相	粉砂结构,颗粒粒径介于0.1~0.07mm之间,粒度相对细小,可见少量云母片等矿物,纹层呈直线且水平	纹层相互平行且平行于层面	较为稳定的水动力环境
12	Mh	水平层理泥岩相	泥质结构,颗粒粒径小于0.005mm,断面光滑,由含砂量较高的泥岩组成,纹层相互平行,且水平		
13	Ml	透镜状层理泥岩相	泥质结构,颗粒粒径小于0.005mm,复合层理,一般由泥岩夹少量砂岩透镜体形成	与上下界面斜交或平行	水流活动与停滞交替出现
14	Sl	透镜状层理细-粉砂岩相	细砂-粉砂结构,以粉砂岩为主,少量细砂岩,复合型层理,由不同粒度的砂岩形成透镜状砂体		

(一) 板状-槽状交错层理中-细砂岩相

板状交错层理和槽状交错层理都隶属于斜层理类型,由一系列斜交于层面的纹层组成,是由流水造成的。板状交错层理纹层界面之间相互平行,下部有收敛趋势,代表较强的水动力环境,在纹层内部常可以见到自下而上发育的小型正粒序层理。槽状交错层理代表的水动力环境要更强一些,体现为横切面为槽型冲刷面,具有下切趋势,多发于河流相中。细砂岩含量较中砂岩多,中砂岩多数发育在河道底部。该岩相是所有岩相中水动力最强的一种。

(二) 板状-槽状交错层理粉砂岩相

该岩相分布较为广泛,粉砂岩也是研究区发育砂体中最主要的岩性,其交错层理形态也相对较小，同样是流水作用产物。

（三）包卷层理粉砂岩相

包卷层理属于变形构造范畴，又被称为卷曲层理或揉皱层理，其成因相对复杂，多数发生在软薄的塑性岩层中，由不同岩性或颜色的薄层岩石纹层间盘回扭曲而形成。该岩相主要是粉砂岩层包卷少量泥岩，岩性以粉砂岩为主，构造变形成因。

（四）包卷层理泥岩相

该岩相表示的岩性以泥岩为主，由泥岩与少量粉砂岩或者不同含沙量、不同颜色泥岩卷曲形成包卷层理，构造变形成因。

（五）波状层理泥岩相

水成波状层理，不对称波纹，总体方向平行于层面，由流水或者水流震荡形成，主要发育在浅水区或波基面以上水域，泥岩所表示的多数是静水沉积，所以该岩相代表的水动力较弱。

（六）波状层理细-粉砂岩相

该岩相较块状层理泥岩相所代表的水动力要强，多数由于单向水流作用形成不对称波痕。在该岩相中细砂较少，以粉砂为主，波痕不对称，但总体平行于层面。

（七）块状层理泥岩相

块状层理泥岩相又被称为均质层理，整体呈一致，没有纹层，没有成分和结构分异现象，因此不显示层理，偶尔会看见生物扰动构造，以及动植物化石。泥岩沉积条件所代表的除了远缘沉积外，还代表静水沉积，所以该种岩相所代表的为弱水动力环境。

（八）块状层理细-粉砂岩相

在岩心观察和鉴定中，认为该岩相特征成分均匀，无结构、颜色、岩性变化的层段为块状层理，这种块状层理所代表的环境不可一概而论，既可以是静水气悬浮沉积，也可以是高密度的、无分选的大量沉积物沉积，所以其水动力环境不好判断。

（九）平行层理粉砂岩相

平行层理主要由平行而又几乎水平的纹层状砂岩组成，是在较强水动力下流水作用形成的，而不是静沉积产物，该岩相主要发育在水动力较强的河道环境中。

（十）平行层理中-细砂岩相

该岩相所代表的水动力环境较粉砂岩相要强，主要发育在代表高能水动力的河道中下部，主要由颗粒大小不同的纹层叠覆。

(十一）水平层理粉砂岩相

水平层理在形态上和平行层理类似，但水平层理是静水沉积而非高能水动力沉积产物。其特点是纹层呈水平形态，纹层之间相互平行且平行于层面，纹层内部颗粒粒度相近，多数是悬浮沉积，所含有的矿物多样，矿物表现为针柱状，矿物或板状长轴方向平行于层面，云母等片状矿物表现最明显。在该岩相中所发育的岩性为粉砂岩，颗粒较细小，悬浮沉积产物，低能水动力沉积。

（十二）水平层理泥岩相

该岩相中发育的岩性主要是含粉砂泥岩或粉砂质泥岩，由泥岩和粉砂级砂粒形成水平层理。静水沉积产物主要发育在分流间微相中。

（十三）透镜状层理泥岩相

透镜状层理是一种复合层理，多见于砂泥互层岩层中或砂泥岩岩性变化的层段，其主要和波状层理相伴生，表示沉积时水动力以及物源供应情况不稳定，静水沉积和较强水动力沉积交替出现。该岩相主要表示在泥岩中存在些许薄层状砂岩透镜体。

（十四）透镜状层理细–粉砂岩相

该岩相主要表示在细砂、粉砂岩中出现些许泥岩透镜体，其主要发育在水动力交替出现的情况。同时在具有较强冲刷面的河道底部也会出现这种岩相。下伏泥岩地层在强水动力冲刷下将固结–半固结泥岩冲刷，包裹在其上覆粒度较粗的砂岩中，形成这种岩相。

第二节 岩相控制下的微相发育特征

岩相是组成微相的最基本单元，是岩石宏观鉴定能确定的最准确的特征。微相代表的是沉积环境，表示沉积物堆积所处的物理化学状态，也能反映沉积物特征。因此在每一种微相里所发育的岩相具有一定的规律性。本次研究在岩心观察描述以及野外露头观察的基础上分析总结每种亚相内不同沉积微相发育特征，并在大庆油田有限责任公司第八采油厂研究观察描述过程中对所得到的结论进行了初步验证，后期野外地质剖面观察过程中在平面和垂向上也进行了验证。

本次研究主要对两大地区进行了岩心描述和岩相总结，参照前人对研究区内沉积相的研究成果，遵循测井曲线与岩心描述相结合的原则，同时参考其周边井位测井曲线特征判断相应层段所发育的沉积微相。岩心描述是按照自然沉积顺序自下而上描述，在层理变化以及岩性发生变化位置定点，测量其厚度以及对其进行描述，最后进行整理，应用统计学相关理论，总结不同微相发育的岩相特征。

一、古龙南地区

研究区内古龙南地区葡萄花油层主要是三角洲前缘亚相以及少量三角洲平原亚相,其内发育的微相较为丰富,有三角洲前缘亚相的水下分流河道、水下天然堤、席状砂、河口坝、远砂坝、水下分流间等,以及三角洲平原亚相的陆上分流河道、陆上天然堤、陆上分流间等。不同微相内发育的岩相类型以及比例不尽相同(图 2-3),组合特征亦有所区别(表 2-2)。

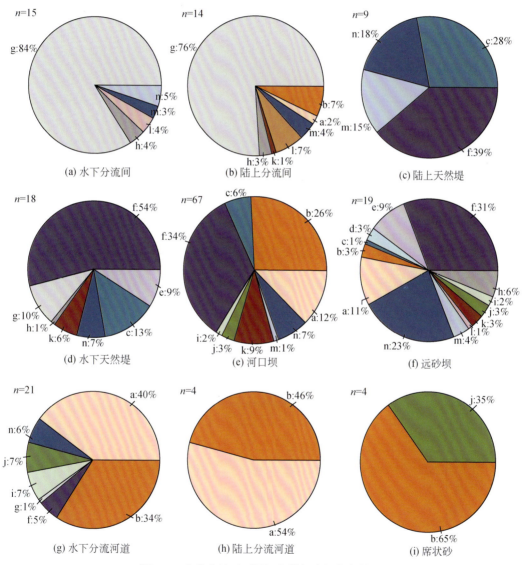

图 2-3 古龙南地区不同沉积微相岩相分布特征

a. 板状–槽状交错层理中–细砂岩相;b. 板状–槽状交错层理粉砂岩相;c. 包卷层理粉砂岩相;d. 包卷层理泥岩相;e. 波状层理泥岩相;f. 波状层理细–粉砂岩相;g. 块状层理泥岩相;h. 块状层理细–粉砂岩相;i. 平行层理粉砂岩相;j. 平行层理中–细砂岩相;k. 水平层理粉砂岩相;l. 水平层理泥岩相;m. 透镜状层理泥岩相;n. 透镜状层理细–粉砂岩相

表 2-2　古龙南地区不同沉积微相岩相垂向发育特征

微相	模式图	几何特征	特征描述	岩相组成	解释	图例
水下分流河道			内部发育典型的正韵律，底部冲刷不明显，向上逐渐过渡至粉砂岩-泥岩。形态上呈顶平底凸，沉积物以砂质为主，可见少量泥质。发育层内变形构造，可在内部见少量包卷层理等变形层理以及冲刷充填构造	Fh Sr Ft Fp Sp Fs / Mh Fh Sr Ft Fs	水下分流河道水动力较强，挟带大量沉积物，发育典型的正韵律层理，主要由砂岩组成，向上粒度逐渐变细，顶部可出现少量泥质，是水陆分流河道向水下延伸部分，水流逐渐减缓，沉积速率较大	底砾岩 中-细砂岩 泥页岩 粉砂岩 板状交错层理
陆上分流河道			形态上呈顶平底凸，垂向上粒序层理不明显，以砂质沉积为主，粒度较粗，分选较差。很少见到泥质	Ft Fs	陆上分流河道较水下分流河道水动力还要强，以砂质沉积的天然堤为主，粒度较粗，主要发育槽状交错层理，粒序层理不明显	槽状交错层理 波状层理
远砂坝			河口坝的延伸，沉积物较河口坝细，以粉砂为主，含泥质沉积，砂体主要呈现下细上粗的反粒序	Fs Sr Sl Ml Fc Ft	远砂坝是河口坝向水下的延伸，沉积主要以分选较好的粉砂组成，反韵律沉积，在河口坝之上加上覆水流的改造，发育层理较为丰富	水平层理 包卷层理
河口坝			远砂坝前段，水下分流河道河口处，具有较高的沉积速率，主要由砂质沉积物组成，分选较好	Sp Fs Sr Sl Ft	位于水下分流河道前端，含少量泥，粒度分选较好，以反韵律为特征	透镜状层理 平行层理
陆上分流间			位于陆上分流河道间，以泥质沉积为主，含少量粉砂岩	Mh Mr Ml Sm Mm	陆上分流间以氧化环境下的紫褐色泥质沉积为主，静水沉积，含少量粉砂	
水下分流间			发育面积较大，主要为浅绿色泥质沉积，含少量粉砂岩	Mm Mr Ml Fh Mm Sm	水下分流间沉积位于水下分流河道两侧，主要沉积浅绿色泥岩，少量粉砂岩。与陆上分流间不同的是由水覆盖其上可能受到水浪冲刷等作用的影响	
陆上天然堤			主要为陆上分流河道两侧位置，以细砂和粉砂为主，远离河道泥质含量增多，以近河道粒度粗，远离河道粒度细为特征	Sr Sl Fc	发育在陆上分流河道两侧，由河流挟带沉积物在河道两侧沉积	
水下天然堤			为陆上天然堤向水下的延伸，水下分流河道两侧脊状砂体，主要沉积细砂-粉砂级别粒度砂，夹少量泥质沉积	Ft Sr Sl Fh Sr	水下天然堤是陆上天然堤的延伸，与陆上不同的是沉积物中会有悬浮的泥质沉积，粒度会相对较细。受到水流波动影响发育的层理也相应多样化	
席状砂			砂体整体呈楔状，向岸方向逐渐增厚，粒度较细，分选较好，局部呈反韵律	Ft Sp Fs	三角洲前缘席状砂紧邻前三角洲，受海浪和沿岸流的影响，其砂质分选较好，成熟度较高，局部会出现少量泥质，厚度薄，分布广泛	

（一）三角洲平原亚相

1. 陆上分流河道微相

陆上分流河道主要发育代表高能水动力的板状-槽状交错层理中-细砂岩相以及板状-槽状交错层理粉砂岩相，发育粒序层理，底部冲刷明显。

2. 陆上天然堤微相

陆上天然堤主要发育波状层理细-粉砂岩相、透镜状层理细-粉砂岩相以及包卷层理粉砂岩相。整体呈楔状，近河道一端粒度较粗，远离河道一端粒度较细，层理在垂向变化的同时在横向上也有所变化。

3. 陆上分流间微相

陆上分流间以泥质沉积为主，夹杂一些粉砂，沉积环境以静水沉积为主，富含植物化石，主要发育块状层理泥岩相、水平层理粉砂岩相等代表低能水动力以及静水沉积的岩相。

（二）三角洲前缘亚相

1. 水下分流河道（单期）

水下分流河道是三角洲前缘亚相的格架部分，形成三角洲的大量泥沙是通过河道搬运至相应位置并沉积下来的，分流河道具有一般河道沉积的基本特征，即以砂质沉积为主。水下分流河道底部冲刷面并不十分明显，但发育典型的正粒序，从下部的中-细砂岩向上变为粉砂岩，顶部会出现些许浅绿色泥岩。岩相变化也具有相应规律，底部主要发育代表高能水动力的板状-槽状交错层理中-细砂岩相，向上粒度变细，发育波状层理粉砂岩相以及水平层理粉砂岩相，有时上部会发育一段水平层理或块状层理泥岩相。

在岩心观察时发现水下分流河道微相发育的岩相垂向分布模式主要有两种，一种是底部主要发育代表高能水动力的板状-槽状交错层理中-细砂岩相，向上粒度变细，发育波状层理粉砂岩相以及水平层理粉砂岩相，有时上部会发育一段水平层理或块状层理岩相；另一种是底部发育平行层理中-细砂岩相，向上粒度逐渐变细，发育板状-槽状交错层理中-细砂岩相或者块状层理细-粉砂岩相，上部发育波状层理以及水平层理粉砂岩相。

水下分流河道在整体形态上呈现出顶平底凸的形态，底部因为流水冲刷整体呈现槽状，顶部逐渐呈现出静水或悬浮沉积的状态，所以以顶部较为平缓。

2. 水下天然堤

水下天然堤发育在水下分流河道两侧，是陆上天然堤向水下部分的延伸，是由高水位河流挟带的泥沙漫溢河床形成的，所以其并非静水沉积产物。其底部主要发育波状层理细-粉砂岩相，向上可发育水平层理粉砂岩相，中段可夹有少量泥质沉积，发育波状或块状层理泥岩相。向上以波状层理粉砂岩相为主，在其中可发育透镜状层理粉砂岩或者泥岩相。

水下天然堤和陆上天然堤在形态上具有类似的特征，整体呈楔状，远离河道位置粒度较细，发育较薄甚至尖灭，靠近河道一端较厚，粒度相对较粗，在沉积微相平面分布研究时，发现其主要与水下分流间的泥质岩石毗邻，故在平面上，天然堤微相沉积物粒度具有明显变化，从粉砂向泥质逐渐过渡。

3. 河口坝

河口坝位于分流河道的河口处，水流量大，沉积速率高，同时受到波浪的淘洗作用使其砂质较为纯净，泥质含量较少。其底部发育板状-槽状交错层理粉砂岩相，向上粒度变粗，发育波状层理粉砂岩相，在波状层理粉砂岩相中，可以见到局部发育包卷层理粉砂岩相以及透镜状层理粉砂岩相，上部发育些许平行层理中-细砂岩相以及板状-槽状交错层理中-细砂岩相。

河口坝位于分流河道河口处，其几何形态受到分流河道的限制，多呈长条状分布。向水一侧逐渐减薄，向河口一侧逐渐增厚，其宽厚比相对较大，砂质纯净是其典型特征。

4. 远砂坝

远砂坝位于河口坝前端较远的部分。较河口坝相比，其粒度更为细小，以粉砂为主，有少量黏土以及细砂沉积。垂向上发育下细上粗的反粒序，区别于分支河道微相。底部主要发育小型板状-槽状交错层理粉砂岩相以及少量黏土泥质，向上粒度逐渐变粗，发育水平层理粉砂岩相以及波状层理粉砂岩相，偶见包卷层理粉砂岩相或泥岩相，再向上发育少量的板状-槽状交错层理中-细砂岩相以及平行层理中-细砂岩相。

远砂坝在形态上主要呈现出薄层状，宽厚比较大，其沉积水动力主要是波浪作用，因此波状层理粉砂岩相发育较多，水流线理发育明显。

5. 席状砂

远砂坝或者分流河道形成的砂体在波浪的作用下发生侧向迁移，在远砂坝前端或者侧面沉积形成三角洲前缘席状砂。席状砂砂质较为纯净，分选较好，构造等特征与河口坝类似，局部发育反韵律。其底部发育板状-槽状交错层理粉砂岩相夹杂板状-槽状交错层理中-细砂岩相，向上可发育平行层理粉砂岩相，中段可夹波状层理泥岩相地层，向上为反韵律的平行层理粉砂岩相以及板状-槽状交错层理粉砂岩相。

席状砂砂体向岸方向逐渐增厚，反之逐渐减薄，形态上垂直与湖岸线呈楔状分布，席状砂具有很高的宽厚比，是广泛分布的薄层砂体。

6. 水下分流间

水下分流间以泥质沉积为主，含少量粉砂。其中的砂质沉积是洪水期高水位水流漫过河床沉积形成的。其发育的岩相主要为块状层理泥岩相、波状层理泥岩相夹杂少量水平层理粉砂岩相以及透镜状层理粉砂岩相。

二、大安地区

不同于古龙南葡萄花油层，大安地区扶余油层主要发育三角洲平原亚相，在岩心观察描述结合测井曲线以及周边井曲线研究的基础上识别出4种微相，分别是陆上分流河道、陆上分流间、陆上天然堤以及陆上决口扇。研究区目的层内仅在上部发现少量三角洲前缘相地层，但在岩心观察描述过程中并未发现相应地层，所以在此忽略不计。本次在基于岩心描述以及测井资料精确判断沉积环境基础上对大安地区扶余油层进行详细岩心描述，重点观察每种微相内部岩相发育特征以及每种岩相发育厚度，不同沉积微相岩相如图 2-4 所示，垂直向发育特征见表 2-3。

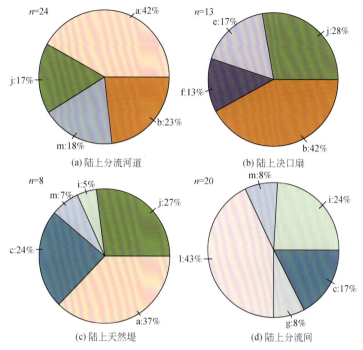

图 2-4 大安地区不同沉积微相岩相分布特征

a. 板状-槽状交错层理中-细砂岩相；b. 板状-槽状交错层理粉砂岩相；c. 包卷层理粉砂岩相；e. 波状层理泥岩相；f. 波状层理细-粉砂岩相；g. 块状层理泥岩相；i. 平行层理粉砂岩相；j. 平行层理中-细砂岩相；l. 水平层理泥岩相；m. 透镜状层理泥岩相

表 2-3 大安地区不同沉积微相岩相垂向发育特征

微相	模式图	几何特征	特征描述	岩相组成	解释	图例
陆上分流河道			河流挟带大量泥沙沉积在三角洲平原亚相中的陆上分流河道部分，以砂质沉积为主。整体上呈顶平底凸的形态，底部冲刷面明显，很少有泥质沉积	Ft Sr Sl Fs	三角洲平原格架部分，水动力强，底部与下覆地层呈冲刷侵蚀接触	底砾岩 中-细砂岩 泥页岩
陆上决口扇			决口扇沉积特征与河流类似，主要发育板状-槽状交错层理、平行层理、波状层理等	Sr Fp Sp Fs	三角洲天然堤稳定性不足，水流冲破天然堤形成，常见于河道中下游，认为是三角洲横向发育的重要因素	粉砂岩 板状交错层理
陆上天然堤			位于河道两侧，以细砂和粉砂为主，向河道一侧较陡，向河岸一侧平缓，由河道向两侧逐渐变细变薄	Ft Sr Fp Sr Fs	主要是由于洪水期河流挟带大量泥沙漫出河道淤积形成的	槽状交错层理 波状层理 水平层理
陆上分流间			三角洲平原亚微相相类型，位于分流河道间，沉积颗粒细小，以泥质为主，含少量粉砂，水平层理发育	Mr Ml Mc Fh Mm	陆上分流间沉积以泥质为主，近河道部分可有少量粉质，陆上部分植物根茎较为发育	包卷层理 透镜状层理 平行层理

（一）陆上分流河道（单期）

陆上分流河道是三角洲平原沉积的骨架部分，以砂质沉积为主，粒度比周围的微相要粗。陆上分流河道是三角洲平原相中的高能水动力沉积环境中最典型的。沉积环境决定沉积特征，因此其内部组成的岩相单元也是高能的岩相单元，粒度较粗，底部冲刷面明显，多发育板状–槽状交错层理细–中砂岩相或少许平行层理中–细砂岩相，向上粒度逐渐变细，发育块状层理粉砂岩相、波状层理粉砂岩相和透镜状层理粉砂岩相，其顶部发育板状–槽状交错层理粉砂岩相。

陆上分流河道底部由于流水冲刷，其冲刷面呈槽状，顶部主要呈水平状，所以其形态主要是顶平底凸的透镜状或双透镜状砂体。其正韵律不像水下分流河道那样明显，也很少会有砂质沉积。

（二）陆上决口扇

决口扇的沉积特征与河流类似，是由洪水期或高水位期河水漫溢河床冲破天然堤后沉积物散开沉积而形成的，大部分会发育成决口河道。沉积粒度较河道细，其层理发育特征与河道类似。底部主要发育些许板状–槽状交错层理中–细砂岩相，向上发育平行层理中–细砂岩相以及平行层理粉砂岩相，顶部发育板状–槽状交错层理粉砂岩相以及波状层理粉砂岩相。

（三）陆上天然堤

陆上天然堤发育在陆上分流河道两侧，以细砂和粉砂沉积为主，是高水位期河水漫溢河床淤积形成的，自下而上主要发育小型板状–槽状交错层理中–细砂岩相、平行层理粉砂岩相、波状层理粉砂岩相以及少许板状–槽状交错层理粉砂岩相。

陆上天然堤在垂直河流方向呈楔状，靠近河道部分沉积较厚，远离河道部分发育较薄，呈楔状。平行河道方向呈砂脊状分布，远离河道方向以悬浮沉积为主，靠近河道方向以较高水动力环境沉积为主。因此陆上天然堤微相不仅在垂向上岩相变化明显，在平面上亦有所变化。

（四）陆上分流间

陆上分流间位于分流河道边部或中间的低洼地区，其内部沉积的岩相都是静水沉积产物，以泥岩为主，含少量粉砂。其主要发育块状层理泥岩相、水平层理粉砂岩相、水平层理泥岩相以及波状层理泥岩相等低能水动力的岩相单元。

沉积环境决定沉积物特征，而沉积物特征又是沉积环境的具体表现。岩相是组成沉积微相最基础的宏观单元，由构造相和岩性所组成，两种特征能够很好地反映沉积物沉积时的物理环境，因此岩相也是一种能量单元。每一种微相所代表的环境都不一样，因此其内部所发育的环境也不相同。代表高能水动力的水下分流河道微相内，其所发育的岩相单元与水动力特征是相匹配的，分流河道形成是因为水动力强，高速的水流具有明显的下切趋势，此时沉积的是粒度较粗的沉积物，在层理构造上会发育相应的板状或槽状交错层理，因此其底部主要会发育板状–槽状交错层理中–细砂岩相。向上水动力逐渐减弱，沉积物粒度逐渐变细，相应的岩性和层理也会发生变化，岩性逐渐变为粉砂岩，其层理构造变为平行层理、小型波状-槽状交错层理或波状层理，相应的岩相是小型板状-槽状交错层理粉砂岩相、波状层理粉砂岩相、平行层理粉砂岩相。最顶部可发育少量块状层理泥岩相或者波状层理粉砂岩相地层。

而作为分流河道陆上的部分，其岩相组成特征更为明显，区别于周围其他微相内部岩相发育特征，陆上分流河道主要是由高能水动力岩相组成。碎屑颗粒粒度较水下部分的还要粗一些，底部发育代表高能水动力的板状-槽状交错层理中-细砂岩相，不同的是砂体内部发育的板状-槽状交错层理中-细砂岩相所占比例比较大，随着河流逐渐侧向迁移或水动力逐渐减弱，微相在垂向上发生变化，粒度有逐渐减小的趋势，变为板状-槽状交错层理粉砂岩相或平行层理粉砂岩相等，在微相渐变过渡的顶部，多发育少量波状层理粉砂岩相层段。陆上分流河道两侧多会形成长条状的陆上天然堤，陆上天然堤多数是在高水位期或洪水期河水漫溢河床同时挟带泥沙在河床两侧沉积形成，因此从垂直于河流方向的剖面上看，远离河道沉积物颗粒细小，靠近河道一侧沉积物较厚。从垂向上来看，底部多见板状-槽状交错层理中-细砂岩相，岩性以细砂岩为主，所占比例不大，向上可发育平行层理粉砂岩相，多数会出现波状层理粉砂岩相，顶部出现些许泥质沉积，表现为波状层理泥岩相。天然堤的沉积物粒度较河道相比要细很多，远离河道一侧受水流影响较小，主要表现为静水悬浮沉积，砂质含量逐渐减少，泥质含量逐渐增加，多发育波状层理泥岩相地层。在洪水期，如果河水冲破天然堤向河道外漫溢就形成决口扇，部分决口扇继续发展可形成决口河道，进而发育成新的河道。决口扇是三角洲平原相横向发育的重要因素。决口扇形成的原因主要是水流相对较大而天然堤稳定性不够，所以其主要在三角洲中下游发育，有时决口扇在平面上呈现很广的分布面积。其沉积物来源一方面是有流水挟带泥沙，另一方面则是天然堤破碎产物。决口扇内部发育的岩相和河道类似，但粒度相对较细，同样靠近河道一侧颗粒较粗，远离河道一侧粒度较细。从垂向上来看，冲破天然堤水动力很强，因此底部多发育高能水动力的板状-槽状交错层理中-细砂岩相。向上水流逐渐减缓，沉积物粒度逐渐变细，但流水冲刷作用仍存在，形成平行层理粉砂岩相以及波状层理粉砂岩相，顶部可发育少量小型板状-槽状交错层理粉砂岩相地层或水平层理粉砂岩相地层。

陆上分流河道逐渐向前发展越过湖岸线至水下，陆上天然堤也随之向水下延伸。水下天然堤在形态上继承了陆上天然堤的特征，但岩相组成却有所差别。由于河道水动力的变化以及上覆水体的影响，水下天然堤的亚相单元所表现出的能量特征并不如陆上天然堤那么强。岩性上局部呈现出正韵律，表现出泥质夹层的存在。其底部以波状层理粉砂岩相为主，向上发育水平层理粉砂岩相以及少许泥质夹层，再往上依然以波状层理粉砂岩相为主。

分流河道逐渐发展在水下分叉处多会形成椭圆形的砂体，这部分砂体组成了河口坝沉积微相。河口坝具有很高的沉积速率，但砂体砂质较为纯净，很少含泥质，这归因于水体的不断冲刷淘洗。河口坝形成初期，水动力较强，主要发育板状-槽状交错层理粉砂岩相，向上逐渐发育平行层理粉砂岩相以及波状层理细-粉砂岩相。由于上部水动力不断冲刷，其多发育板状-槽状交错层理中-细砂岩相以及平行层理中-细砂岩相。在距离河口坝较远处存在一些相对孤立的长轴垂直或斜交河口坝砂体长轴方向的砂体，这部分砂体是远砂坝，其沉积物以较为纯净的粉砂为主，含一些泥质、黏土沉积，砂质纯净，沉积物粒度较河口坝细，广泛发育槽状层理、波状层理等，其典型的反韵律沉积区别于河流相砂体。从垂向上来看，底部多发育板状-槽状交错层理粉砂岩相或水平层理、波状层理粉砂岩相，向上粒度逐渐变粗，发育板状-槽状交错层理中-细砂岩相以及少量平行层理中-细砂岩相。在河远砂坝前端或者其侧向有一些宽厚比很大的薄层砂体，这部分砂体是席状砂，一般认为席状砂是最靠近前三角洲的部分，其沉积物来源主要是远砂坝砂质或者河道砂体在水体影响下发生侧向迁移或者向前推进，在其侧面或者前端形成的薄层状砂体。席状砂砂质纯净，结构以及成分成熟度都很高。其沉积构造特征与河口坝类似，但沉积物粒度要细很多，由于泥质夹层的存在，其垂向上呈局部的反韵律沉积。其发育的层理构造多以各种交错层理为主。从垂向上来看，其底部多发育板状-槽状交错层理粉砂岩相，上部发育少量平行层理粉砂岩相以及部分泥质夹层，向上发育板状-槽状交错层理中-细砂岩相地层。

第三节 岩相控制下的沉积微相空间分布规律初探

随着三角洲的不断发展，作为骨架部分的分流河道逐渐发生分流以及侧向变迁，沉积微相在平面和剖面上会发生相应的变化。识别和总结不同沉积微相在空间上的分布规律对油气勘探开发具有重大的意义。本次研究在充分吸收前人对研究区内沉积微相发育特征成果，以及岩心观察描述的基础上，结合单井测井曲线以及对周边多口井所观察岩心的井位相应层段进行沉积微相确定，从垂向上确定不同沉积微相组合规律，还结合野外露头剖面观察，对其进行初步验证，总结出以下几种沉积微相垂向分布规律（表2-4）。

表 2-4 微相垂向分布特征

相	亚相	微相	砂体形态	相描述	成因解释	典型露头
三角洲	三角洲前缘	a.水下分流河道	透镜状砂体	水下，较窄，透镜状，顶平底凸形态较粗粒度砂体沉积	高能水动力冲刷充填沉积	a:水下分流河道 d:席状砂
		b.河口坝	底平上凸透镜体	水下，较宽，成熟度高的砂体沉积，反韵律	河口高速率沉积	b:河口坝 c:远砂坝
		c.远砂坝	席状、扁平状透镜体	水下，远端沉积，高成熟度粉砂质充填，反粒序沉积	末端低能水流，波浪沉积	
		d.席状砂	席状、带状砂体	水下，较宽，砂质纯，分选好的砂体沉积	较主能水动力淘洗河口坝砂体	
		e.天然堤	楔状、透镜状砂体	水下，波状细粒粉砂质充填	由单一悬浮的悬浮总体组成	
	三角洲平原	f.陆上分流河道	双凸透镜体	较窄，砂质沉积，冲刷充填构造，粗粒度，分选差	高能水动力冲刷充填沉积	f:陆上分流河道 g:决口扇
		g.决口扇	底凸透镜状	较窄，砂质沉积，粒度较细	洪水漫溢河床沉积	
		h.天然堤	带状砂脊	河道两侧，砂质为主，远离河道粒度变细	洪水期泥沙漫溢河床沉积	
	组合分类			微相组合		
	三角洲前缘	A 河道类	A-1.多期河道叠加 A-2.河口坝+水下分流河道 A-3.远砂坝+水下分流河道+河口坝组合			
		B 河口坝类	B-1.河口坝+远砂坝+席状砂组合			
	三角洲平原	C 河道类	C-1.多期河道叠加 C-2.陆上分流河道+决口扇 C-3.陆上分流河道+决口扇+天然堤组合			
		D 决口扇类	D-1.天然堤+决口扇			

续表

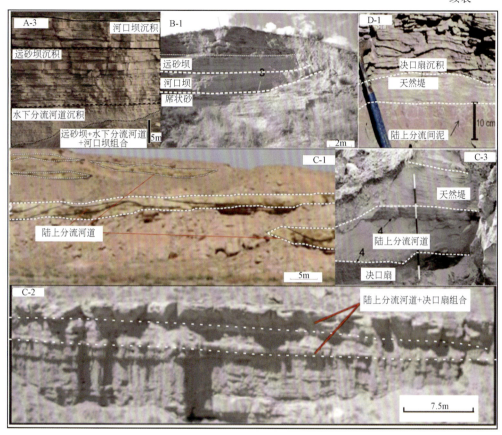

一、三角洲前缘相微相垂向组合规律

三角洲前缘相主要发育水下分流河道、河口坝、远砂坝、席状砂以及水下分流间微相。在垂向上三角洲前缘相分布规律如图2-5所示。

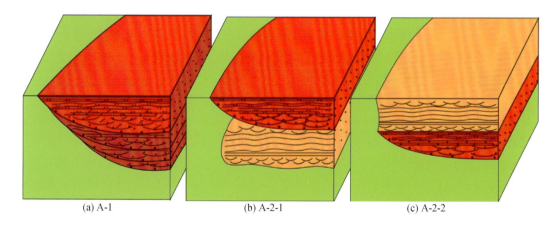

(a) A-1　　　　　　　　(b) A-2-1　　　　　　　(c) A-2-2

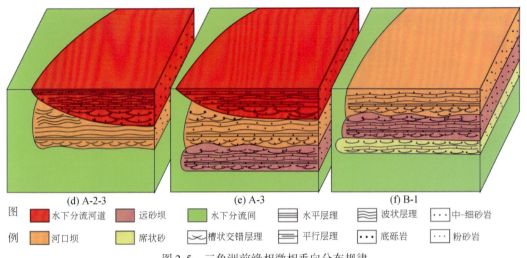

图 2-5 三角洲前缘相微相垂向分布规律

(一) 河道类

1. A-1 多期河道叠加

三角洲的不断发展，河道的侧向摆动、间断性流水作用或者沉积物的不连续供给导致不同期次的河道在垂向上相互叠加，主要表现在多期不明显冲刷面的存在以及泥粒的存在。从岩相上来看，多期河道叠加主要表现在河道底部的板状-槽状交错层理中-细砂岩相或平行层理中-细砂岩相的间断性出现，最上段一期河道发育完整的岩相序列。

河道砂体粒度较粗，物性较好，因此一直是勘探开发的重点微相。较好的物性可以为油气提供良好的储集空间或运移通道，多期河道叠加更是可以形成厚层砂体，因此识别多期河道叠加后内部岩相组成规律具有重要的意义。

2. A-2 河口坝+水下分流河道组合

河口坝与水下分流河道组合在坡度较陡的较深水区，河流能量会突然释放，沉积分异作用加强，沉积物快速堆积，形成完整的河口坝砂体。与之相邻的微相主要有河道微相或者水下分流间微相，在河道发育侧向摆动过程中就会形成河口坝和分流河道的各种组成样式。在岩心描述和野外露头观察过程中主要识别出以下三种组合模式。

1) A-2-1 完整坝上河

这种组合模式是指完整的河口坝砂体上部发育完整的河道砂体。这种组合模式中，在多数河道底部仍可见些许泥粒存在，推测是河口坝上部发育了水下分流间微相，后期河道经过冲刷泥质层段至河口坝上端。

从岩性上看，主要是反粒序和正粒序组合特征。从岩相分布上看，河口坝上部发育的板状-槽状交错层理中-细砂岩相或平行层理中-细砂岩相直接与水下分流河道底部的板状-槽状交错层理中-细砂岩相或块状层理中-细砂岩相相接触，接触面上可能存在泥粒夹层，河道底部层理特征发育完整，河口坝顶部交错层理或平行层理发育不完整。有时可发育少量变形构造，如包卷层理和少量滑塌构造。

底部河口坝砂体分选磨圆较好，而河道砂体粒度较粗，因此上下连通性较好，内部也很少发育泥岩夹层，组合上下多与泥岩接触，有利于油气运移至组合砂体内部。

2）A-2-2 完整河上坝

河口坝上部发育分流河道，这种组合模式并不多见，其发育特征和坝上河正好相反，岩性上表现为正粒序和反粒序的组合，岩相上表现为水下分流河道顶部发育的水平层理粉砂岩相或者水平层理泥岩相地层与河口坝底部发育的小型板状-槽状交错层理粉砂岩相地层相接处。两种微相中间多发育少量泥质夹层，因此不利于层间连通。

3）A-2-3 残缺坝上河

这种微相组合模式主要是指残缺的河口坝上部发育完整的分流河道微相。河口坝形成后，由于三角洲的发展或河道的侧向摆动，河口坝砂体被流水作用冲刷，形成残缺坝上河微相组合模式。河道内部岩相组合模式发育完整，河口坝被部分冲刷，保留部分岩相垂向发育特征。接触处没有泥质夹层存在，因此连通性也相对较好，有利于油气成藏或运移。

3. A-3 远砂坝+水下分流河道+河口坝组合

随着三角洲的发展，河口坝在层序上发育于远砂坝之上，但中间多夹有泥质夹层，因此连通性不好。在河口坝之上多发育河道砂体，特征仍分为两种，即完整和残缺类型，在此不再赘述。

（二）以坝为主的微相组合

河口坝+远砂坝+席状砂组合，这种组合特征较为少见，也很少发育完整，但总体上来看，总是席状砂之上发育远砂坝微相，而河口坝发育在远砂坝之上。河口坝和远砂坝在垂向上叠加时多会发育一些泥质夹层，所以砂体间连通性不好。随着三角洲的向前推进，前期形成的薄层席状砂上可发育远砂坝微相。席状砂砂体纯净，成分成熟度以及结构成熟度都很高。其沉积物以粉砂质为主，而上部的远砂坝砂体的结构和成分成熟度也都很高。岩性上表现为局部反韵律和反韵律砂体的叠合。从岩相上来看，席状砂上部的小型板状-槽状交错层理中-细砂岩相和远砂坝底部的板状-槽状交错层理粉砂岩相相接触，接触面较为平整。

远砂坝砂体和席状砂砂体都可以作为优质的储层，而两者的垂向叠合也可以成为勘探的有利区域。

二、三角洲平原相微相垂向组合规律

在本次岩心观察描述以及野外实测剖面时识别出三角洲前缘亚相有陆上分流河道、决口扇、天然堤以及陆上分流间4种微相，其垂向分布规律如图2-6所示。

（一）河道类

1. C-1 多期河道叠加

陆上分流河道所表现出的水动力普遍比水下分流河道强，比沉积颗粒粒度要粗。单期

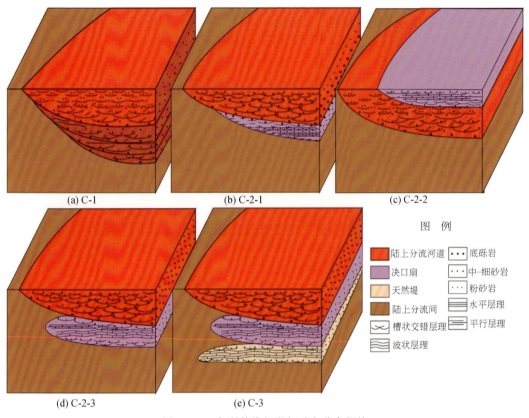

图 2-6 三角洲前缘相微相垂向分布规律

河道内部以板状-槽状交错层理中-细砂岩相以及板状-槽状交错层理粉砂岩相为主,多期河道叠加在岩相上的表现形式为板状-槽状交错层理中-细砂岩相层段的反复出现以及陆上分流河道底部槽状冲刷面明显的多次出现。多期河道的多次出现有利于形成厚层砂体,形成良好储层。

2. C-2 陆上分流河道+决口扇组合

1) C-2-1 残缺扇上河

这种组合模式是指决口扇上部发育陆上分流河道微相,陆上分流河道冲刷前期形成的决口扇砂体,形成部分决口扇和完整河道的垂向组合模式。这种模式从岩性上来看,在两种微相接触处发育局部反韵律沉积。从岩相组合来看,顶部陆上分流河道微相发育完整的岩相组合。下部决口扇被冲刷,多表现为底部平行层理粉砂岩相或平行层理中-细砂岩相与陆上分流河道底部板状-槽状交错层理中-细砂岩相接触。接触面呈槽型,表明陆上分流河道冲刷决口扇砂体,可部分发育透镜状层理中-细砂岩相。残缺扇上河组合模式的两种微相接触面基本不会发育泥岩夹层,因此在这种组合模式砂体之间连通性较好,能够构成连续的优质储层。

2) C-2-2 河上扇

这种组合模式是指河道微相上发育决口扇微相。其形成机制推断如下,随着三角洲的发展和河道的侧向摆动，河道上部发育天然堤微相，在高水位期，流水冲破天然堤形成决口扇，对下部河道砂体形成部分冲刷，但下部河道砂体基本保持完整垂向序列。从垂向岩性发育特征来看，这种组合模式与多期河道相类似，但河道上部决口扇微相底部沉积物粒度要明显细于河道底部沉积物粒度。从岩相发育特征来看，主要表现为板状-槽状交错层理中-细砂岩相的多次出现。但上部决口扇微相底部发育的板状-槽状交错层理中-细砂岩相在决口扇微相中的占比要明显小于该岩相在河道中的占比。

砂体之间接触面略显槽型，不如河上扇微相发育的槽型冲刷面弧度大，也很少发育包卷层理等变形构造。由于河道上部小型板状-槽状交错层理粉砂岩相和少量板状-槽状交错层理中-细砂岩相相接触，所以砂体之间连通性不如河上扇好。

3）C-2-3 完整扇上河（河道+决口扇组合模式）

这种组合模式是指决口扇上部发育完整河道，并不多见。其两种微相之间多发育少量波状或块状层理泥岩相地层，在河道底部板状-槽状交错层理中-细砂岩相中也会发育泥质冲刷。这种组合模式由于中间含有泥质夹层所以连通性很差，不利于形成厚层状的优质储层。

天然堤和河道的组合模式与决口扇类似，不再赘述。

（二）天然堤+决口扇组合模式

天然堤+决口扇组合模式详见上文。

第四节 沉积微相平面组合特征初探

只有那些平面上相互毗邻的相才能原生地叠合在一起，沉积微相不仅在垂向上具有一定的发育规律，同样在平面上也具有一定规律。而且垂向上的分布规律在一定程度上能够反映沉积微相平面的发育关系。本次研究在岩心描述结合单井测井曲线判断沉积微相的基础上，借鉴前人对研究区内沉积微相分布的认识成果，配合野外实测剖面，识别出三角洲平原相以及三角洲前缘相两种亚相以及若干种沉积微相，并绘制出了模式图，总结出沉积微相平面分布规律如下。

一、三角洲平原相沉积微相平面分布规律

本次识别出三角洲平原相发育的沉积微相有分流河道、废弃河道、天然堤、决口扇（决口河道）以及陆上分流间。这5种微相在垂直于河道方向平面分布规律如图2-7中①号剖面所示，从右至左依次为陆上分流间、决口扇（决口河道）、陆上分流间、分流河道、废弃河道、分流河道、天然堤、陆上分流间、决口扇（决口河道）以及陆上分流间。这是一套较为完整的三角洲平原相沉积微相平面分布规律，是在实际情况中选择多条垂直于河道方向剖面统计的结果，可能缺失其中一种或几种微相。

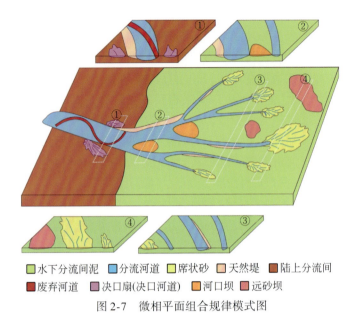

图 2-7　微相平面组合规律模式图

二、三角洲前缘相沉积微相平面分布规律

三角洲前缘相发育的沉积微相较为复杂，应用同样的方法在三角洲前缘相沿着垂直于河道方向建立三条剖面，剖面位置分别注出三角洲前缘相末端、中段以及上段。

图 2-7 中②号剖面位于三角洲前缘相上段位置，在三角洲前缘相上段位置上发育水下分流河道、水下天然堤以及河口坝微相，微相平面展布特征为以河道为主体，与天然堤和河口坝微相相连。从砂体形态特征来看，组合向天然堤方向一侧逐渐形成砂体尖灭，另一侧河道为槽型砂体。而与河口坝砂体连接，接触面为河道的槽型河口坝呈现本身的层状似透镜状砂体。天然堤和分流河道砂体接触面积较大，所以层内连通性相对较好。而河口坝砂体多夹于两条河道之间，砂体连通性较好。

图 2-7 中③号剖面位于三角洲前缘相中段，分流河道向前发展，两条河道之间距离逐渐增加，河道间普遍发育水下分流间微相，砂体连续性变差，部分河道达到了末端，在末端形成席状砂等微相。

图 2-7 中④号剖面位于三角洲前缘相末端，没有分流河道砂体，主要发育远砂坝以及席状砂砂体。砂体之间主要为深绿–墨绿色水下分流间泥质沉积。砂体平面连续性差，但单砂体砂质很纯净，可作为优质储层。

第三章 致密砂岩储层微观孔喉结构精细表征及主控因素分析

储层微观孔喉结构表征是致密砂岩储层研究的重要内容之一,孔喉大小、形态、微观连通性能是评价非常规储集性能的核心因素。松辽盆地致密油以致密砂岩油为主,致密油主要存在于具有微纳米级微观孔喉网络体系的孔隙和裂缝中,致密砂岩储层微观非均质性较强,发育微米级和纳米–亚微米级(1μm以下)两大主要孔喉体系。典型的致密砂岩储层如松辽盆地齐家高台子油层高三、高四油层组,其砂体类型主要为三角洲前缘亚相和滨浅湖亚相,水动力相对较弱,造成沉积以细粒为主,泥质含量相对较低,普遍存在介形虫化石,碳酸根离子含量相对较高,造成溶蚀次生孔较为发育。此外,埋藏深度较深、生物化石含量较高等因素,造成伊利石、绿泥石等黏土矿物发育对孔隙空间起到消极作用,并伴随一定程度的碳酸盐胶结作用,进一步降低了储集空间,导致储层孔隙结构更加复杂。如何全面、准确、多尺度一体化表征非常规储层微观孔喉结构特征成为近年来松辽盆地致密砂岩储层研究的热点问题。对于致密砂岩储集空间的研究,铸体薄片等常规储层测试分析技术已无法满足研究,本章重点采用 Maps 成像分析实验、QEMSCAN 矿物识别分析实验、微纳米 CT 扫描成像实验和渗流模拟等非常规实验方法,精细描述致密砂岩微观孔喉特征。

第一节 储层微观孔喉结构精细表征研究

一、微纳米孔喉结构精细表征技术简介

目前,国内外学者通过环境扫描电镜、微纳米 CT、核磁共振、激光共聚焦显微镜、聚焦离子束显微镜、高压压汞、恒速压汞等非常规高精度实验技术,结合常规测试技术对含油气盆地致密储层微观孔喉结构进行了大量研究,实现从定性到定量化表征,主要集中在致密储层微观孔喉类型、大小、形态、连通性等方面(邹才能等,2013;朱如凯等,2013;Heath et al.,2011;Curtis et al.,2012;Loucks et al.,2012;Lei et al.,2015),以及微观孔隙结构与储层宏观性质,如渗透率等之间的关系等方面(Clarkson et al.,2012)。致密砂岩储层孔喉以微米–亚微米–纳米孔喉体系为主,孔喉直径大多小于 2μm(邹才能等,2013;杨华等,2013;曾溅辉等,2014)。

目前,主流的致密砂岩储层微观孔喉结构精细表征方法按照其特点可以划分为数据分析技术和图像分析技术(表3-1)。数据分析技术是指以实验数据分析为基础,对微观孔喉结构定量表征的技术,主要包括恒速压汞技术、核磁共振技术、低温 N_2 吸附技术及 N_2 吸附–常规压汞联测技术等。此类技术着重通过实验数据分析对微观孔喉参数定量表征,

如孔喉体积、孔径分布、微观非均质性等，不同的数据分析技术所测量的孔径有所不同，如恒速压汞技术可获得对纳米级-微米尺度的孔喉参数，低温 N_2 吸附技术主要针对纳米级的孔喉参数。图像分析技术是指以获取的二维或三维图像为基础，进而对微观孔喉结构定性描述及定量表征的技术，主要包括二维孔喉结构表征技术和三维数字岩心技术。二维孔喉结构表征技术主要包括普通扫描电镜（scanning electron microscope，SEM）技术、环境扫描电镜（environment scanning electron microscope，ESEM）技术、场发射扫描电镜（field emission scanning electron microscope，FESEM）技术、Maps 图像拼接技术、矿物识别系统（quantitative evaluation of minerals by scanning electron microscopy，QEMSCAN），可以对二维尺度下的孔喉类型及分布、原油的赋存状态、聚油下限、矿物嵌布特征进行表征；三维数字岩心技术主要是指基于微米 CT 技术、纳米 CT 技术、聚焦离子束扫描电镜（focused ion beam-scanning electron microscope，FIB-SEM）技术，可对三维尺度下的孔喉类型、分布及连通性、干酪根成熟度、渗流模拟有效表征。数据分析技术与图像分析技术在孔喉结构分析上各有优缺点，数据分析技术在测试成本上总体低于图像分析技术，适用于大量分析测试样品；图像分析技术虽然在测试成本上较高，但是可以对孔喉结构进行较为全面的表征。实际分析中应当将两类分析技术有机结合，可以对微观孔喉结构在不同尺度上全面、准确、有效地表征。

表 3-1 致密砂岩储层微观孔喉结构精细表征技术

技术方法		测量尺度	研究内容
数据分析技术	恒速压汞技术	nm—μm	微观孔喉特征定量表征：孔喉体积、孔径分布、微观非均质性
	核磁共振技术	nm—μm	
	低温 N_2 吸附技术	nm	
	N_2 吸附-常规压汞联测技术	nm—μm	
图像分析技术	二维孔喉结构表征技术		二维孔喉结构表征：孔喉类型及分布、原油的赋存状态、聚油下限、矿物嵌布特征
	普通扫描电镜技术	μm—mm	
	环境扫描电镜技术	nm—μm	
	场发射扫描电镜技术	nm—μm	
	Maps 图像拼接技术	nm—μm	
	矿物分析识别系统	nm—μm	
	三维数字岩心技术		三维孔喉结构表征：孔喉类型、分布及连通性、干酪根成熟度、渗流模拟
	聚焦离子束扫描电镜技术	nm	
	微米 CT 技术	μm—mm	
	纳米 CT 技术	nm—μm	

（一）数据分析技术

数据分析技术包括恒速压汞技术、核磁共振技术、低温 N_2 吸附技术、N_2 吸附-常规压汞联测技术等，下面就其中主要表征技术进行详细介绍。

1. 恒速压汞技术

恒速压汞实验是致密砂岩微观孔隙结构定量表征的重要方法。Yuan 和 Swanson 使用孔隙测定仪（apparatus for pore examination，APEX）率先开展了恒速压汞实验。恒速压汞技术是通过极低的恒定速度（通常为 0.00005mL/min），向岩石样品的孔喉中进汞，根据进汞压力的涨落来获取岩样孔喉结构方面的参数，和常规压汞显著不同，它是一个准静态的过程，实现了对孔隙和喉道分别进行定量表征，更真实地模拟了储层中流体渗流过程中的孔喉特征（图 3-1，图 3-2）。近年来，恒速压汞技术在致密砂岩微观表征中得到了广泛的应用。高永利和张志国（2011）应用恒速压汞技术对低渗透砂岩孔喉结构差异性进行了定量评价，他们通过对鄂尔多斯盆地低渗透砂岩样品进行分析测试，认为孔隙与渗透率大小之间相关性较差，孔喉结构的差异性主要体现在喉道上。高辉等（2013）利用恒速压汞技术定量评价了鄂尔多斯盆地特低渗透砂岩储层的微观非均质性，他们认为喉道参数在很大程度上制约了低渗透储层的开发效果，低渗透储层具有大的孔喉比和较宽的分布区间的显著特点，这也是开发效果差的主要原因。

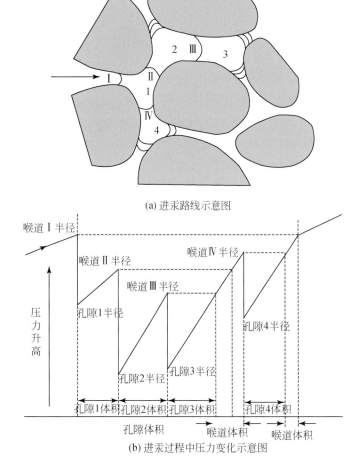

(a) 进汞路线示意图

(b) 进汞过程中压力变化示意图

图 3-1 恒速压汞技术原理示意图

Ⅰ，Ⅱ，Ⅲ，Ⅳ为喉道序号；1，2，3，4 为孔隙序号

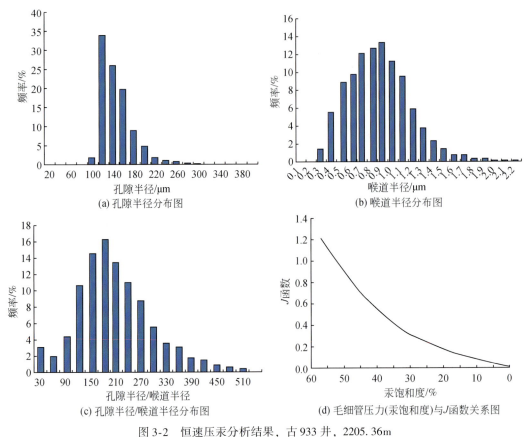

图 3-2 恒速压汞分析结果，古 933 井，2205.36m

2. 核磁共振技术

自从 1946 年发现核磁共振物理现象以来，经过不同学科的研究者多年对其进行研究，近年来，核磁共振技术在国内外油气勘探开发中起到了重要作用。核磁共振技术是指利用岩心核磁共振仪对不同尺寸的岩样进行实验，并对所获取的数据进行解释及分析测试，通过横向弛豫时间 T_2 谱的分析，可以测定致密岩石孔隙度、渗透率、孔隙半径分布及流体饱和度等参数，同时可分析致密岩样孔隙内流体的赋存状态（图 3-3，表 3-2，图 3-4）。赵彦超等（2006）利用核磁共振技术建立了 T_2 几何平均值与毛细管压力曲线孔喉结构参数之

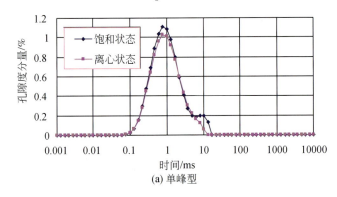

(a) 单峰型

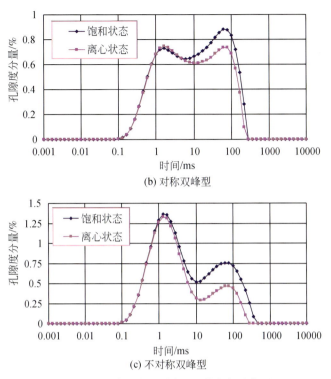

图 3-3 研究区核磁共振 T_2 谱分布图类型

间的关系。高辉等（2011）分析了可动流体参数差异的影响因素，认为可动流体参数的变化可以很好地反映特低渗砂岩微观孔喉结构的变化特征。Al-Yaseri 等（2015）利用核磁共振技术，同时结合纳米 CT 技术对油层损害在孔隙尺度上进行了分析。Lewis 和 Seland （2016）通过核磁共振技术开展了岩石孔隙结构非均质性的多维实验，将几个动态相关变量整合在一个实验中，利用动态变量的相关性来表征岩石孔隙结构的非均质性。

表 3-2 研究区核磁共振数据统计表（部分）

井号	深度/m	孔隙度/%	渗透率/$10^{-3}\mu m^2$	核磁孔隙度/%	核磁束缚水饱和度/%	可动流体饱和度/%
龙291	1909.47	12.62	0.07	15.38	78.23	31.62
古96	2110.3	12.23	0.19	12.93	73.44	29.95
古96	2109.15	15.34	0.36	15.82	68.17	31.72
金191	1845.48	10.59	0.86	13.17	58.93	40.96
古933	2289.57	4.16	0.01	6.92	89.78	10.21
古933	2183.91	9.49	0.08	10.26	74.75	25.24
古933	2216.48	7.08	0.27	6.78	61.12	38.87
古933	2212.48	14.47	0.56	15.71	59.62	40.31
古933	2222.37	3.96	0.01	5.06	74.65	25.24

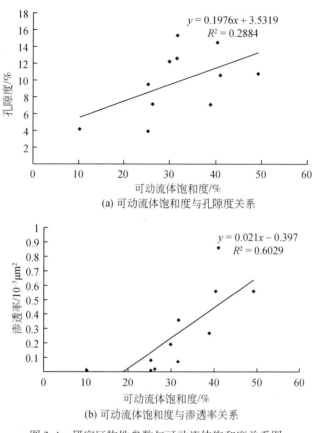

图 3-4 研究区物性参数与可动流体饱和度关系图

3. N_2 吸附-常规压汞联测技术

现有测量孔喉分布的研究方法中，由于不同测量方法原理不同，其测量的孔喉分布区间范围会有所不同。压汞法是一种研究孔隙结构常规的方法，其测量范围在 10nm～10μm，应用广泛，可以分析不同喉道所控制的孔隙体积，给出岩心样品中喉道大小的分布特征，N_2 吸附法是测量不同压力下液氮在样品内部孔喉的吸附量，按照不同孔隙模型计算出孔分布和孔体积等参数，其测量范围在 0.75～5nm。两种测量方法都不能够直观观察到全范围内的孔径分布情况，单独一种方法测量会因测量范围窄，不利于对储层微观孔隙结构进行全面的研究分析，特别是在致密储层的研究过程中，微孔、大孔同样重要，更应该加大对孔喉结构整体分布特征的研究。N_2 吸附-常规压汞联测技术就是将 N_2 吸附法和压汞法测试结果进行综合换算和衔接，通过对比两种方法测得孔径分布，对二者分布的重叠区域进行数学分析，将二者孔径分布区域连接在一起，得到从纳米到微米级别的储层孔径分布（图 3-5）。N_2 吸附-常规压汞联测技术能精确测定微纳米孔径、分布范围，是致密储层孔径分布定量研究的重要方法之一。

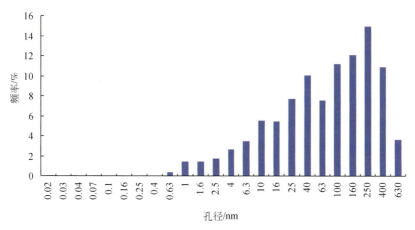

图 3-5　研究区 N_2 吸附-常规压汞联测孔径分布

(二) 图像分析技术

1. 二维孔喉结构表征技术

二维孔喉结构表征技术主要包括普通扫描电镜技术、环境扫描电镜技术、场发射扫描电镜技术、Maps 图像拼接技术、矿物分析识别系统 (QEMSCAN)，下面就其中主要表征技术进行详细介绍。

普通扫描电镜技术是介于透射电镜和光学显微镜之间的一种观察物体微观形貌的手段，可直接根据岩样表面的特性进行微观孔隙结构成像。其原理是利用一束精细聚焦的电子束聚焦在样品表面，由于高能电子束与样品物质的交互作用，得到二次电子、背散射电子、吸收电子、X 射线、俄歇电子、阴极发光和透射电子等结果，不同类型信号随测量样品表面形态不同而发生变化。环境扫描电镜技术的原理和普通扫描电镜技术原理基本相同，差别在于样品室的不同，环境扫描电镜技术的样品室在工作中有低真空、高真空和环境 3 种方式。环境扫描电镜技术还能观察分析含水的、含油的、已污染的、不导电的样品。对岩样原始状态下的微观孔隙结构及油气赋存状态进行观察，同时结合能谱分析，可以验证赋存流体的性质，可以开展致密储层原油的赋存状态及含油下限方面的研究。场发射扫描电镜技术与环境扫描电镜技术相比具有更高的分辨率 (0.5~2nm)，能做各种固态样品表面形貌的二次电子像、反射电子像观察及图像处理。配备高性能的 X 射线能谱仪，能同时进行样品表层的微区点线面元素的定性、半定量及定量分析，具有形貌、化学组分的综合分析能力，是致密储层微纳米级孔隙结构测试和形貌观察的最有效仪器之一 (图 3-6)。

Maps 图像拼接技术是利用美国 FEI 公司生产的 Helios 650 双束电镜在选定区域内扫描出数千张超高分辨率的大小相同的小图像，利用小图像拼接成一张超高分辨率、超大面积的二维背散射电子图像 (可任意缩放，便于观察)，最高分辨率达 10nm。利用 Maps 图像分析结果可对二维尺度下的孔喉进行定性分析和定量评价，实现从微米到纳米级多尺度连续定量表征，对致密砂岩微观非均质的研究至关重要，为准确认识致密储集层微观孔隙结构提供了依据 (图 3-7)。

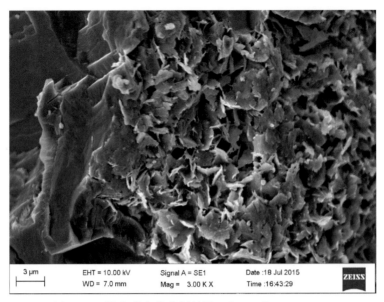

图 3-6 环境扫描电镜分析结果，古 933 井，2183.91m

(a) Helios 650双束电镜

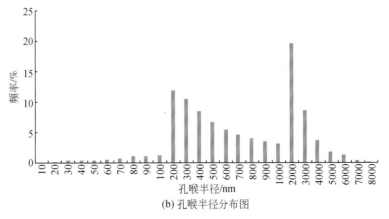

(b) 孔喉半径分布图

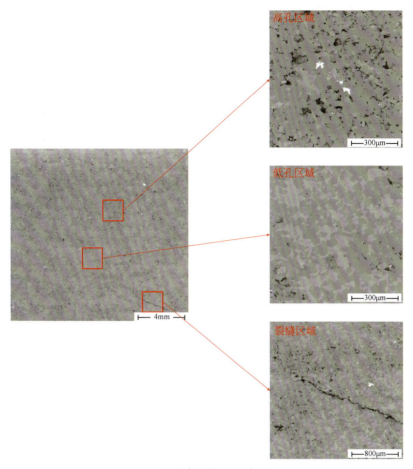

(c) 孔喉二维平面分布图

图 3-7 研究区 Maps 成像分析结果，古 933 井，2205.36m

矿物分析识别系统是利用美国 FEI 公司生产的 QEMSCAN 650F 矿物自动识别及分析系统，最高分辨率达 1.2nm，对样品矿物种类分类、定量分析、矿物嵌布特征、矿物粒级分布、矿物解离度等重要参数进行自动定量分析。通过 QEMSCAN 数据与 Maps 成像分析结果叠加，可得到孔喉分布与矿物赋存的关系。矿物定量识别及其分布，为地应力、井筒稳定性分析、工程力学甜点、脆性评价等提供岩石物理模型参数（图 3-8）。

2. 三维数字岩心技术

三维数字岩心技术是近年来在非常规领域兴起的岩心分析测试方法，它将岩心的孔隙和喉道的分布三维数字化，在近年来致密砂岩储层微观孔隙结构表征中应用广泛。三维数字岩心技术的基本原理是利用基于扫描电镜或微纳米 CT 产生的二维灰度图像，运用计算机编程技术完成岩心的三维可视化及定量参数表征。常规的在致密砂岩储层岩心分析中主要存在的问题为实验周期长、成本昂贵、实验数据不全面等问题。三维数字岩心的优点在于能对致密砂岩储层岩心样品全方位、快速、无损成像，可以直观研究非常规储层的孔喉形貌。未来三维数字岩心技术将成为微观刻画致密砂岩储层微纳米孔隙结构表征及微观渗

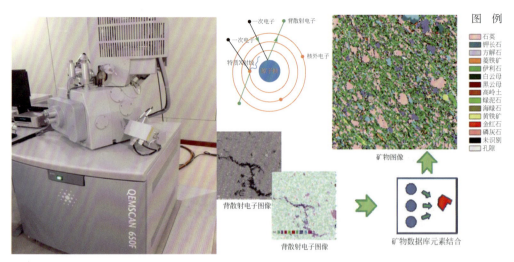

图 3-8 QEMSCAN 扫描分析原理图

流模拟的主要研究方法之一。

目前三维数字岩心建模的主流方法共有三种：①微米 CT 技术；②纳米 CT 技术；③聚焦离子束扫描电镜技术。三种方法各有优缺点，微米 CT 技术和纳米 CT 技术的优点在于可以快速无损大范围成像，便于操作，缺点在于纳米 CT 技术受其分辨率限制，65nm 以下的纳米孔隙无法识别，且测样成本较高；聚焦离子束扫描电镜技术针对微米 CT 技术和纳米 CT 技术无法识别的小孔隙，可以有效识别，缺点是仪器十分昂贵，测样成本较高，影响其推广应用。

1) 微米 CT 技术和纳米 CT 技术

下面重点对基于微纳米 CT 的数字岩心技术进行重点介绍。

a. 微纳米 CT 扫描及多尺度图像获取

本书重点利用东北石油大学"非常规油气成藏与开发"省部共建国家重点实验室培育基地的 Phoenix Nanotom S 型微米 CT，同时结合数岩科技（厦门）股份有限公司纳米岩石物理实验室的 Ultra-XRM-L200 型纳米 CT 扫描系统。微纳米 CT 成像系统如图 3-9 所示，岩心样品置于中间的转台之上，转台两侧为 X 射线源与探测器，岩心样品可以进行左右旋转以及上下移动，扫描过程中，转台带动岩心样品转动，每转动一个微小的角度，就可得到岩心样品的投射影像，旋转 360° 后得到的投射影像利用 datos|x 2.0 先进的重构算法计算后得到岩心样本的二维灰度图像（其中深黑色的为孔隙，其他为岩石基质），纳米 CT 与微米 CT 成像原理大体相同，不同的地方在于纳米 CT 的光源为平行光，旋转角度为 180°。通过微米 CT 实验联合纳米 CT 实验可以获得不同微观尺度不同分辨率下的二维灰度图像（图 3-10）。

不同微观尺度下获得的二维灰度图像可以获得的微观参数有一定差异，在样品直径 2.5cm，分辨率 10μm 的条件下，对于致密砂岩储层，孔隙基本无法识别，仅能识别一些微裂缝，随着样品直径从厘米级向微米级过渡，可识别的孔喉个数逐渐增多，从微米孔喉过渡到纳米孔喉，平均孔径逐渐减小，数字岩心计算孔渗值逐渐增大（表 3-3）。

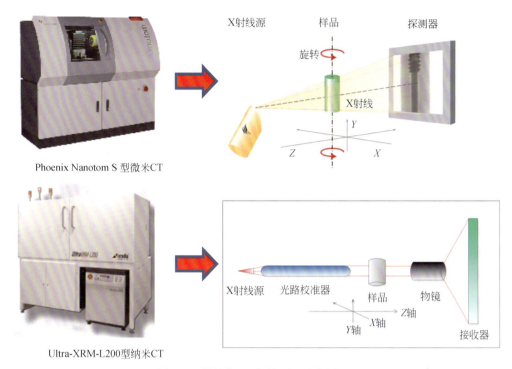

图 3-9　微纳米 CT 扫描原理示意图

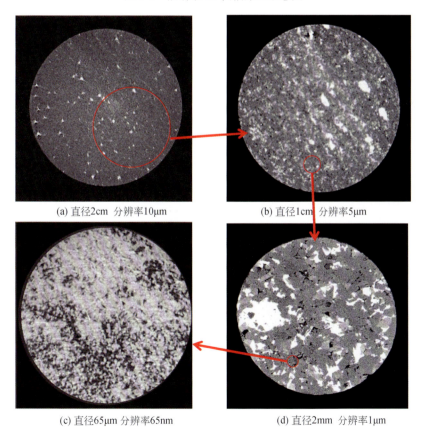

图 3-10　微观多尺度二维灰度图像（古 933 井）

表 3-3 不同微观尺度下孔喉参数表（古 933 井）

样品直径	分辨率	孔喉基本参数			孔隙度/%	绝对渗透率 /10^{-3} μm^2
		孔隙个数	喉道个数	平均孔喉半径/μm		
2.5cm	10μm	—	—	—	—	—
1cm	5μm	2324	612	7.12	1.2	0.001
2mm	1μm	5423	1124	0.54	7.3	20.10
65μm	65nm	11263	5044	0.27	9.5	0.5

b. 图像二值化分割与处理

图像二值化分割的核心是选择阈值，岩心样品已经获得覆压实测孔隙度和绝对渗透率，因而采取基于样品实测孔隙度的二值化算法，当孔隙度大于灰度时，分割阈值 k^* 求解公式如下：

$$f(k^*) = \min\left\{f(k) = \left|\phi - \frac{\sum_{i=I_{\min}}^{k} p(i)}{\sum_{i=I_{\min}}^{I_{\max}} p(i)}\right|\right\} \tag{3-1}$$

式中，ϕ 为岩心孔隙度；k 为灰度阈值；$I_{\max}$ 为最大灰度值；$I_{\min}$ 为最小灰度值；$p(i)$ 为灰度值；i 为像素数。

应用 VGStudio MAX 软件先进的算法增强信噪比，VGStudio MAX 是由德国 Volume Graphics 公司开发的一款在世界范围内用于工业 CT 数据分析和可视化的先进软件平台，基于 CT 的缺陷分析，如今已被广泛应用于铸件、塑料、零件的无损检测中，但是目前利用 VGStudio MAX 软件来对微观孔隙结构可视化的报道较少，在 X、Y 方向滤波后扫描的岩心柱上选择 1mm×1mm×1mm 大小的区域，然后利用 VGStudio MAX 软件的图像分割技术，对重构出的三维微米级 CT 灰度图像进行二值化分割，如图 3-11 所示，划分出孔隙与颗粒基质，将孔隙区域用蓝色渲染，进而可以得到用于三维数字岩心建模及岩石物理参数模拟的二值化图像。

c. 三维数字岩心模型建立

三维可视化的目的在于将数字岩心图像的孔隙与颗粒分布结构用最直观的方式呈现。三维数字岩心模型的建立是指通过特定的数学算法，将岩心二值化分割图像进行三维数字化，应用三维数字化模型进一步提取孔隙、喉道模型以及孔喉定量化参数，较为真实地还原了原始岩心中的孔喉分布特征以及连通性特征。目前基于微纳米 CT 的三维数字岩心建模法主要有以下两种方法。

方法一，利用 Avizo 软件构建三维数字岩心（图 3-12）。将 VGStudio MAX 软件生成的二值化结果导入 Avizo 软件中，利用 skeletonization 模块以及 pore network model 模块内置的先进的数学算法构建三维数字岩心模型，该方法实现了 VGStudio MAX 软件和 Avizo 软件的完美对接，避免了编程算法和程序开发的研究，大大提高了处理效率。

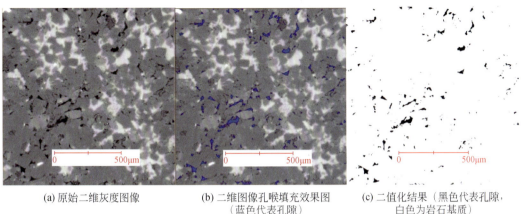

(a) 原始二维灰度图像　　(b) 二维图像孔喉填充效果图　　(c) 二值化结果（黑色代表孔隙，
　　　　　　　　　　　　　　（蓝色代表孔隙）　　　　　　　白色为岩石基质）

图3-11　图像二值化示意图

(a) 孔隙模型　　　　　　(b) 喉道模型

图3-12　基于Avizo软件构建的数字岩心模型

方法二，基于"最大球"法构建三维数字岩心。采用数岩科技（厦门）股份有限公司"最大球"法进行孔隙网络结构的提取与建模，既提高了网络提取的速度，也保证了孔隙分布特征与连通特征的准确性。

"最大球"法是把一系列不同尺寸的球体填充到三维岩心图像的孔隙空间中，各尺寸填充球之间按照半径从大到小存在着连接关系。整个岩心内部孔隙结构将通过相互交叠及包含的球串来表征 [图3-13(a)，图3-13(b)]。孔隙网络结构中的孔隙（pore）和喉道（throat）的确立是通过在球串中寻找局部最大球与两个最大球之间的最小球，从而形成"孔隙-喉道-孔隙"的配对关系来完成，最终整个球串结构简化成为以孔隙和喉道为单元的孔隙网络结构模型（图3-13）。

在用"最大球"法提取孔隙网络结构的过程中，形状不规则的真实孔隙和喉道被规则的球形填充，进而简化成为孔隙网络模型中形状规则的孔隙和喉道。在这一过程中，利用形状因子 G 来存储不规则孔隙和喉道的形状特征。形状因子的定义为 $G=A/P^2$，其中 A 为孔隙的横截面积，P 为孔隙横截面周长 [图3-13(d)]。

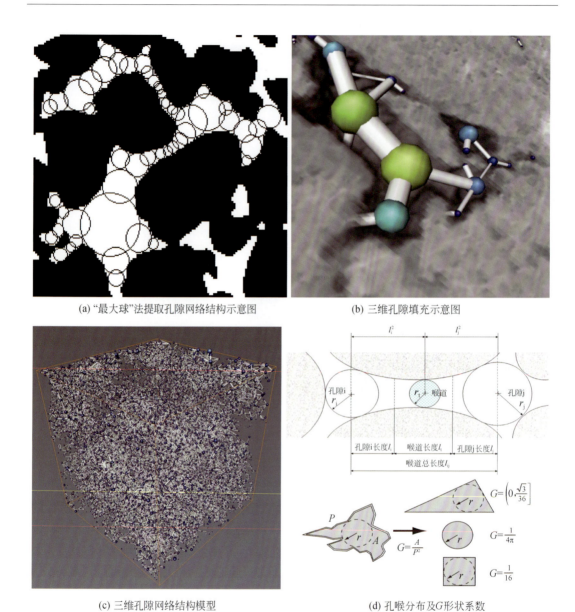

图 3-13 基于"最大球"法构建的数字岩心模型

d. 平行对比分析–模型修正

近年来,随着数字岩心技术的快速发展,其逐渐成为致密砂岩储层微观孔喉结构表征的强有力手段,数字岩心技术具有快速、无损、实验周期短等天然优势,但是也有其缺点,图像二值化分割过程中,对孔隙和岩石基质的界限划分存在一定的误差,进而导致数字岩心的实测数据与室内实验实测数据产生一定误差,所以有必要利用室内实验实测数据对数字岩心实验模型进行进一步修正。两种数据进行平行对比分析,最大限度降低实验误差,一旦准确可靠的数字岩心成功建立,各种模拟研究工作便有了可重复性,克服了岩样损失或岩样数量短缺而造成的困难。通过古 993 井数字岩心实验孔渗值及压汞法所测得的孔喉半径与真实岩心对比结果发现（图 3-14，图 3-15，表 3-4），数字岩心孔隙度、渗透率、孔喉半径测试结果与真实岩心实验结果相关性较高，呈明显正相关，孔隙度 R^2 值为 0.9792，渗透率 R^2 值为 0.9228，同时数字岩心与真实岩心相比孔隙度、渗透率较低，这主要有两方面原因：①受到分辨率限制，更小的孔喉未被识别，进而导致数字岩心计算结果偏低；②二值化分割过程中孔喉与岩石基质划分产生一定误差。因而在模型修正过程中既要关注孔渗参数吻合性，也要参考真实岩心孔喉半径与数字岩心模拟孔喉半径的一致性，尽最大限度让模拟结果更接近真实岩心，使误差最小，为下一步岩石物理模拟提供可靠边界条件。

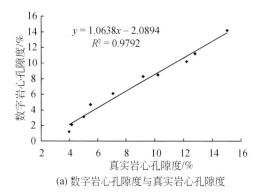
(a) 数字岩心孔隙度与真实岩心孔隙度

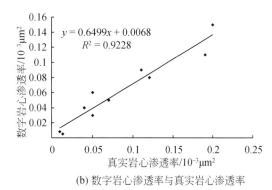
(b) 数字岩心渗透率与真实岩心渗透率

图 3-14　数字岩心与真实岩心孔渗对比图

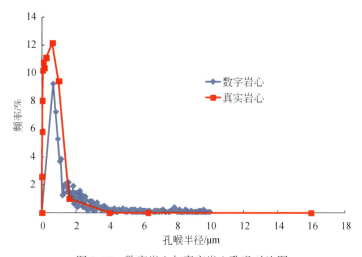

图 3-15　数字岩心与真实岩心孔喉对比图

表 3-4　古 933 井数字岩心与真实岩心实验平行对比

样品编号	真实岩心			数字岩心			
	气测孔隙度/%	气测渗透率/$10^{-3}\mu m^2$	压汞法孔喉半径/μm	Z 方向微米级渗透率/$10^{-3}\mu m^2$	Z 方向纳米级渗透率/$10^{-3}\mu m^2$	平均孔喉半径/μm	数字岩心孔隙度/%
Z33	15.31	0.19	0.72	40	0.21	0.8	14.2
Z11	12.2	0.11	0.66	23	0.12	0.62	10.2

续表

样品编号	真实岩心			数字岩心			
	气测孔隙度/%	气测渗透率/$10^{-3}\mu m^2$	压汞法孔喉半径/μm	Z方向微米级渗透率/$10^{-3}\mu m^2$	Z方向纳米级渗透率/$10^{-3}\mu m^2$	平均孔喉半径/μm	数字岩心孔隙度/%
Z7	10.21	0.07	0.62	20	0.09	0.56	7
Z5	7.08	0.05	0.23	21	0.06	0.52	6.12
Z20	5.76	0.04	0.16	18	0.02	0.53	3.12
Z1	4.16	0.01	0.091	12	0.01	0.52	2.1
Z3	3.96	0.01	0.024	14	0.001	0.5	1.2

e. 虚拟岩石物理参数模拟

虚拟岩石物理参数模拟是目前岩石地球物理学发展的重要趋势之一，数字岩心是虚拟岩石物理参数模拟的基础，利用修正好的数字岩心模型可以进一步模拟绝对渗透率（图3-16）、迂曲度、热导率、电导率、分子扩散系数岩石物理参数，同时还可以进行油水两相模拟、核磁共振模拟及压汞实验模拟。虚拟岩石物理模拟是现代油藏模拟的重要研究内容，如何将小尺度获得的岩心模拟结果扩大到大尺度岩心属性，并最终能够引用在油藏尺度的模拟，是当前国内外研究的一个热点，也是该领域的一个难点。

2）聚焦离子束扫描电镜技术

近年来，聚焦离子束扫描电镜技术为非常规储层微观孔喉结构精细表征提供了一种新方法，尤其是在页岩领域，起到了至关重要的作用。Curtis等（2012）利用聚焦离子束扫描电镜技术重建了页岩的三维孔喉结构。马勇等（2014）通过聚焦离子束扫描电镜技术重建了渝东南地区五峰组–龙马溪组和牛蹄塘组两套典型页岩，构建了有机质孔隙三维模型，较为精准地表征了有机质孔隙在三维空间的大小、形态及连通性。常规的扫描电镜技术仅仅限于二维平面表征，无法对三维空间进行重建，微纳米CT技术尽管可以表征三维的空间结构，但是受其分辨率限制，页岩中大量赋存的纳米孔隙无法进行识别。聚焦离子束扫描电镜技术主要是利用Ga离子束对岩石样品沿层连续三维切割，同时利用电子束进行成像，扫描分辨率0.9~10nm，较真实地反映了页岩纳米孔喉三维空间特征（图3-17）。利用聚焦离子束扫描电镜技术步骤如下。

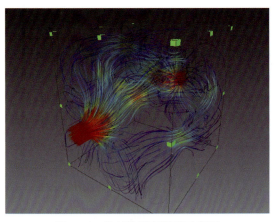

图3-16 绝对渗透率模拟示意图

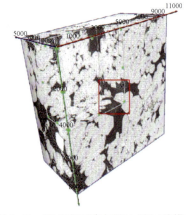

图3-17 聚焦离子束扫描电镜三维模型

a. 样品制备

将岩样沿垂直方向切割成合适大小的块体并将样品表面磨平,将经过氩离子抛光后的岩样固定在样品坐上,把氩离子抛光面用薄金层覆盖从而增加样品表面的导电性。

b. 三维切割及建模

(1) 将制备好的样品放入 FEI Helios 650 型聚焦离子束扫描电镜样品室内,抽出气体至真空。

(2) 利用背散射模式选择感兴趣的区域。

(3) 将感兴趣区域喷涂铂金,利用 Ga 离子束对样品进行三维切割处理,由此形成了一系列的二维 Maps 图像,通过 Avizo 软件即可对岩样的三维重构及定量表征。

3. 存在问题

致密砂岩储层微观孔喉结构精细表征技术有待进一步加强,不同的表征技术方法存在各自的局限性,普通扫描电镜等图像分析技术能对孔喉的大小、形态和分布位置等二维结构特征进行定性描述,但无法反映孔喉结构的三维网络结构和连通性,以及对孔渗的贡献率等三维空间定量参数;恒速压汞分析技术、核磁共振技术等数据分析技术能测量孔喉体积、孔径大小及分布,但无法分析孔喉类型、形态、三维孔喉网络等特征;三维数字岩心技术虽然能获得孔喉结构的三维空间特征,但其实验成本较高,且随其分辨率的提高,分析样品的体积减小,建模结果代表性减低。不同表征技术方法受实验精度控制,只能分析单一尺度内的孔喉特征,使用单一方法难以准确、连续表征致密储层微米-亚微米-纳米尺度孔喉结构;另外,目前反映孔喉结构的参数如孔喉半径、主流孔喉半径、分选系数、歪度、孔喉形状因子等之间都或多或少存在一定关联,如何优化选取最能反映微观孔喉结构特征、微观孔喉表征参数与孔隙度、渗透率等宏观物性参数存在何种定量关系,是孔喉结构表征的重点、难点;如何连续表征致密储层微米-亚微米-纳米多尺度孔喉结构,探讨微观孔喉结构参数与宏观参数之间的联系等工作有待进一步加强。

二、微观储集空间类型研究

(一) 孔隙类型

对于微观孔隙类型的划分,通过搜集前人相关调研成果,有学者曾根据孔隙、裂缝的发育程度,将孔隙类型分为孔隙型、裂缝型及孔隙-裂缝型三种,这种分类方法可以较为直观地辨别储层的孔隙发育程度;也有学者根据孔隙成因将孔隙划分为原生型孔隙、次生型孔隙及混合型孔隙三种;同时也可依据孔隙大小进行划分,一般可以划分为毫米级、微米级及纳米级,此类划分方案可将孔隙按照不同尺度进行区分,有利于区分不同储层的储集性能。

1. 基于成因的孔隙分类及定量特征

1) 成因分类

通过铸体薄片以及扫描电镜等手段分析测试,齐家地区高台子高三、高四油层组致密砂岩储层按照成因可以将孔隙划分为原生型孔隙、次生型孔隙两类，其中以次生型孔隙为主（表3-5），本小节重点介绍次生型孔隙。

表3-5　基于成因分类的孔隙类型及特征表

孔隙类型		孔隙主要特征
原生型孔隙	原生型粒间孔隙	颗粒之间的孔隙由压实作用形成，颗粒边界多平直，孔隙形状多为多边形、三角形
	原生型粒内孔隙	矿物颗粒原生型孔隙，主要包括原生型晶间孔、自生矿物晶间孔
次生型孔隙	粒内溶蚀孔隙	长石、岩屑等碎屑颗粒内被溶蚀而致，多呈蜂窝状或孤立分布
	粒间溶蚀孔隙	碎屑颗粒边部溶蚀而致，孔隙形态不规则，溶蚀边界多为港湾状、参差状及条带状
	介形虫溶蚀孔隙	介形虫化石腔内、边缘溶孔构成储集空间

a. 原生型孔隙

原生型孔隙定义为原始碎屑沉积物经过压实作用后，沉积碎屑颗粒、杂基之间以及原始沉积碎屑颗粒之间形成的固有孔隙。原生型孔隙的形成主要和砂岩组分密切相关，孔隙分布与沉积环境密切相关，多形成于早成岩期。高三、高四油层组致密砂岩储层埋深2000m以下，成岩后期对孔隙有较强的改造作用，导致原生型孔隙不发育，多存在于石英含量高、杂基少、磨圆相对较好的细砂岩中，镜下颗粒边缘整齐，基本不发育次生加大，主要包括原生型粒间孔隙和原生型粒内孔隙两种类型，其中研究区主要发育原生型粒间孔隙（图3-18），原生粒间孔颗粒之间的空隙由压实作用形成，颗粒边界多平直，孔隙形状多为多边形、三角形，原生型孔隙CT二维灰度图像上孔隙界面相对平整清晰，孔喉与颗粒边缘平直。

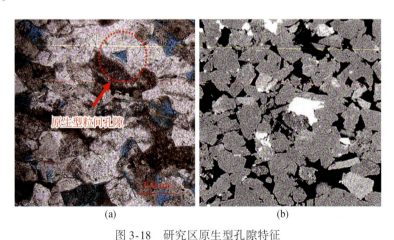

图 3-18　研究区原生型孔隙特征
(a) 剩余原生型粒间孔隙，金393井，1977.05m，铸体薄片×10，粉砂岩；
(b) 原生型孔隙相对发育，金51井，1857.5m，CT，细砂岩

b. 次生型孔隙

次生型孔隙指历经淋滤作用、溶解作用、交代作用等成岩作用而形成的孔隙。齐家地区高台子致密砂岩次生储集空间主要包括粒间溶蚀孔隙、粒内溶蚀孔隙、铸模孔隙、胶结物溶蚀孔隙及晶间微孔等。次生型孔隙主要是由溶解作用及重结晶作用形成。

(1) 粒内溶蚀孔隙。粒内溶蚀孔隙多见于较易溶蚀的长石、岩屑颗粒边部,是一类典型的次生型孔隙。利用铸体薄片及微纳米 CT 技术均可清晰鉴别粒内溶蚀孔隙。前期溶蚀特征常见长石颗粒局部溶蚀,或者长石沿着解理溶蚀;中期溶蚀特征常见长石内部溶蚀且有蜂窝状或不规则的孔隙,长石颗粒组分近 50% 被溶蚀掉;后期溶蚀特征常见长石颗粒绝大部分已被溶蚀,假设长石颗粒外形轮廓及岩石结构等特征仍可识别,一般称为铸模孔隙。研究区常见长石溶蚀粒内孔隙前期以及中期特征如图 3-19 所示。

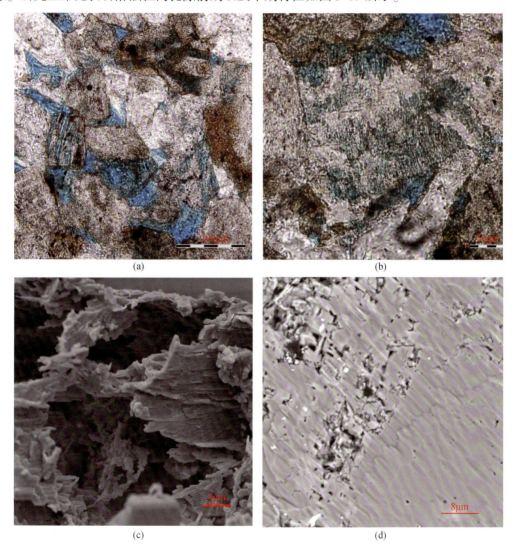

图 3-19 研究区粒内溶蚀孔隙特征

(a) 粒内溶蚀铸模孔隙,金 393 井,1977.05m,铸体薄片×20,粉砂岩;(b) 长石粒内溶蚀孔隙,金 393 井,1977.05m,铸体薄片×40,粉砂岩;(c) 长石沿解理溶蚀,粒内纳米孔隙,金 393 井,1977.05m,ESEM,粉砂岩;(d) 粒内溶蚀孔隙,古 933 井,2205.26m,Maps 成像分析,粉砂岩

(2) 粒间溶蚀孔隙。粒间溶蚀孔隙指的是碎屑颗粒边部受到溶蚀作用而形成的近颗粒边部的孔隙,此类孔隙溶蚀部分多为不规则形状,既有条带状,也有港湾状,粒间溶蚀型

孔隙在 CT 二维灰度图像上孔隙形状不均匀，孔隙界面模糊，呈条带状分布，长石和岩屑遭受的溶蚀作用明显 [图 3-20(c)]，研究区主要包括剩余粒间溶蚀孔隙、超大粒间溶蚀孔隙以及港湾条带状粒间溶蚀孔隙三个类型（图 3-20）。

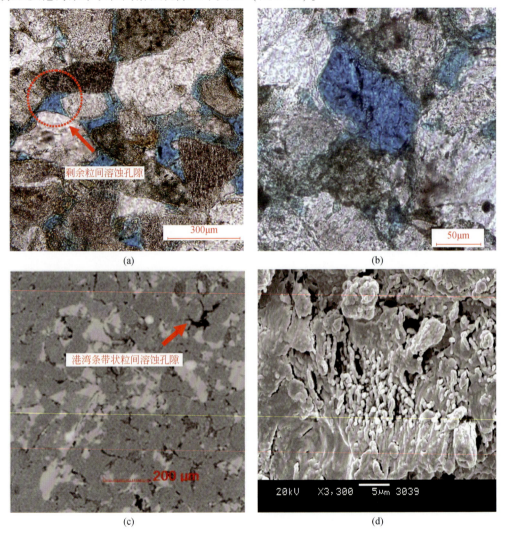

图 3-20 研究区粒间溶蚀孔隙特征

(a) 剩余粒间溶蚀孔隙，金 393 井，1977.05m，铸体薄片×20，粉砂岩；(b) 超大粒间溶蚀孔隙，金 392 井，1864.24m，铸体薄片×40，细砂岩；(c) 港湾条带状粒间溶蚀孔隙，金 18 井，2311.64m，微米 CT，灰色含泥粉砂岩；(d) 粒间溶蚀孔隙，内部充填伊利石，齐平 1 井，1952.03m，ESEM，粉砂岩

（3）介形虫溶蚀孔隙。齐家地区高三、高四油层组广泛存在介形虫类化石溶蚀，使得介形虫化石腔内、边缘溶蚀孔隙成为储集空间，溶蚀孔隙普遍差异性较大（图 3-21）。通过岩心观察描述发现，齐家地区高台子高三、高四油层组存在大量介形虫层，此类介形虫小层厚度通常为 10～300cm，测井曲线上常有低声波、高电阻以及低伽马的响应特性。潘树新等（2010）探讨了此类介形虫层的形成机理，通过分析得到，基准面降低而导致的水体变浅、矿化度显著增高和砂岩进入滨浅湖极有可能为介形虫大量集体死亡的主要原因。

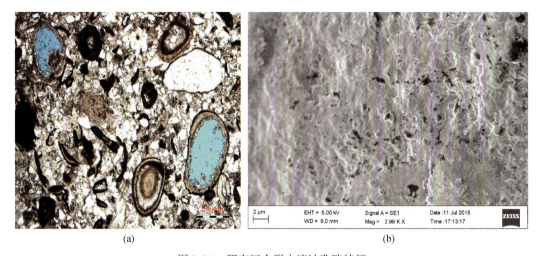

图 3-21 研究区介形虫溶蚀孔隙特征

(a) 介形虫腔内溶蚀孔隙，古 933 井，2210.58m，铸体薄片×4，粉砂岩；
(b) 介形虫壳表面溶蚀，杜 321 井，1683.86m，ESEM，细砂岩

2) 不同成因孔隙的定量特征

利用图像分析技术，根据孔隙的孤立程度及铸体颜色可以区分这些孔隙，从不同渗透率样品中不同成因孔隙的统计结果表明，不同成因的孔隙在齐家地区致密砂岩储层中的分布有一定差异，渗透率分布区间不同（共划分为大于 $1\times10^{-3}\mu m^2$，$0.5\times10^{-3}\sim1\times10^{-3}\mu m^2$ 以及小于 $0.5\times10^{-3}\mu m^2$ 三个区间），不同类型的孔隙分布也有所不同，整体看以港湾条带状粒间溶蚀孔隙及粒内溶蚀孔隙为主，随着渗透率区间的升高，港湾条带状粒间溶蚀孔隙逐渐增多，粒内溶蚀孔隙逐渐减少，原生型孔隙逐渐增多，介形虫溶蚀孔隙变化规律不明显（图 3-22）。

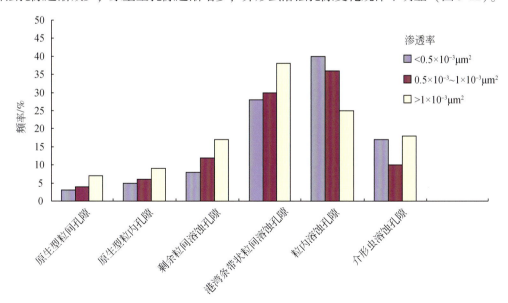

图 3-22 不同成因孔隙的定量分布图

2. 基于孔径大小的孔隙分类

随着石油地质勘探从常规油藏向非常规油藏的转变，微观孔隙的研究也日益从毫米孔隙过渡到微米、亚微米孔隙，甚至到纳米孔隙，如何能够将不同尺度的孔隙进行一体化、连续化表征也成为近年来的一个研究热点。作者将齐家地区致密砂岩储层按照孔径大小大致分为4类，即毫米级孔隙、微米级孔隙、亚微米级孔隙、纳米级孔隙。毫米级孔隙通常利用铸体薄片技术即可观察，微米级孔隙、亚微米级孔隙可通过微米CT技术、环境扫描电镜技术等手段观测，而对于纳米级孔隙一般需要利用纳米CT技术、Maps图像分析技术以及场发射扫描电镜技术等高端测试手段进行观测，同时还可以观测到石油在微观孔隙中的赋存状态。

(二) 喉道类型

喉道是指连接孔隙的空间，喉道特征对储层的渗流能力有决定性作用，喉道的发育程度主要依据配位数进行衡量，对不同孔渗的样品进行扫描电镜观察以及数字岩心分析实验，统计结果显示，配位数与样品渗透率呈明显的正相关性。通过大量的铸体薄片实验发现，齐家地区高台子致密砂岩储层的喉道类型主要有缩颈型喉道、片状喉道、弯片状喉道以及束管状喉道4种基本类型（图3-23）。缩颈型喉道一般受较强压实作用影响，碎屑颗粒间排列紧密，孔隙空间明显，喉道空间狭窄［图3-23(a)］；片状喉道与缩颈型喉道相比渗流性能较好，此类喉道主要存在于矿物晶体之间的残留空隙，由于受到较大的压实作用，孔隙相对较小，经溶蚀改造可进一步增强渗流能力［图3-23(b)］；弯片状喉道由不同延伸、不同方向的片状喉道相连通［图3-23(c)］；束管状喉道的孔隙结构主要由杂基支撑，孔喉一体，在致密砂岩储层中较为常见，渗流性能较差［图3-23(d)］。根据大量的铸体薄片实验结果统计得到，渗透率小于 $0.5 \times 10^{-3} \ \mu m^2$ 的情况下，束管状喉道占绝大多数，表明在低渗情况喉道细小且复杂，此时流动以非达西流为主；渗透率介于 $0.5 \times 10^{-3} \sim 1 \times 10^{-3} \ \mu m^2$ 的情况下，以缩颈型喉道为主，主要表明沉积压实过程对喉道的破坏作用；渗透率大于 $1 \times 10^{-3} \ \mu m^2$ 时以弯片状为主，此类喉道渗流能力相对较好，以达西流为主（图3-24）。研究区各喉道特征如图3-25所示。

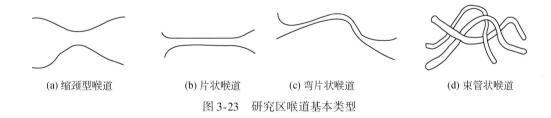

(a) 缩颈型喉道　　　　(b) 片状喉道　　　　(c) 弯片状喉道　　　　(d) 束管状喉道

图3-23　研究区喉道基本类型

(三) 微裂缝类型

裂缝的存在可以有效增加致密砂岩储层的渗流能力，齐家地区高三、高四油层组致密砂岩储层宏观裂缝不发育，主要发育微裂缝。通过大量的实验表明，微裂缝主要分为4种，即粒内型微裂缝、粒缘型微裂缝、穿粒型微裂缝、层理型微裂缝（图3-26）。粒内

第三章　致密砂岩储层微观孔喉结构精细表征及主控因素分析　·81·

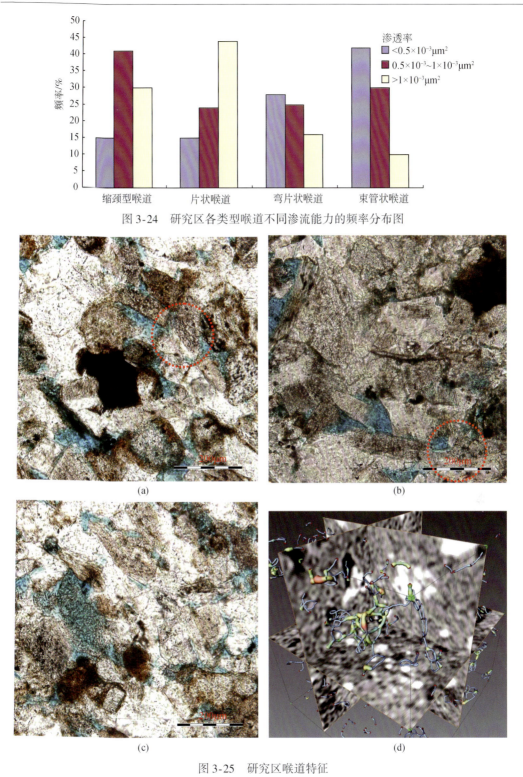

图 3-24　研究区各类型喉道不同渗流能力的频率分布图

图 3-25　研究区喉道特征

（a）缩颈型喉道，古 933 井，2205.36m，铸体薄片×20，粉砂岩；（b）片状喉道，古 933 井，2184.31m，铸体薄片×20，粉砂岩；（c）弯片状喉道，古 933 井，2205.36m，铸体薄片×20，粉砂岩；（d）束管状喉道，金 18 井，2307.58m，CT 数字岩心模型，含泥粉砂岩型微裂缝通常指发育在矿物内部的微裂缝,一般由溶蚀作用形成,此类微裂缝可以作为储集油气的优良空间;粒缘型微裂缝一般为颗粒边缘延伸出来的微裂缝,此类微裂缝常由于构造挤压作用产生,微裂缝延伸较长;穿粒型微裂缝贯穿矿物颗粒,其成因相对复杂,可能与构造、压力异常等因素有关;层理型微裂缝一般沿层理面分布,沿层理面一般具有断续、弯曲、尖灭等特点,层理型微裂缝主要有构造作用以及流体压裂作用两方面成因。

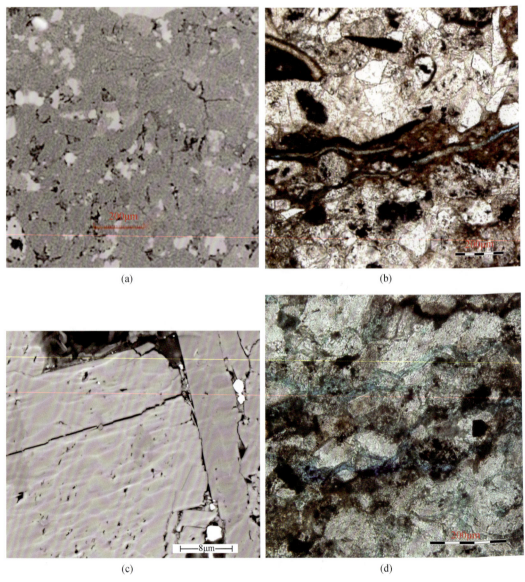

图 3-26 研究区微观裂缝类型

(a) 粒内型微裂缝,金 18 井,2307.58m,CT 二维灰度切片,含泥粉砂岩;(b) 粒缘型微裂缝,古 933 井,2210.58.m,铸体薄片×10,粉砂岩;(c) 穿粒型微裂缝,古 933 井,2205.36m,Maps 图像拼接技术,粉砂岩;(d) 层理型微裂缝,古 933 井,2296.04m,铸体薄片×20,粉砂岩

各类微裂缝的存在促进了后期溶蚀性次生型孔隙的形成,同时,各类微裂缝自身也是

良好的储集空间,提高了致密砂岩储层的物性指标。齐家地区高三、高四油层组内发育的大量微裂缝自身规模虽然较小,但在后期地下流体的改造作用下,粒内型微裂缝、粒缘型微裂缝等可发生进一步的溶蚀,在微裂缝局部形成溶蚀性次生型孔隙,成为致密砂岩储层中物性较好的储集空间。层理型微裂缝的形成自身就与地下高压流体有关,也更易被流体溶蚀改造,在裂缝的交叉点、转折端及末端分叉处易形成次生型溶蚀孔隙,从而提高了致密砂岩储层的物性指标,使致密砂岩储层得到改造。

三、微观多尺度孔喉特征研究

多尺度科学是当今非常规储层领域的热门研究内容,储层在空间上具有强烈的尺度性,在孔径尺度上有纳米–微米–毫米级的孔隙及厘米–米级的宏观裂缝,这种多尺度结构将对油气藏流体在储层空间中分布和流动起控制作用。在储集空间上存在着不同的研究尺度,包括纳米尺度、微米尺度、岩石尺度、油藏尺度4个尺度。目前,在油气田开发中,研究人员在油藏多尺度特征描述方面做了很多工作,李易霖等(2016)利用基于微纳米CT的数字岩心技术从微米尺度到纳米尺度对致密砂岩松辽盆地南部大安油田储层微观孔喉特征进行了多尺度表征,为大安油田致密砂岩储层的甜点预测提供了有力的技术支持。

微观多尺度孔喉特征研究是致密砂岩储层多尺度一体化研究的重要一环,目前微观多尺度孔喉特征研究主要是依托数字岩心技术,同时辅以Maps图像拼接技术、恒速压汞技术等对微纳米孔喉特征进行全面表征。研究的主体思路:基于不同孔喉结构致密砂岩典型岩样,结合压孔渗及压汞实验结果,对样品进行有针对性的毫米–微米–纳米多级扫描成像,获得多尺度图像,在二值化图像基础上进行三维孔隙网络模型构建,定性与定量表征储层孔喉结构特征,为储层分类与微观渗流机理研究奠定基础(图3-27)。利用微纳米

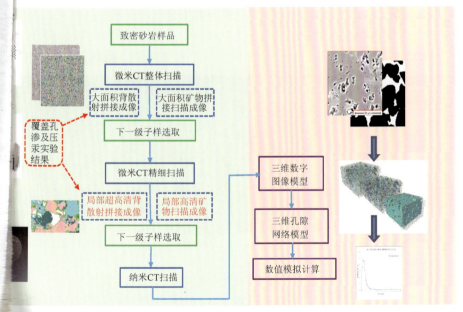

图3-27 微观多尺度表征流程示意图

CT 技术建立了齐家地区高三、高四油层组致密砂岩储层不同尺度的微观孔喉结构的三维模型。实验结果表明,齐家地区高三、高四油层组致密砂岩储层整体孔喉微观连通性较差,不同微观尺度对应的储集空间特征均有所不同(表 3-6),整体看,齐家地区高三、高四油层组致密砂岩储层在微米尺度下连通性最好,是今后微观孔喉结构研究的主要方向。对于致密砂岩储层来讲,毫米尺度可以识别孔喉很少,所以本小节重点针对微米和纳米两个尺度进行介绍。

表 3-6　不同微观尺度的储集空间特征

孔喉尺度	孔喉主峰	储集空间类型	分布状态	孔喉形态	连通性较好比例
微米尺度	2~3μm	粒间溶蚀孔隙、粒内溶蚀孔隙、微米级微裂缝	连片状孤立状	条带状、小球状	5%~60%
纳米尺度	50~100nm	粒内溶蚀孔隙、纳米级微裂缝	孤立状	小球状、条带状	5%~15%

(一) 微米尺度孔喉特征研究

微米尺度下,储集空间类型主要包括粒间溶蚀孔隙、粒内溶蚀孔隙以及微米级微裂缝,其中以粒间溶蚀孔隙为主,利用 Avizo 软件构建三维数字岩心,孔喉三维空间分布状态以条带状为主,以小球状为辅,连通性较好的孔喉占 5%~60%(图 3-28)。在相同建模尺度下,选取典型区域进行三维孔隙网络模型构建,如图 3-29 所示。对不同三维建模区域储集空间微观孔隙结构进行定性分析和定量评价,分析结果显示:①微米尺度下,建模区域最大孔隙度 10.1%,最小孔隙度 1.1%,平均孔隙度 6.58%,不同建模区域孔隙度有一定差异(图 3-30);②不同建模区域孔喉半径分布范围有一定微观非均质性,孔喉半径集中分布于 2~3μm 之间(图 3-31);③建模区域 A 到区域 F 随着物性品质的逐渐增加,孤立状粒内溶蚀孔隙逐渐减少,条带状粒间溶蚀孔隙逐渐增多,微观连通性逐渐变好,物性较差的区域 A 孤立状分布粒内溶蚀孔隙较多,孔喉三维形态多为小球状,孔隙大多不连通,物性中等的区域 D 孤立状与连片状分布的孔喉共存,孔喉三维形态多为条带状和小

图 3-28　研究区微米级储集空间类型

(a) 条带状微米级粒间溶蚀孔隙,金 393 井,1975.27m,铸体薄片×20,粉砂岩;(b) 条带状微米级粒间溶蚀孔隙,金 51 井,1857.5m,CT 二维灰度图像,细砂岩;(c) 微米级微裂缝,古 933 井,2201.01m,铸体薄片×10,粉砂岩

良好的储集空间，提高了致密砂岩储层的物性指标。齐家地区高三、高四油层组内发育的大量微裂缝自身规模虽然较小，但在后期地下流体的改造作用下，粒内型微裂缝、粒缘型微裂缝等可发生进一步的溶蚀，在微裂缝局部形成溶蚀性次生型孔隙，成为致密砂岩储层中物性较好的储集空间。层理型微裂缝的形成自身就与地下高压流体有关，也更易被流体溶蚀改造，在裂缝的交叉点、转折端及末端分叉处易形成次生型溶蚀孔隙，从而提高了致密砂岩储层的物性指标，使致密砂岩储层得到改造。

三、微观多尺度孔喉特征研究

多尺度科学是当今非常规储层领域的热门研究内容，储层在空间上具有强烈的尺度性，在孔径尺度上有纳米-微米-毫米级的孔隙及厘米-米级的宏观裂缝，这种多尺度结构将对油气藏流体在储层空间中分布和流动起控制作用。在储集空间上存在着不同的研究尺度，包括纳米尺度、微米尺度、岩石尺度、油藏尺度4个尺度。目前，在油气田开发中，研究人员在油藏多尺度特征描述方面做了很多工作，李易霖等（2016）利用基于微纳米CT的数字岩心技术从微米尺度到纳米尺度对致密砂岩松辽盆地南部大安油田储层微观孔喉特征进行了多尺度表征，为大安油田致密砂岩储层的甜点预测提供了有力的技术支持。

微观多尺度孔喉特征研究是致密砂岩储层多尺度一体化研究的重要一环，目前微观多尺度孔喉特征研究主要是依托数字岩心技术，同时辅以Maps图像拼接技术、恒速压汞技术等对微纳米孔喉特征进行全面表征。研究的主体思路：基于不同孔喉结构致密砂岩典型岩样，结合覆压孔渗及压汞实验结果，对样品进行有针对性的毫米-微米-纳米多级扫描成像，获得多尺度图像，在二值化图像基础上进行三维孔隙网络模型构建，定性与定量表征储层孔喉结构特征，为储层分类与微观渗流机理研究奠定基础（图3-27）。利用微纳米

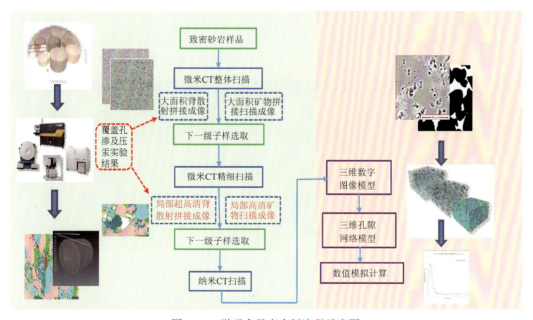

图3-27 微观多尺度表征流程示意图

CT 技术建立了齐家地区高三、高四油层组致密砂岩储层不同尺度的微观孔喉结构的三维模型。实验结果表明,齐家地区高三、高四油层组致密砂岩储层整体孔喉微观连通性较差,不同微观尺度对应的储集空间特征均有所不同(表 3-6),整体看,齐家地区高三、高四油层组致密砂岩储层在微米尺度下连通性最好,是今后微观孔喉结构研究的主要方向。对于致密砂岩储层来讲,毫米尺度可以识别孔喉很少,所以本小节重点针对微米和纳米两个尺度进行介绍。

表 3-6 不同微观尺度的储集空间特征

孔喉尺度	孔喉主峰	储集空间类型	分布状态	孔喉形态	连通性较好比例
微米尺度	2~3μm	粒间溶蚀孔隙、粒内溶蚀孔隙、微米级微裂缝	连片状 孤立状	条带状、小球状	5%~60%
纳米尺度	50~100nm	粒内溶蚀孔隙、纳米级微裂缝	孤立状	小球状、条带状	5%~15%

(一)微米尺度孔喉特征研究

微米尺度下,储集空间类型主要包括粒间溶蚀孔隙、粒内溶蚀孔隙以及微米级微裂缝,其中以粒间溶蚀孔隙为主,利用 Avizo 软件构建三维数字岩心,孔喉三维空间分布状态以条带状为主,以小球状为辅,连通性较好的孔喉占 5%~60%(图3-28)。在相同建模尺度下,选取典型区域进行三维孔隙网络模型构建,如图 3-29 所示。对不同三维建模区域储集空间微观孔隙结构进行定性分析和定量评价,分析结果显示:①微米尺度下,建模区域最大孔隙度 10.1%,最小孔隙度 1.1%,平均孔隙度 6.58%,不同建模区域孔隙度有一定差异(图3-30);②不同建模区域孔喉半径分布范围有一定微观非均质性,孔喉半径集中分布于 2~3μm 之间(图3-31);③建模区域 A 到区域 F 随着物性品质的逐渐增加,孤立状粒内溶蚀孔隙逐渐减少,条带状粒间溶蚀孔隙逐渐增多,微观连通性逐渐变好,物性较差的区域 A 孤立状分布粒内溶蚀孔隙较多,孔喉三维形态多为小球状,孔隙大多不连通,物性中等的区域 D 孤立状与连片状分布的孔喉共存,孔喉三维形态多为条带状和小

图 3-28 研究区微米级储集空间类型

(a)条带状微米级粒间溶蚀孔隙,金 393 井,1975.27m,铸体薄片×20,粉砂岩;(b)条带状微米级粒间溶蚀孔隙,金 51 井,1857.5m,CT 二维灰度图像,细砂岩;(c)微米级微裂缝,古 933 井,2201.01m,铸体薄片×10,粉砂岩

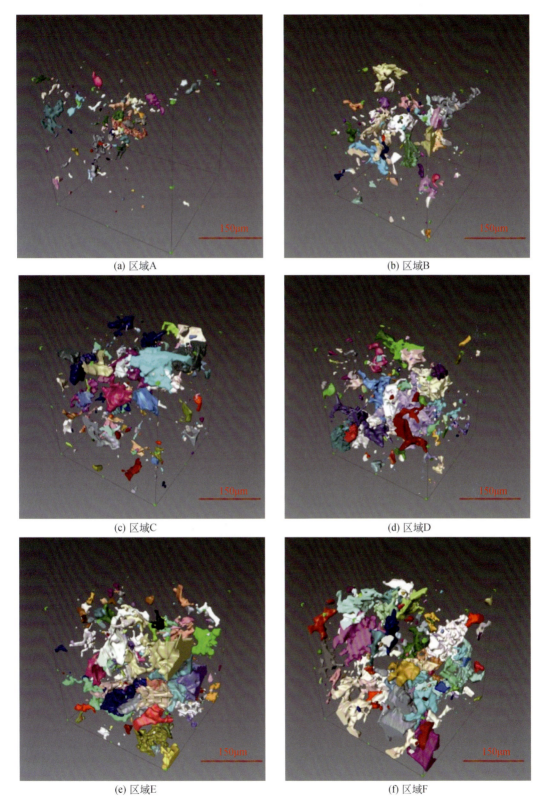

图 3-29 古 933 井微米级储集空间不同建模区域三维孔隙网络模型

球状，物性最好的区域 F 以连片状粒间溶蚀孔隙为主，孔喉三维形态多为条带状，连通孔隙占 50% 以上。由于岩心样品致密，受扫描分辨率的限制，岩心中的纳米尺度孔喉识别率较低，数字岩心计算孔隙度及覆压孔渗实测孔隙度结果相比较存在一定误差。

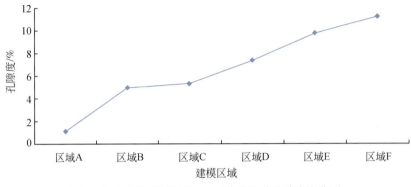

图 3-30　研究区微米尺度不同建模区域孔隙度变化图

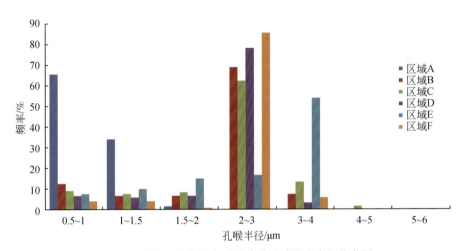

图 3-31　研究区微米尺度不同建模区域孔喉半径分布图

（二）纳米尺度孔喉特征研究

纳米尺度下，在相同建模尺度下选取典型区域进行三维孔隙网络模型构建，研究表明，纳米级储集空间在三维空间主要以粒内溶蚀孔隙和微裂缝两种分布模式存在（图 3-32，图 3-33）：①粒内溶蚀孔隙分布模式下，孔喉三维空间形态以孤立状为主，分布相对较均匀，平均孔喉半径 144nm，平均喉道长度 540nm，识别孔隙 3488 个，喉道 801 个，平均孔喉体积 $5.67×10^7 nm^3$，平均孔隙表面积 $7.63×10^5 nm^2$，平均喉道表面积 $5.51×10^4 nm^2$，孔喉峰值区约占孔喉总体分布的 42%，连通性孔喉约占 5%；②微裂缝分布模式下，孔喉三维空间形态以连片状为主，分布相对较为集中，平均孔喉半径 238nm，平均喉道长度 1705nm，识别孔隙 514 个，喉道 89 个，平均孔喉体积 $1.40×10^8 nm^3$，平均孔隙表面积 $1.41×10^6 nm^2$，平均喉道表面积 $2.43×10^5 nm^2$，孔喉峰值区约占孔喉总体分布的 57%，连通性孔喉约占 15%（图 3-34，表 3-7）。微裂缝分布模式与粒内溶蚀孔隙分布模式相比，微观非均质性更强，孔喉分布较为集中。

通过对比发现，微裂缝纳米级储集空间在孔喉半径、孔喉连通性、渗流性能、孔喉分布状态上均优于粒内溶蚀孔隙，粒内溶蚀孔隙纳米级储集空间在孔喉数量、孔喉体积、孔喉表面积上优于微裂缝纳米级储集空间，微裂缝纳米级储集空间对沟通纳米孔隙起到至关重要的作用。

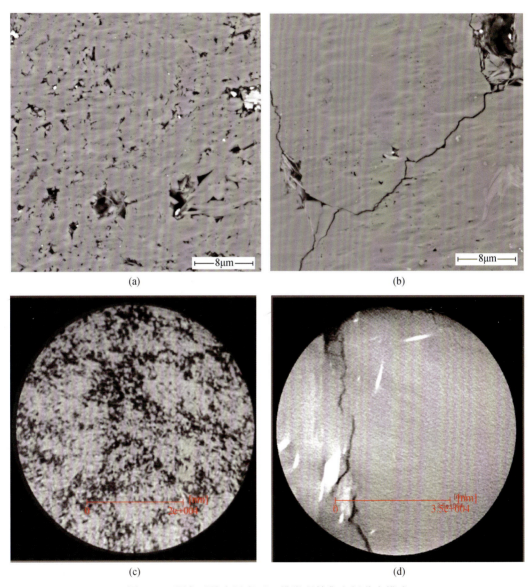

图 3-32　研究区纳米尺度下二维微观储集空间分布模式

（a）纳米级粒内溶蚀孔隙，金 393 井，1977.05m，Maps 图像拼接，粉砂岩；（b）纳米级微裂缝，金 392 井，1857.5m，Maps 图像拼接，粉砂岩；（c）纳米级粒内溶蚀孔隙，古 933 井，2205.36m，纳米 CT 二维灰度图像，粉砂岩；（d）纳米级微裂缝，古 933 井，2201.01m，纳米 CT 二维灰度图像，粉砂岩

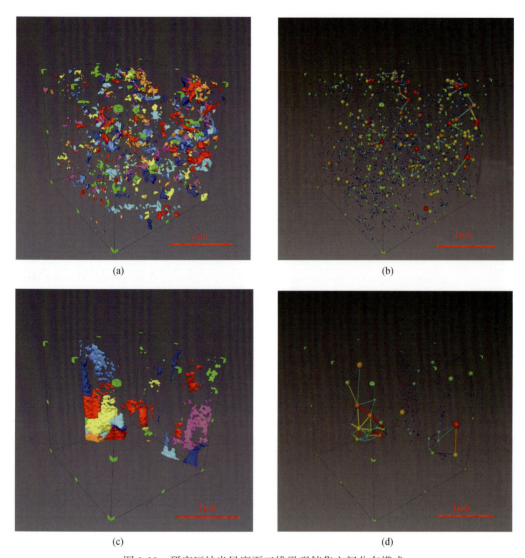

图 3-33 研究区纳米尺度下三维微观储集空间分布模式

(a) 纳米级粒内溶蚀孔隙，古 933 井，2205.36m，连通性模型，粉砂岩；(b) 纳米级微裂缝，古 933 井，2205.36m，孔喉网络模型，粉砂岩；(c) 纳米级粒内溶蚀孔隙，古 933 井，2201.01m，连通性模型，粉砂岩；(d) 纳米级微裂缝，古 933 井，2201.01m，孔喉网络模型，粉砂岩

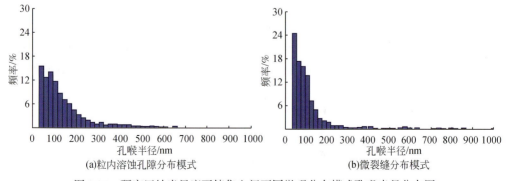

图 3-34 研究区纳米尺度下储集空间不同微观分布模式孔喉半径分布图

表 3-7 研究区不同类型纳米级储集空间分布模式定量化对比表

相同建模尺度下	粒内溶蚀孔隙分布模式	微裂缝分布模式
孔隙度/%	2.7	1.1
绝对渗透率/mD（Z 方向）	0.02	0.06
平均孔喉半径/nm	144	238
平均喉道长度/nm	540	1705
孔隙/个	3488	514
喉道/个	801	89
平均孔喉体积/nm^3	5.67×10^7	1.40×10^8
平均孔隙表面积/nm^2	7.63×10^5	1.41×10^6
平均喉道表面积/nm^2	5.51×10^4	2.43×10^5
孔喉分布状态	孤立状	连片状

四、微观孔喉结构对渗流能力的影响

致密砂岩储层微观孔喉结构与其渗流特征关系较为复杂，通过单一测试分析手段难以取得理想的表征效果，本小节综合利用常规压汞法、恒速压汞分析技术以及三维数字岩心技术对研究区致密砂岩储层微观孔喉结构及其对渗流能力的影响进行系统全面研究。通过多种表征技术对致密砂岩储层微观渗流特征进行定性表征及定量评价是致密砂岩储层微观渗流特征研究的主要发展方向。

（一）基于压汞法对渗流能力的影响分析

压汞法是微观渗流特征研究的主流方法之一，此法解决了油田生产过程中的很多实际问题，目前得到了较好的推广应用，压汞法可以对孔喉结构进行定性、定量评价，可以建立孔喉大小、孔喉分选等微观参数与渗透率之间的关系，进而研究微观孔喉结构对渗流能力的影响，为储层微观类型分类以及有利区划分提供有力的相关性分析。

1. 基于常规压汞法对渗流能力影响分析

通过对高台子致密砂岩储层常规压汞资料的归类统计发现，研究区致密砂岩储层排驱压力最大值 8.538MPa，最小值 0.467MPa，平均值 3.220MPa，最大进汞饱和度 96.909%，最小值 20.846%，平均值 70.399%，最大退汞效率 39.812%，最小值 27.561%，平均值 31.671%。可以看到，研究区排驱压力及最大退汞效率相对低值，最大进汞饱和度相对偏高，表明研究区储集性能相对较好，而微观渗流能力偏低，因而有必要对孔喉结构与渗流能力之间的关联性进行深入研究。研究思路如下，首先对所有样品（24 口井 97 个样品）的常规压汞参数与渗透率相关性进行研究；然后又分渗透率>0.1×10^{-3} μm^2 和渗透率≤0.1×10^{-3} μm^2 等两个区间对不同级别渗透率与常规压汞参数之间的关系进行研究。通过此法可以对孔喉结构对微观渗流能力的影响有更加客观、准确、深入、全面的认识。

1）整体评价

利用 24 口井 97 个样品数据对常规压汞参数与渗透率相关性进行整体研究，绘制了全部样品常规压汞参数与渗透率关系图（图 3-35），研究表明，最大孔喉半径、平均孔喉半径、孔隙度分布峰位三个表征孔隙大小的参数与渗透率呈显著正相关性且相关性较好，相关性系数 R^2 均在 0.6 以上，反映孔喉大小对储层渗透性控制作用较为明显；分选系数、相对分选系数、歪度三个表征孔喉分选性的参数与渗透率相关性中等，随孔喉分选变好，渗透率增加，相关性系数 R^2 最大值 0.5338，平均值约 0.3121，反映孔喉分选性对储层渗透性的控制作用中等；最终剩余汞饱和度、仪器最大退汞效率、最大进汞饱和度等表征孔喉连通性的参数与渗透率相关性较差且规律相对较为复杂，相关性系数 R^2 仅为 0.2 左右，反映孔喉整体连通性对储层渗透性控制作用相对较小。

2）分级评价

针对渗透率 $>0.1\times10^{-3}\ \mu m^2$ 压汞样品的研究，利用 28 个样品（此类样品多为孔渗性较好样品，部分偏常规储层）数据绘制了渗透率 $>0.1\times10^{-3}\ \mu m^2$ 的样品常规压汞参数与渗透率关系图（图 3-36），研究表明，最大孔喉半径、平均孔喉半径、孔隙度分布峰位三个表征孔喉大小的参数均与渗透率呈显著正相关，相关性系数 R^2 均大于 0.7，反映孔喉大小对储层渗透性控制作用较为显著，是致密砂岩储层渗透性的主要控制因素；分选系数、歪度、相对分选系数三个表征孔喉分选性的参数与渗透率相关性整体较差，相关性系数 R^2 均值 0.2016，反映孔喉分选性对储层渗透性的控制作用较差；最终剩余汞饱和度、仪器最大退汞效率、最大进汞饱和度等表征孔喉连通性的参数与渗透率相关性差且规律复杂，相关性系数 R^2 平均值在 0.2 左右，反映孔喉整体连通性对储层渗透性控制作用较差。

针对渗透率 $\leq 0.1\times10^{-3}\ \mu m^2$ 压汞样品的研究，利用 28 个常规压汞样品数据对渗透率 $\leq 0.1\times10^{-3}\ \mu m^2$ 的储层常规压汞参数与渗透性的相关性进行研究，绘制了渗透率 $\leq 0.1\times10^{-3}\ \mu m^2$ 的样品常规压汞参数与渗透率关系图（图 3-37），研究表明，最大孔喉半径、平均孔喉半径、孔隙度分布峰位三个表征孔喉大小的参数均与渗透率呈正相关且相关性较好，相关性系数 R^2 基本在 0.6 左右，反映孔喉大小对储层渗透性控制作用相对较大；分选系数、歪度、相对分选系数三个表征孔隙分选性的参数与渗透率相关性中等，规律复杂，相关性系数 R^2 平均值约 0.22，反映孔隙分选性对储层渗透性的控制作用较差；最终剩余汞饱和度、仪器最大退汞效率、最大进汞饱和度三个表征孔喉连通性的参数与渗透率相关性差，相关性系数 R^2 平均值在 0.1 左右，反映孔喉连通性对储层渗透性控制作用较弱。

通过对常规压汞参数与渗透率相关性的研究发现，孔喉大小对所有渗透率级别的储层渗透性均有较好的控制作用，渗透率越高，受孔喉大小的影响越大，随着渗透率下降，孔喉大小对其影响有所下降；孔喉分选性与渗透率相关性中等，不同渗透率级别有一定差异，渗透率较大时主要受孔喉大小控制，受孔喉分选性和连通性影响较小，渗透率较小时受孔喉大小的影响有所减弱，孔喉分选性的影响稍有增强，这反映了在低渗条件下的储层渗透性影响因素的多样性和规律的复杂性。

2. 基于恒速压汞分析技术对渗流能力影响分析

常规压汞法不能将孔隙和喉道较好地区分，因而要进一步探究孔隙和喉道参数对微观渗流特征的影响，需要通过恒速压汞分析技术进行研究，本节对齐家地区高台子致密砂岩

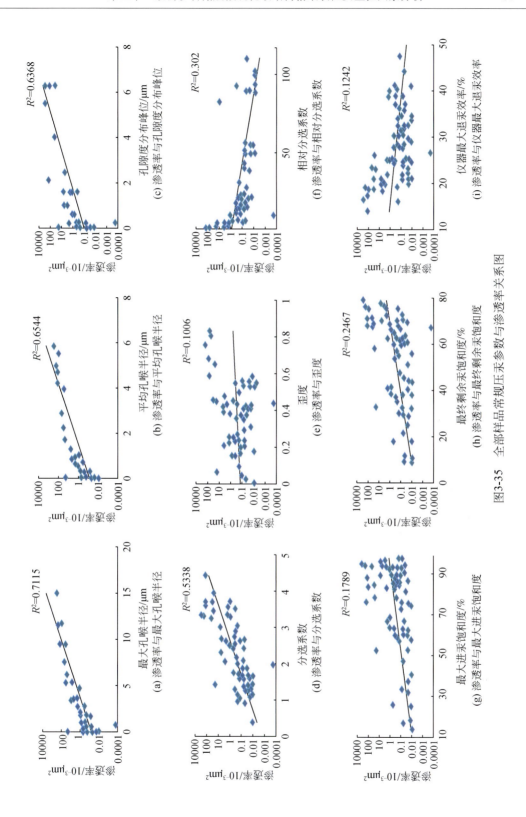

图3-35 全部样品常规压汞参数与渗透率关系图

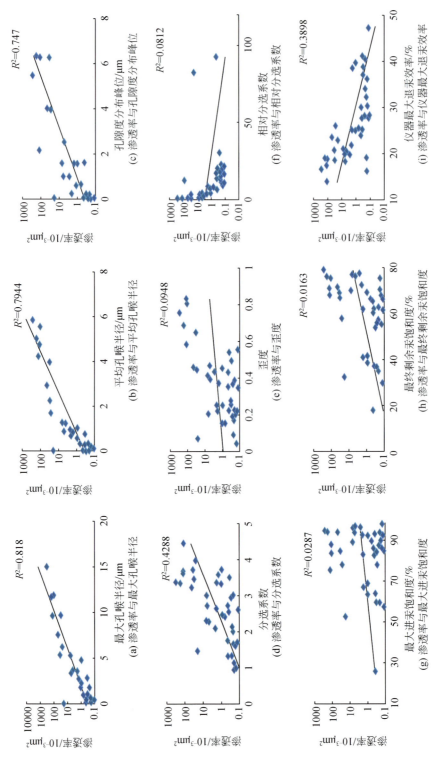

图3-36 渗透率>0.1×10⁻³μm²的样品常规压汞参数与渗透率关系图

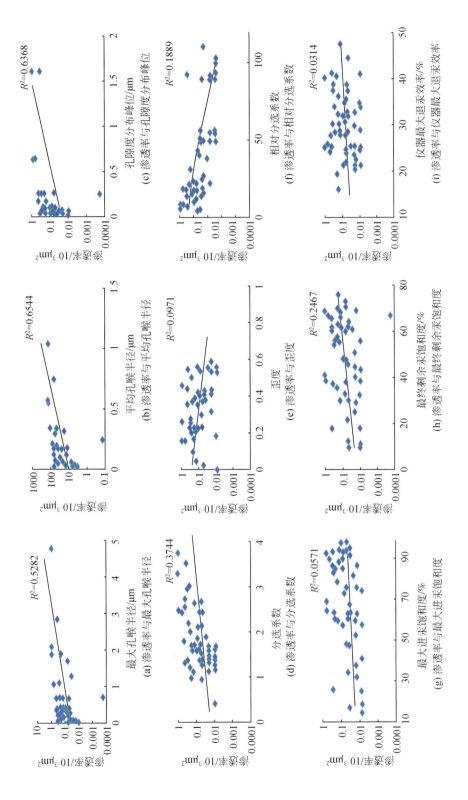

图3-37 渗透率≤0.1×10⁻³μm²的样品常规压汞参数与渗透率关系图

储层的恒速压汞的实验结果进行分析，揭示致密砂岩储层微观渗流性能与孔喉参数之间的内在联系，恒速压汞样品孔隙度平均值为 11.53%（分布范围介于 4.12%～15.00%），渗透率平均值为 $0.42×10^{-3}\mu m^2$（分布范围介于 $0.01×10^{-3}$～$0.86×10^{-3}\mu m^2$），岩石密度平均值为 $2.312g/cm^3$（分布范围介于 2.15～$2.55g/cm^3$）。

对其进行相关性分析可知，渗透率与孔隙半径平均值及孔隙体积平均值相关性差，基本不相关，说明渗透率不受孔隙参数控制；渗透率与喉道半径平均值和最大连通喉道半径呈较好的正相关性，相关系数 R^2 分别为 0.599 和 0.743，并与孔喉半径比平均值及排驱压力呈负相关性，相关系数 R^2 分别为 0.512 和 0.562，说明研究区致密砂岩储层微观渗流特性和喉道关系密切（图 3-38）。通过不同样品的恒速压汞参数对比（图 3-39），不同孔渗大小的样品，随着样品渗透率的依次下降，孔隙半径差异并不大，在渗透率差异相对较大时才会出现一定差异，但是喉道半径大小以及孔喉半径比参数有较大差异，通过相关性分析以及不同孔渗样品的恒速压汞参数对比，可以得出喉道是制约齐家高台子致密砂岩储层微观渗流性能的主要因素。

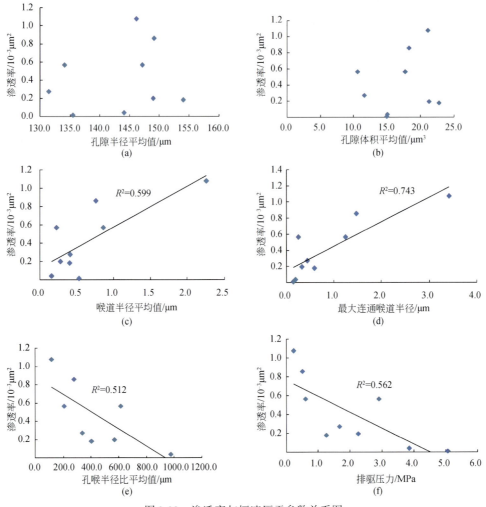

图 3-38　渗透率与恒速压汞参数关系图

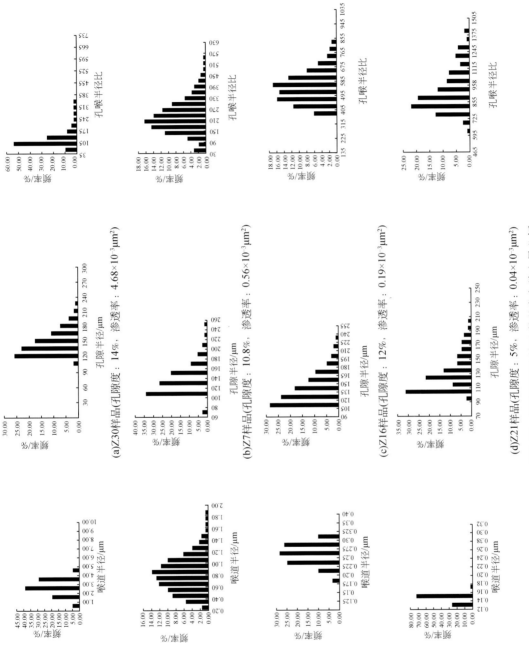

图3-39 恒速压汞孔隙及喉道类参数定量分析

通过常规压汞以及恒速压汞对微观渗流性能影响的分析发现，如果从孔喉一体的角度考虑，孔喉大小是控制微观渗流性能的主要因素；如果将孔隙和喉道单独考虑，可以发现常规与非常规致密砂岩储层微观孔喉结构的差异性重点体现在喉道参数上，两者相比较，细小的喉道占主流，随着微观渗流能力的降低，所需要的排驱压力也会显著增加，因而喉道大小是控制储层微观渗流性能的主要因素。同时也受孔隙分选性以及微观连通性等因素制约，势必会增加致密砂岩储层的开发难度，因而如何通过酸化、压裂的手段经济高效地改善致密砂岩储层的微观渗流性能，实现对致密砂岩储层的有效开发，是未来研究的一个主要趋势。

（二）基于三维数字岩心技术对渗流能力的影响分析

1. 绝对渗透率模拟

岩石的绝对渗透率主要衡量的是饱和单一相流体通过其孔喉空间的能力。选择研究区主体孔渗区样品，利用 Avizo 中的 Xlab 模块进行绝对渗透率模拟。首先对数字岩心的孔喉空间进行连通性测试，数字岩心内部必须存在相互连通的有效孔隙，才能提供相应模拟路径，最后通过 Absolute Permeability Experiment Simulation 模块实现绝对渗透率模拟，将孔隙网络模型饱和一种流体，给模型施加一个驱动压力，统计流体流量，分别模拟 X、Y、Z 三个方向的渗流特性（图3-40），并计算不同方向的绝对渗透率（表3-8），实验结果表明，微观渗透率各向异性明显，Z 方向渗流性能优于 X、Y 方向，喉道越细小，模拟渗透率值越低，通过数字岩心技术模拟也进一步验证了喉道对致密砂岩微观渗流特性控制作用明显。

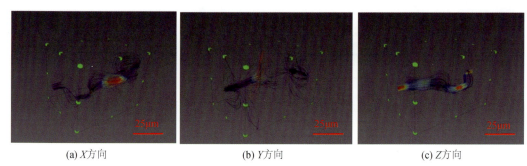

(a) X方向　　　　　　　(b) Y方向　　　　　　　(c) Z方向

图 3-40　不同方向绝对渗透率模拟过程

表 3-8　绝对渗透率模拟参数表

方向	X方向	Y方向	Z方向
输入压力/Pa	130000	130000	130000
输出压力/Pa	100000	100000	100000
流速/($\mu m^{-3}/s$)	487259	493153	550053
黏度/(Pa·s)	0.001	0.001	0.001
数字岩心模拟绝对渗透率/$10^{-3}\mu m^2$	0.24	0.39	0.5
模拟平均渗透率/$10^{-3}\mu m^2$	0.38		
实测渗透率/$10^{-3}\mu m^2$	0.41		

2. 油水两相流模拟

本次模拟以被广泛采用的拟静态流动模拟模型进行模拟，该模型假设流体为不可压缩的牛顿流，并全部受毛细管压力控制，忽略黏滞力所造成的压降，各种流体之间不混合，依据侵入−逾渗理论，孔隙与孔隙之间的流动是瞬间完成的，不考虑流动过程。研究流程如下。

（1）对岩心进行不同尺度分辨率下的扫描，并利用微纳米 CT 技术构建三维数字岩心模型，获取岩石物理参数及微观流动特征。

（2）设定两相流模拟参数，在三维数字岩心模型上进行多相流模拟（图 3-41），并获取相对渗透率和毛细管压力曲线等渗流特征参数（图 3-42，图 3-43）。模拟过程如下：首先将孔隙网络模型充满水，此时网络模型因饱和水具有强亲水性；然后进行油驱水吸吮过程至束缚水饱和，油驱水会导致网络模型的润湿性发生变化；最后进行水驱油驱替过程模拟，模拟油田开发过程中的水驱采油过程。

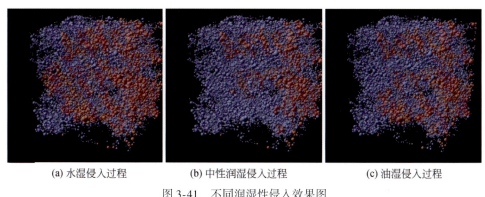

图 3-41　不同润湿性侵入效果图

蓝色为水，红色为油

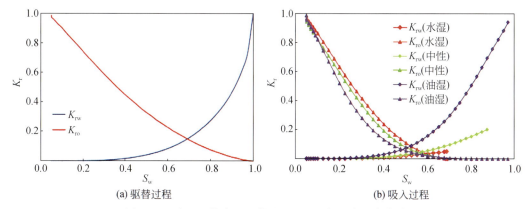

图 3-42　古 933 井岩心驱替及吸入过程相对渗透率曲线

S_w 为含水饱和度；K_r 为相对渗透率；K_{rw} 为水相相对渗透率；K_{ro} 为油相相对渗透率

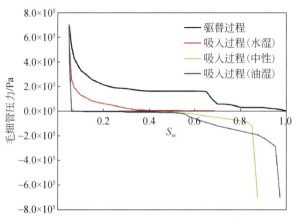

图 3-43 古 933 井岩心驱替和吸入过程毛细管压力曲线

通过油水两相模拟获取了齐家地区致密砂岩储层的两相流特征及毛细管压力曲线。从相对渗透率曲线上看，束缚水以及残余油饱和度偏高，油水两相共渗区偏窄，随着含水饱和度的增加，油相相对渗透率快速下降，而水相相对渗透率增高缓慢，残余油饱和度下的水相相对渗透率偏低，这是研究区致密砂岩储层微观孔喉类型、尺寸、形状以及分布状态、微观连通性等情况共同作用的结果，究其根本原因是喉道半径过窄。利用两相流的计算结果，在开发上还可以进一步计算含水率和采出程度的关系、预测自然递减率、无因次采液指数，评估致密砂岩储层的生产潜力，并为生产现场油藏数值模拟器模拟参数，进而指导致密砂岩油藏的有效开发。

五、微观孔喉结构与致密油微观赋存状态关系研究

致密油以吸附态和游离态两种形态存在微观孔喉中，对致密油在致密砂岩储层中微观聚集规律以及微观孔喉对致密油聚集的控制作用方面的研究，可为研究区致密砂岩油的有效动用提供一定参考。通过大量探索性实验，在利用 Maps 成像分析技术结合微纳米 CT 技术研究微观孔喉结构过程中发现了大量低密度物质（图 3-44），然后将样品进行洗油实验，洗油后发现各类储集空间内的低密度物质基本消失，仅剩下少量残留（图 3-45），由此可推断此类低密度物质为微观原油。

通过研究发现致密油在粒间溶蚀孔隙、粒内溶蚀孔隙、微裂缝构成的微米–纳米级孔喉体系中均有赋存，粒间溶蚀孔隙相对赋存量大。微纳米孔喉与周围的介质存在较强的分子力以及黏滞力，使得研究区致密油以吸附态和游离态两种形态存在，孔喉的空间分布特征决定了致密油的微观空间的具体赋存状态，研究区表现为珠状、晶簇状、絮状、薄膜状 4 种赋存状态，其中珠状及絮状原油多附着于粒间溶蚀孔隙中，利用微米 CT 技术构建了岩石基质–孔隙–原油三相数字岩心模型和致密油三维空间模型。通过对大量样品进行定量化分析，以及数据统计发现，研究区油滴的体积分布主要在 $1\times10^6 \sim 1\times10^7 nm^3$ 之间（图 3-46），统计纳米级三维空间内所有含油孔喉的半径，从而初步明确了纳米级主体含油孔喉半径范

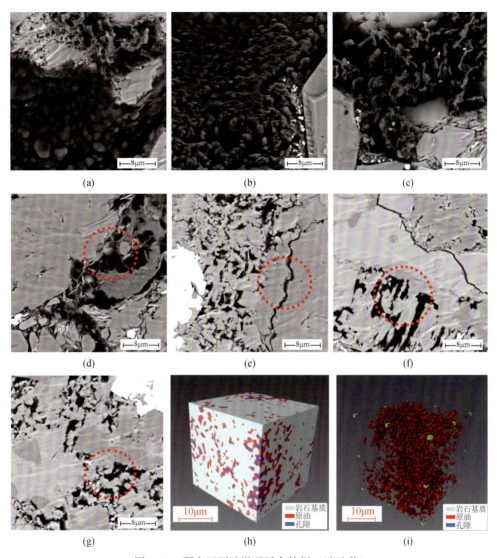

图 3-44 研究区石油微观赋存特征（洗油前）

(a) 粒间珠状原油，古 933 井，2205.36m，Maps 成像分析，粉砂岩；(b) 粒间晶簇状原油，古 933 井，2205.36m，Maps 成像分析，粉砂岩；(c) 粒间絮状原油，古 933 井，2201.07m，Maps 成像分析，粉砂岩；(d) 粒内薄膜状原油，古 933 井，2201.07m，Maps 成像分析，粉砂岩；(e) 微裂缝赋存致密油，古 933 井，2225.42m，Maps 成像分析，粉砂岩；(f) 粒内微孔赋存致密油，金 392 井，1857.5m，Maps 成像分析，粉砂岩；(g) 粒内微孔赋存致密油，古 933 井，2205.36m，Maps 成像分析，粉砂岩；(h) 岩石基质-孔隙-原油三相数字岩心模型，古 933 井，2205.36m，纳米 CT，粉砂岩；(i) 致密油三维空间模型，金 393 井，1977.05m，纳米 CT，粉砂岩

围分布主要在 101~150nm 之间，含油孔隙的孔喉下限为 30~50nm（图 3-47）。对致密油微观赋存状态及纳米孔隙含油下限的研究为科学开展齐家地区致密油储层评价以及有效动用提供了可靠依据。

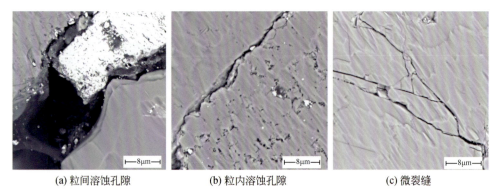

(a) 粒间溶蚀孔隙　　　　　(b) 粒内溶蚀孔隙　　　　　(c) 微裂缝

图 3-45　微观储集空间状态（洗油后）

古 933 井，2205.36m，Maps 成像分析，粉砂岩

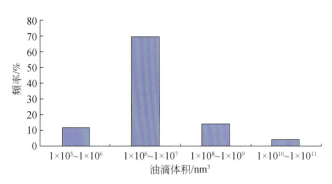

图 3-46　研究区纳米级油滴体积分布图

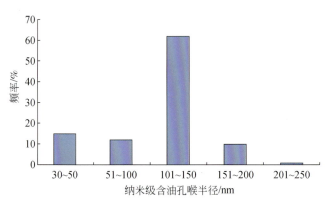

图 3-47　研究区纳米级含油孔喉半径分布图

第二节　储层微观孔喉结构主控因素

储层微观孔喉结构主控因素研究是进行孔喉结构综合评价与有利区划分的基础，有利于将宏观储层分布模式与微观表征参数进行有机结合，实现宏观与微观一体化研究。研究

区致密砂岩储层受沉积作用与成岩作用两重因素控制,沉积作用是影响致密砂岩储层形成的根本因素,不同类型的沉积作用及成岩类型和强度是致密砂岩储层形成的根本控制因素,压实以及胶结作用对致密砂岩储层的物性改造起到了决定性作用。

一、沉积作用对储层微观孔喉结构的影响

沉积作用是控制储层物性的主要因素,进而影响了微观孔喉结构的发育程度。沉积作用的不同,会导致砂岩储层中碎屑以及杂基的含量、沉积碎屑的颗粒接触方式、粒度、颜色等方面都有所不同。高三、高四油层组储层整体上埋藏较深、压实程度高,沉积上具有整体水退、局部水进的特点,本小节将结合铸体薄片、微纳米 CT 等储层微观实验,探究沉积作用对微观孔喉结构的影响。

(一)沉积微相类型划分

利用研究区取心井的测井资料结合岩心资料,建立测井相模式,总结取心井的测井相模式,为进一步详细研究沉积对致密砂岩储层的控制作用打下基础。通过研究发现,研究区高三、高四油层组致密砂岩储层三角洲前缘亚相可进一步划分为分流河道、河口坝、席状砂、滨浅湖砂坝、湖湾沉积 5 种微相。

(1)分流河道是指陆地上分流河道向湖延伸出来到水下的分支河道,在对岩心精细观察与描述过程中发现的冲刷面和冲刷面上下的岩性突变带显著不同于湖浪作用形成的静水构造,是在岩心尺度上识别分流河道微相的重要标志之一,岩性上多为细砂岩、粉砂岩,测井曲线组合上多呈中幅箱形或钟形。

(2)河口坝是指在分支河道的河口位置堆积的细粒砂质沉积体,研究区河口坝微相具较典型的反韵律,沉积层理多见平行层理、槽状交错层理、波状层理等,岩性以粉砂岩为主,测井曲线组合多呈漏斗状。

(3)席状砂主要指湖内河口坝受波浪作用发生一定的侧向迁移而形成的席状砂质沉积体,席状砂微相和河口坝微相相比沉积粒度更细,高三、高四油层组均大面积发育,沉积层理多见波状层理、平行层理,测井曲线组合呈中低幅漏斗形。

(4)滨浅湖砂坝也可称为滨浅湖滩坝,多平行于湖岸线分布,受波浪和沿岸水流控制,岩性上以粉砂岩为主,沉积层理上发育浪成波状层理、槽状交错层理、变形层理等,测井曲线组合上多为低幅平直。

(5)湖湾沉积主要指沉积环境稳定的泥质沉积,岩性上多为泥岩,局部夹粉砂质泥岩,孔渗最差,测井曲线为低幅指状。

(二)沉积微相类型对微观孔喉结构的控制作用

不同类型的沉积砂体反映的是水动力作用的差异,从而影响了不同类型储层的粒径特征、孔渗特征以及孔喉三维空间特征。

1. 不同类型沉积微相的粒径特征、物性差异

不同类型沉积微相对应的孔渗区间、粒径区间变化明显,受物性控制明显,本书重点

对特低孔渗–致密的岩心样品结合测井相识别结果进行统计,其中分流河道孔渗性最好,对应粒径分布在 0.1~0.25mm 区间内,孔渗分布在孔隙度≥15%、渗透率 1×10^{-3} ~ 10×10^{-3} μm² 区间内;河口坝孔渗分布在孔隙度 10%~15%、渗透率 0.5×10^{-3} ~ 1×10^{-3} μm² 和 1×10^{-3} ~ 10×10^{-3} μm² 区间内,粒径在 0.1~0.25mm 和 0.05~0.1mm 均有分布;席状砂、滨浅湖砂坝孔渗分布在孔隙度 1%~5% 和 5%~10% 区间内、渗透率 0.01×10^{-3} ~ 0.05×10^{-3} μm² 和 0.05×10^{-3} ~ 0.5×10^{-3} μm² 区间内,粒径主要分布在 0.01~0.05mm 区间内;湖湾沉积孔渗分布在孔隙度<1%、渗透率 $<0.01\times10^{-3}$ μm² 区间内,粒径分布在<0.01mm 区间内[图(3-48)~图(3-50)]。分流河道、河口坝、席状砂、滨浅湖砂坝、湖湾沉积 5 类沉积微相反映了水动力的强弱,这 5 类沉积微相物性依次降低,对应的粒径分布区间变小表明了水动力环境逐渐变弱,沉积颗粒变细,分选性变好。

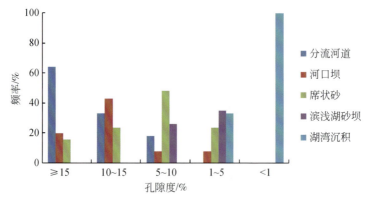

图 3-48 研究区不同类型沉积微相对应的孔隙度区间分布

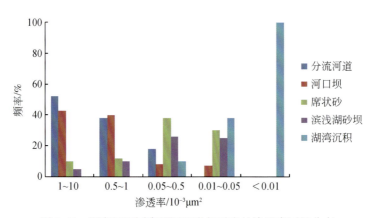

图 3-49 研究区不同类型沉积微相对应的渗透率区间分布

2. 不同孔渗、不同类型沉积微相样品孔喉结构特征差异

不同孔渗、不同类型沉积微相的致密砂岩储层样品孔隙结构特征有一定差异,同一微相内部微观孔喉结构也有一定差异,本小节利用微米 CT 构建了相同建模尺度下的不同沉积微相的三维数字岩心模型,分别提取了不同数字岩心模型的孔喉半径、孔隙和喉道个数

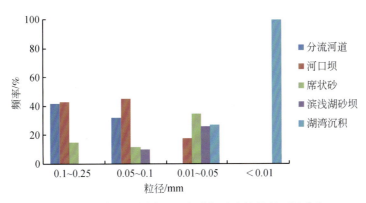

图 3-50 研究区不同类型沉积微相对应的粒径区间分布

及微观连通性参数，同时结合铸体薄片及压汞参数对各类沉积微相对比分析。

1）分流河道微相

分流河道砂体整体厚度大，物性较好，平均厚度 3.6m，分布范围为孔隙度 10.5%~19.3%，渗透率 $0.5\times10^{-3} \sim 10.5\times10^{-3}\mu m^2$，孔喉半径集中分布在 $0.5\sim2\mu m$ 之间，峰值区约占孔喉半径整体分布的 10%，连通性孔喉约占 55%，配位数较低，多数集中在 $0\sim1$ 之间（图 3-51），孔喉分布半径相对较为均匀，此类致密砂岩储层多属于中孔-特低渗型。

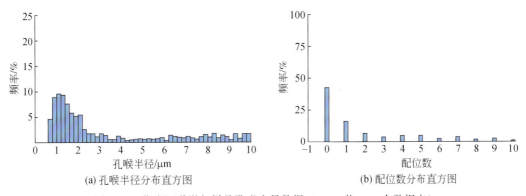

图 3-51 分流河道微相样品孔喉定量数据（10 口井，31 个数据点）

通过金 393 井铸体薄片发现，分流河道下部物性优于上部，总体符合河道砂岩下粗上细的基本沉积规律。在上部 1979.45m 及下部 1981.23m 两个位置取样并制作铸体薄片观察，通过对比发现河道下部砂体与上部砂体相比，粒度较粗，孔喉类型丰富，以粒间溶蚀孔隙为主，分选性相对较好（图 3-52）。选取物性较好的河道下部样品，利用微纳米 CT 构建三维数字岩心模型发现，孔喉三维空间分布状态以连片状为主，多以"宏孔"为主（图 3-53）。

2）河口坝微相

河口坝砂体厚度与河道砂体相比较薄，物性较中等，平均厚度 1.2m，孔隙度分布范围 10.4%~15.7%，渗透率 $0.5\times10^{-3} \sim 5.2\times10^{-3}\mu m^2$，孔喉半径集中分布在 $0.5\sim2\mu m$ 之间，峰值区约占孔喉半径整体分布的 15%，平均孔喉半径 $1.45\mu m$，连通性孔喉

(a) 分流河道砂体上部(1979.45m)　　　(b) 分流河道砂体下部(1981.23m)

图 3-52　分流河道微相铸体薄片特征（金 393 井，×20）

(a) 三维孔喉模型　　　(b) 孔隙三维连通性模型

图 3-53　分流河道下部样品三维空间孔隙结构模型（金 393 井，1981.23m）

约占 20%，配位数较低（图 3-54），此类致密砂岩储层多属于低孔-特低渗型。

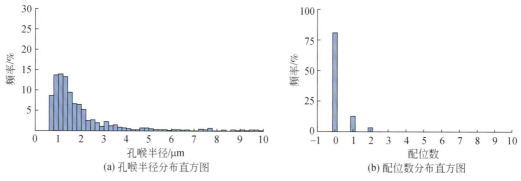

(a) 孔喉半径分布直方图　　　(b) 配位数分布直方图

图 3-54　河口坝微相样品孔喉定量数据（8 口井，28 个数据点）

通过古 933 井铸体薄片发现，河口坝下部砂体与上部砂体相比，粒间溶蚀孔隙增多，分选性较好（图 3-55）。取河口坝下部物性较好的样品，利用微纳米 CT 构建三维数字岩心模型发现，河口坝样品微观非均质性与分流河道微相样品相比有所增强，连片状分布孔隙减少，孤立状孔隙增多，孔隙三维空间分布状态以孤立状与连片状共存

（图3-56）。

(a) 河口坝上部砂体(2211.21m)   (b) 河口坝下部砂体(2211.83 m)

图3-55 河口坝微相铸体薄片特征（古933井，×20）

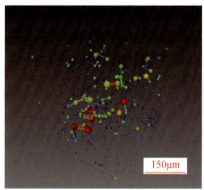 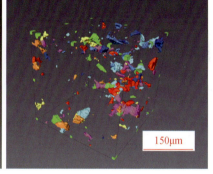

(a) 三维孔喉模型   (b) 孔隙三维连通性模型

图3-56 河口坝下部样品三维空间孔隙结构模型（古933井，2211.8m）

3）席状砂微相

席状砂物性中等偏差，平均厚度1m，孔隙度分布范围5.2%~10.3%，渗透率$0.1 \times 10^{-3} \sim 1.3 \times 10^{-3} \mu m^2$，孔喉半径集中分布在0.5~2μm之间，峰值区约占孔喉半径整体分布的25%，分布较为集中，平均孔喉半径0.82μm，连通性孔喉约占5%，孔喉基本不连通（图3-57），此类致密砂岩储层多属于特低孔-超低渗型。

通过龙291井铸体薄片发现，席状砂下部砂体与上部砂体相比，孔喉类型基本一致，下部粒间溶蚀孔隙较多（图3-58）。小的粒内溶蚀孔隙铸体薄片识别度差，因而本书取席状砂下部物性相对较好的样品。利用微纳米CT构建三维数字岩心模型发现，席状砂样品三维孔喉分布上，连片状与孤立状孔隙共存，以孤立状为主（图3-59）。

4）滨浅湖砂坝微相

滨浅湖砂坝砂体平均厚度0.8m，物性较差，孔隙度分布范围0~5.3%，渗透率$0 \sim 0.13 \times 10^{-3} \mu m^2$，孔喉半径主峰分布介于0.5~1.5μm之间，峰值区约占孔喉半径整体分布的29%，孔喉分布最为集中，平均孔喉半径0.42μm，孔喉基本不连通（图3-60），此类致密砂岩储层多属于超低孔-致密型。

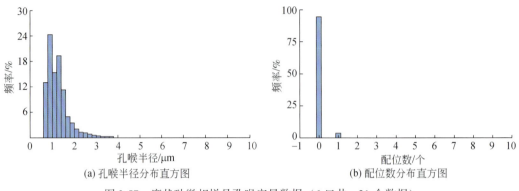

(a) 孔喉半径分布直方图　　　　(b) 配位数分布直方图

图 3-57　席状砂微相样品孔喉定量数据（6 口井，21 个数据）

(a) 席状砂上部砂体(1909.12 m)　　　(b) 席状砂下部砂体(1910.53 m)

图 3-58　龙 291 井席状砂微相样品铸体薄片特征（×20）

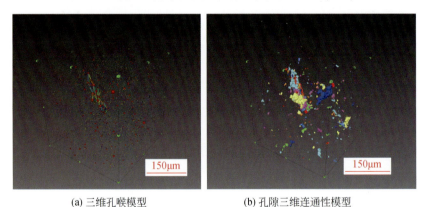

(a) 三维孔喉模型　　　　(b) 孔隙三维连通性模型

图 3-59　席状砂下部样品三维空间孔隙结构模型（龙 291 井，1910.53m）

通过龙 291 井实际采样点的孔渗数据可以发现，砂体上部下部孔渗值差异不大，下部略高于上部，在上部 1922.31m 及下部 1923.12m 两个位置取样并制作铸体薄片观察，通过对比发现滨浅湖砂坝下部砂体与上部砂体相比，孔喉类型基本一致，粒间溶蚀孔隙较少（图 3-61），利用微纳米 CT 构建三维数字岩心模型发现，与其他几种砂体相比，可识别的孔喉数量最少，孔喉分布基本以孤立状分布的"微孔"为主（图 3-62）。

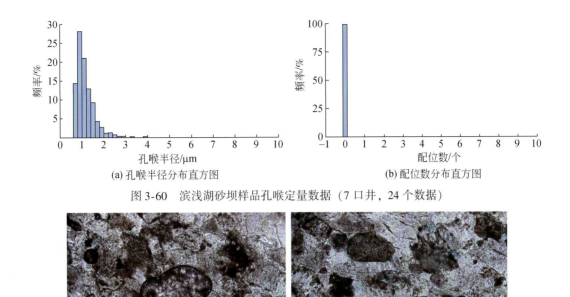

(a) 孔喉半径分布直方图　　(b) 配位数分布直方图

图 3-60　滨浅湖砂坝样品孔喉定量数据（7 口井，24 个数据）

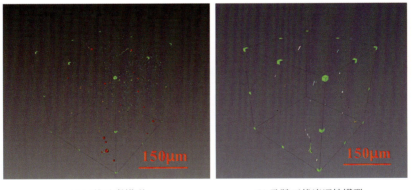

(a) 滨浅湖砂坝上部(1922.31 m)　　(b) 滨浅湖砂坝下部(1923.12m)

图 3-61　滨浅湖砂坝微相样品铸体薄片特征（龙 291 井，×20）

(a) 三维孔喉模型　　(b) 孔隙三维连通性模型

图 3-62　滨浅湖砂坝下部样品三维空间孔隙结构模型（龙 291 井，1923.12m）

二、成岩作用对储层微观孔喉结构的影响

成岩作用对岩石的成分与结构有重要的影响，整体看，成岩作用对储层有积极一面的作用，也有消极一面的作用。成岩作用的类型一般可以分为机械压实作用、溶蚀作用、胶结作用、交代作用等。利用各种微观测试手段研究发现，齐家地区高三、高四油层组致密

砂岩储层成岩作用类型主要包括机械压实作用、溶蚀作用、胶结作用。成岩作用的多样性导致致密砂岩储层的孔渗变化较为复杂，刘娜娜（2014）对齐家地区整个高台子储层的成岩阶段进行了划分研究，齐家地区高台子储层整体处于中成岩 A—B 期。本小节重点针对高三、高四油层组致密砂岩储层进行分析，根据成岩阶段划分结果，高三、高四油层组处于中成岩 B 期（图 3-63）。

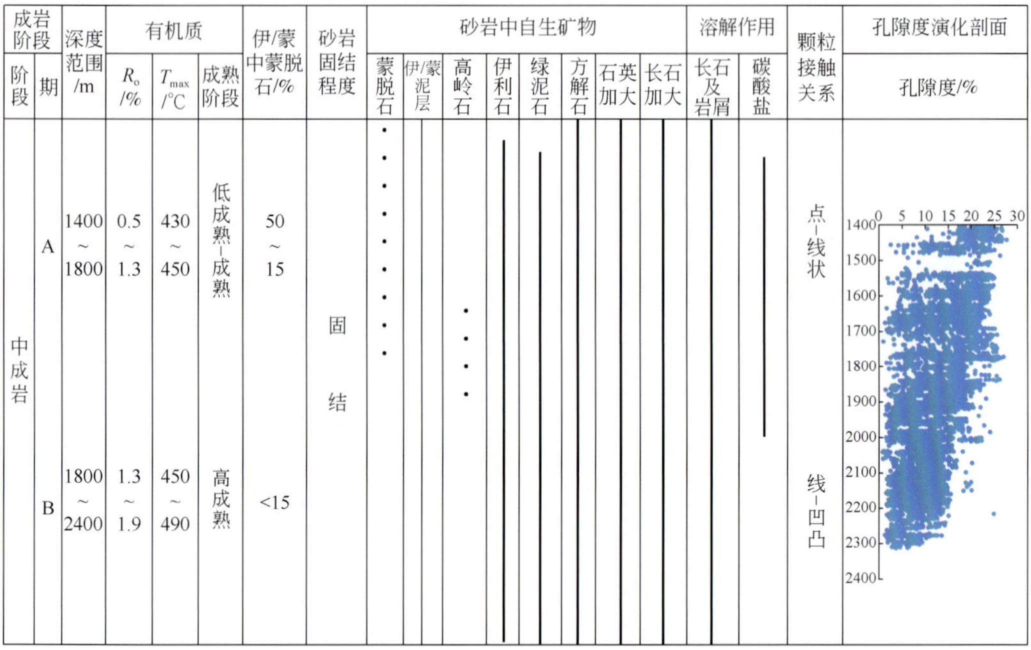

成岩阶段		深度范围/m	有机质		伊/蒙混层阶段	砂岩固结程度	砂岩中自生矿物								溶解作用		颗粒接触关系	孔隙度演化剖面
阶段	期		R_o/%	T_{max}/℃	成熟阶段	中蒙脱石/%		蒙脱石	伊/蒙混层	高岭石	伊利石	绿泥石	方解石	石英加大	长石加大	长石及岩屑	碳酸盐		孔隙度/%
中成岩	A	1400~1800	0.5~1.3	430~450	低成熟—成熟	50~15	固结	·	·	·			·					点—线状	(0 5 10 15 20 25 30, 1400~2400)
	B	1800~2400	1.3~1.9	450~490	高成熟	<15												线—凹凸	

图 3-63　研究区成岩作用阶段划分图（刘娜娜，2014）

（一）机械压实作用对微观孔喉结构的影响

机械压实作用是研究区重要的成岩作用之一，定义是指沉积体受到上覆沉积物的重压所发生的作用。机械压实作用使致密砂岩储层孔渗降低，孔喉体积缩小，喉道变细。研究表明，机械压实作用受控于岩石的结构成熟度、砂体厚度以及埋藏深度等因素，高台子致密砂岩储层埋藏深，压实程度高，颗粒排列紧密，部分呈镶嵌状，颗粒接触关系多为线接触、凹凸接触，原生孔隙不发育，同时还可观察到云母变形以及介形虫破碎现象，整体看，机械压实作用较深，胶结致密（图 3-64）。

（二）溶蚀作用对微观孔喉结构的影响

溶蚀作用主要指的是矿物岩石在酸性流体作用下所发生的溶解效应，溶蚀作用产生的次生型孔隙对于改善致密砂岩储层品质起到了重要作用，大多数盆地深部优质储层的形成与溶蚀作用密切相关，溶蚀作用是形成中国深层优质碎屑岩储层最普遍的机理，但是在不同的地区溶蚀程度不同。大多地质学家支持有机酸溶蚀作用是次生型孔隙形成的主要原因，但一些酸性矿物的溶蚀及其作用形成次生型孔隙也越来越引起地质学家的重视。

总体看，研究区溶蚀作用对致密砂岩储层起到明显的建设作用，齐家地区高三、高四

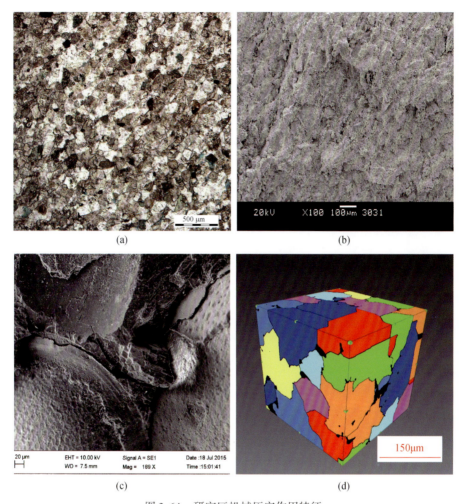

图 3-64 研究区机械压实作用特征

(a) 岩石致密,原生孔隙不发育,古933井,2183.91m,铸体薄片×4,粉砂岩;(b) 颗粒排列紧密,大部分颗粒呈镶嵌状,齐平1井,1952.03m,ESEM,泥质粉砂岩;(c) 介形虫挤压破碎,古933井,2210.58m,ESEM,粉砂岩;(d) 颗粒接触关系三维模型,古933井,2236.05m,微米CT,粉砂岩

油层组埋藏深,原生型孔隙不发育,有效次生储集空间主要受溶蚀作用影响。如图 3-65 所示,溶蚀型储集空间以粒间溶蚀孔隙、粒内溶蚀孔隙及溶蚀型微裂缝为主。其中,粒间溶蚀孔隙在三维空间呈条带状分布,为可动致密油的主要赋存空间;粒内溶蚀孔隙在三维空间呈孤立状分布,但也有一定致密油赋存其中;溶蚀型微裂缝为改善致密砂岩储层的微观连通性起到了重要的作用,为致密油的微观运移提供的良好的条件。

齐家地区高三、高四油层组有机质处于高成熟阶段,孔隙水溶液中含有大量有机酸,对岩石溶蚀较为强烈。齐家地区的溶蚀溶解作用为青二、青三段烃源岩处于高成熟阶段导致,通过有机酸和孔隙度随深度的变化关系可以发现(图 3-66),孔隙度高值区对应有机酸高值区有耦合关系,因此可见溶蚀作用与有机酸有关,高成熟有机质热解作用产生的有机酸对碎屑及胶结物产生溶解作用。

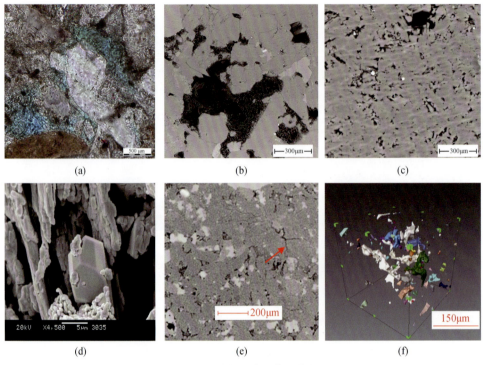

图 3-65 研究区溶蚀作用特征

(a) 粒间溶蚀孔隙,古 933 井,2201.01m,铸体薄片×40,粉砂岩;(b) 粒间溶蚀孔隙含油,古 933 井,2205.36m,Maps 成像技术,粉砂岩;(c) 粒内溶蚀孔隙,古 933 井,2184.31m,Maps 成像技术,粉砂岩;(d) 长石沿解理溶蚀,粒间孔道中生长次生石英,颗粒表面贴附伊利石,古 708 井,1998.93m,ESEM,细砂岩;(e) 溶蚀型微裂缝,金 18 井,2307.58m,微米 CT,含泥粉砂岩;(f) 溶蚀孔隙三维空间形态,古 933 井,2205.36m,微米 CT,粉砂岩

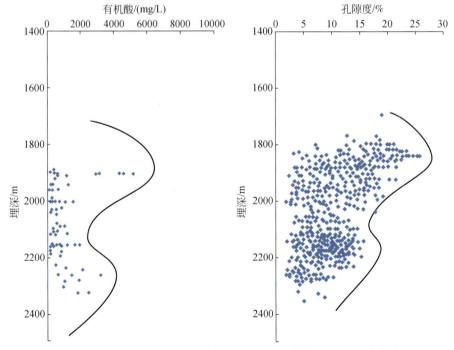

图 3-66 研究区有机酸与孔隙度耦合关系(据刘娜娜,2014,有修改)

(三) 胶结作用对微观孔隙结构的影响

胶结作用是碎屑沉积颗粒在成岩过程中的一类变化，主要指矿物质从孔喉内溶液中沉淀出来并固结的作用。胶结作用对储层品质的影响较为复杂，通常此类成岩作用对储层起到破坏作用，常见的胶结物有硅质胶结物、钙质胶结物、铁质胶结物、泥质胶结物等，利用矿物分析识别系统研究表明（图3-67），造成齐家地区致密砂岩储层孔渗性差的主要因素是碳酸盐胶结物以及黏土矿物胶结，利用环境扫描电镜实验发现，伊利石、绿泥石大多数为搭桥式和薄膜式分布于粒表和粒间孔喉中，这导致有效孔喉半径减小，增加了孔喉表面积之比，伊利石、绿泥石的存在势必对致密砂岩储层的渗流性能和润湿性造成一定的影响。

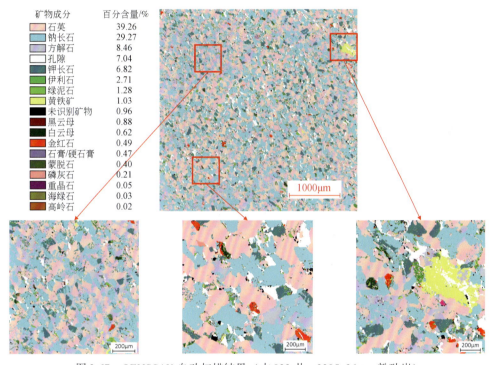

图 3-67　QEMSCAN 自动扫描结果（古 933 井，2205.36m，粉砂岩）

1. 碳酸盐胶结

高台子致密砂岩储层填隙物主体为碳酸盐胶结，以方解石胶结为主（图3-68），平均面积百分比约占8%，胶结作用对致密砂岩储层孔渗影响较为复杂，通过对齐家地区高台子油层大量铸体薄片数据的统计发现，碳酸盐含量整体上与孔渗呈明显的负相关（图3-69），受到烃源岩成熟后排出酸性流体的影响，部分方解石溶蚀可形成粒间溶蚀孔隙、粒内溶蚀孔隙等有效孔隙。

2. 黏土矿物胶结

黏土矿物胶结主要由沉积过程中的杂基以及后期转化形成的黏土矿物构成，早期黏土矿物沉积后，黏土含量越高，压实作用越强。常见的自身黏土矿物主要包括伊利石、绿泥石、高岭石以及蒙脱石等。齐家地区高三、高四油层组自生黏土矿物主要为伊利石和绿泥石胶结，同时还伴有少量高岭石胶结（图3-70）。

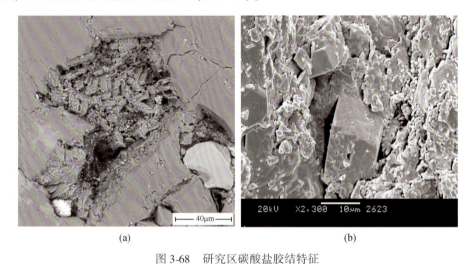

图3-68　研究区碳酸盐胶结特征

(a) 粒间充填方解石，古933井，2205.36m，Maps成像，粉砂岩；(b) 粒间充填方解石，杏83井，1949.83m，ESEM，泥质粉砂岩

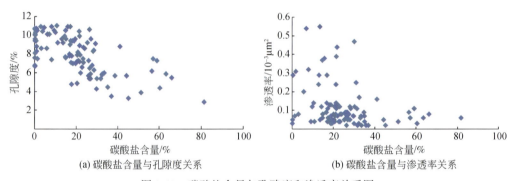

图3-69　碳酸盐含量与孔隙度和渗透率关系图

1）伊利石胶结

研究区高三、高四油层组伊利石是本区自生黏土矿物中含量最高的（平均约为2%）。总体来讲伊利石对储层的影响具有双重作用，第一，机械渗滤型的伊利石附着在沉积碎屑颗粒表面，在沉积早期会减弱机械压实作用对储层品质的破坏，对喉道有很好的支撑作用，可以改善储层的渗流性能，由于研究区高三、高四油层组埋藏较深，已经到了机械压实作用后期，原生型孔隙不发育，所以此种类型的伊利石胶结也不发育；第二，随着埋藏深度的增加，机械渗滤型的伊利石将会转化成塔桥状伊利石，此类伊利石对孔隙之间具有很强的阻断作用，可降低储层的微观连通性，导致配位数多分布在0~1之间，进而导致覆压孔渗值偏低。

2）绿泥石胶结

研究区高三、高四油层组绿泥石含量相对伊利石含量较低（平均约为1%），绿泥石

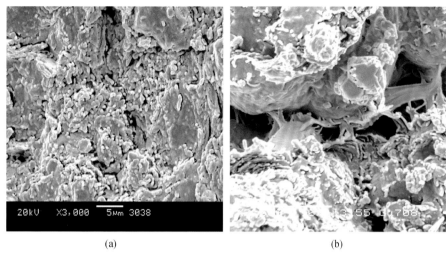

图 3-70 研究区伊利石胶结特征

(a) 伊利石贴附颗粒与充填小孔隙,古708井,2004.35m,ESEM,泥质粉砂岩;
(b) 颗粒表面生长伊利石并粒间搭桥,古708井,2172.66m,ESEM,粉砂岩

对储层品质起到一定的积极作用,通常以包壳形式存在(图3-71)。通过文献调研发现,绿泥石包壳主要起到两方面作用,第一,绿泥石包壳可以增强储层的抗机械压实作用,对原生型孔隙的保存有一定积极意义;第二,绿泥石包壳可以有效抑制石英次生加大的发育,进而保存了粒间孔隙。齐家地区高三、高四致密砂岩储层绿泥石以包壳和粒间充填两种形式存在,粒间充填对储层品质起到破坏作用,包壳对孔隙起到保存作用,且研究区绿泥石整体含量偏低,导致对孔隙的保存效应有限。

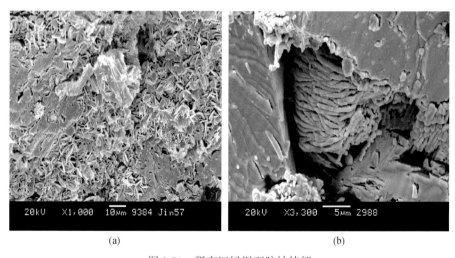

图 3-71 研究区绿泥石胶结特征

(a) 绿泥石包壳附着在颗粒表面,金57井,1849.44m,ESEM,粉砂岩;
(b) 粒间小孔隙中充填绿泥石,齐平1井,1952.03m,ESEM,含泥粉砂岩

3) 硅质胶结

硅质胶结作用表现为自生石英和石英自生加大两种现象，在铸体薄片上观察到的自生石英通常为微晶、细晶充填于孔喉内，次生石英附着在自生石英边缘，进一步充填了粒间孔隙，对储层品质起到破坏作用。通过扫描电镜发现，齐家地区高台子高三、高四油层组致密砂岩储层发育一些石英次生加大现象（图 3-72），多数为不完全加大，加大级别多为 1～2 级。

图 3-72　研究区硅质胶结特征

(a) 粒间生长次生石英，齐平 1 井，1952.03m，ESEM，棕灰色含泥粉砂岩；
(b) 次生石英发育并阻塞孔隙，金 57 井，1849.44m，ESEM，粉砂岩

第四章　致密储层人工裂缝复杂缝网形成机理

在致密储层体积压裂过程中，形成一条或者多条主裂缝的同时，通过分段多簇射孔、高排量、大液量、低黏液体，以及转向材料及技术的应用，使天然裂缝不断扩张和脆性较好岩石产生剪切滑移，实现对天然裂缝、岩石层理的沟通，以及在主裂缝的侧向强制形成次生裂缝，并在次生裂缝上继续分支形成二级次生裂缝，以此类推，让主裂缝与多级次生裂缝交织形成裂缝网络系统，将可以进行渗流的有效储层打碎，使裂缝壁面与储层基质的接触面积最大，使得油气从任意方向的基质向裂缝渗流距离最短，极大地提高了储层的整体渗透率，实现对储层在长、宽、高三维方向的全面改造，提高初始产量和最终采收率。

第一节　致密储层脆性特征研究

脆性较好岩石在体积压裂中的作用机理有以下几点：①压裂过程中，裂缝的起裂与扩展不仅单是裂缝的张性破坏，而且还存在着剪切、滑移、错断等复杂的力学行为，脆性岩石发生很小变形就发生破裂的性质使得这些力学行为在脆性岩石储层中容易在主裂缝侧向形成次生裂缝，随次生裂缝的扩展形成二级次生裂缝；②压裂过程中，对于脆性稍差储层，当裂缝延伸净压力大于两个水平主应力的差值与岩石的抗张强度之和时，容易产生分叉缝，而对于脆性较好储层，裂缝延伸净压力大于两个水平主应力的差值时，压裂液即可在次生裂缝中延伸；③脆性岩石弹性模量大，泊松比小，形成缝宽较窄，而且大部分脆性较好储层孔隙度小、渗透性差，压裂液在施工中滤失较少，这些性质都有利于侧向次生裂缝的形成和扩展；④施工结束，裂缝闭合过程中，脆性较好岩石壁面凹凸不平，在滑移和错断后，在地应力作用下相互挤压，发生破碎，继续形成次生裂缝，打碎储层，进一步解放致密储层；⑤体积压裂过程中，支撑剂很难进入较小的次生裂缝，弹性模量较大的脆性较好岩石能自我支撑裂缝，在裂缝闭合后，裂缝留有间隙，裂缝导流能力较强。因此只有岩石脆性较好储层能够更好地进行体积压裂。对于脆性中等和较差岩石储层，一般孔隙度较大，渗透率较好，进行常规压裂形成一条主裂缝，增加缝长，油气从基质中渗流到主裂缝，即可实现储层的经济有效开发。

塑性表示材料在某种给定载荷下产生较大永久变形而不发生破坏的能力，而脆性则是与塑性相对的概念，即在外力作用下发生很小的变形就发生破坏，失去承载能力。岩石脆性是指岩石受力破坏时所表现出的一种固有性质，表现为岩石在宏观破裂前发生很小的塑性应变，破裂时全部以弹性能的形式释放出来。脆性指数表征岩石发生破裂前的瞬态变化快慢（难易）程度，反映的是储层压裂后形成裂缝的复杂程度。通常，脆性指数高的地层性质硬、脆，对压裂作业反应敏感，能够迅速形成复杂的网状裂缝；反之，脆性指数低的地层则易形成简单的双翼型裂缝。因此，岩石脆性指数是表征储层可压裂性必不可少的参数。

一、致密储层岩石脆性指数评价方法

目前评价岩石脆性的方法有 20 多种，在石油地质领域应用较多的主要有两种，分别为通过岩石杨氏弹性模量和泊松比计算脆性指数的方法以及通过岩石矿物组成计算脆性指数的方法。岩石力学参数实验相对于矿物组成来说更为普遍，因此选择通过岩石杨氏弹性模量和泊松比计算脆性指数。

脆性指数计算模型如下：

$$\bar{E} = [(E-1)/(8-1)] \times 100 \tag{4-1}$$

$$\bar{v} = [(v-0.4)/(0.15-0.4)] \times 100 \tag{4-2}$$

$$B = (\bar{E} + \bar{v})/2 \tag{4-3}$$

式中，$\bar{v}$ 为归一化泊松比；B 为脆性指数；$\bar{E}$ 为归一化杨氏模量；E 为实验岩心的弹性模量，10^4 MPa；v 为实验岩心的泊松比。

二、致密砂岩储层人工裂缝分支形成机理

随着低渗、超低渗油气藏（或称致密油、致密气）的开发，由于受到储层条件、注采井网、压裂工艺等多重限制，单一增加缝长来提高超低渗油藏产量效果不明显，常规压裂工艺改造难以实现该类油气藏的商业开发，体积压裂是实现致密油藏商业开采的关键技术。

1. 分支裂缝开启力学机理及条件

致密储层主裂缝附近伴随较多分支裂缝。分支裂缝的产生源于岩石脆性和储层天然裂缝的影响。对于天然裂缝发育储层，压裂形成具有一定缝长主裂缝后，主裂缝与天然裂缝沟通，有可能使得天然裂缝或储层弱面张开并形成分支，也有可能在裂缝内压力作用下使主裂缝直接穿过天然裂缝继续延伸，因此，对于天然裂缝发育储层，压裂时控制裂缝内净压力可达到开启天然裂缝实现缝网压裂的目的。对于天然裂缝储层的裂缝扩展条件主要有两种，一种是沿天然裂缝面张性起裂，另一种是沿天然裂缝面剪切破裂。目前国内外广泛应用的裂缝扩展准则是 Warpinski 提出的线性准则。缝网压裂的分支缝形成的力学条件可以在天然裂缝性储层裂缝扩展的基础上进行分析。

作用于天然裂缝的剪应力较大时，则天然裂缝容易发生剪切滑移，此时：

$$|\tau| > \tau_0 + K_f(\sigma_n - p) \tag{4-4}$$

式中，τ_0 为天然裂缝内岩石的黏聚力，MPa；τ 为作用于天然裂缝面的剪应力，MPa；K_f 为天然裂缝面的摩擦因数；σ_n 为作用于天然裂缝面的正应力，MPa；p 为天然裂缝近壁面的孔隙压力，MPa。

根据二维线弹性理论，剪应力和正应力可表示为

$$\tau = \frac{\sigma_H - \sigma_h}{2}\sin2\left(\frac{\pi}{2} - \theta\right) = \frac{\sigma_H - \sigma_h}{2}\sin2\theta \tag{4-5}$$

$$\sigma_n = \frac{\sigma_H + \sigma_h}{2} - \frac{\sigma_H - \sigma_h}{2}\cos2\left(\frac{\pi}{2} - \theta\right) = \frac{\sigma_H + \sigma_h}{2} + \frac{\sigma_H - \sigma_h}{2}\cos2\theta \quad (4-6)$$

式中，σ_H 和 σ_h 分别为最大水平主应力和最小水平主应力，MPa；θ 为水力裂缝相对天然裂缝逼近角，°，$0 < \theta \leq \frac{\pi}{2}$。

当两条裂缝相交后，由于水力裂缝缝端已和天然裂缝连通，压裂液大量进入天然裂缝。考虑先压裂缝产生诱导应力的影响，天然裂缝近壁面的孔隙压力为

$$p(x,t) = \sigma_h + \sigma_{az} + p_{net}(x,t) \quad (4-7)$$

式中，p_{net} 为裂缝内净压力，MPa；σ_{az} 为先压裂缝诱导应力，MPa。

整理得到发生张性断裂所需的裂缝内净压力为

$$p_{net}(x,t) > \frac{\sigma_H - \sigma_h}{2}(1+\cos2\theta) - \sigma_{az} \quad (4-8)$$

从式（4-8）可以看出最大、最小水平主应力差和水力裂缝相对天然裂缝逼近角以及先压裂缝诱导应力是影响水力裂缝扩展方向的宏观因素。垂直于最小地应力方向的天然裂缝容易张开或形成，而在垂直于最大地应力方向的天然裂缝不易张开。

同理，整理得到发生剪切断裂所需的裂缝内净压力为

$$p_{net}(x,t) > \frac{1}{K_f}\left[\tau_0 + \frac{\sigma_H - \sigma_h}{2}(K_f - \sin2\theta + K_f\cos2\theta) - K_f\sigma_{az}\right] \quad (4-9)$$

根据式（4-9）得到，当 $\theta = 0$ 时，不等式右侧有最大值，最大值为 $\sigma_H - \sigma_h - \sigma_{az}$。因此，天然裂缝或地层弱面发生张性断裂所需裂缝内净压力最大值为 $\sigma_H - \sigma_h - \sigma_{az}$。

同理，最大值 p_{max} 为

$$p_{max} = \frac{\tau_0}{K_f} + (\sigma_H - \sigma_h) - \sigma_{az} \quad (4-10)$$

若考虑天然裂缝本身黏聚力 $\tau_0 = 0$，天然裂缝或地层弱面发生剪切断裂时所需的裂缝内净压力最大值为 $\sigma_H - \sigma_h - \sigma_{az}$。

对于天然裂缝张性开启和剪切开启两种方式，张性开启对产能提高的效果更好，因为张性开启能够使压裂液进入天然裂缝里面，部分随压裂液进入的支撑剂会起到一定的支撑作用。

综合两种方式可知，在天然裂缝性储层，使天然裂缝张开形成分支裂缝的力学条件为施工裂缝内净压力超过 $\sigma_H - \sigma_h - \sigma_{az}$。但对于天然裂缝发育储层，最大、最小水平主应力差和水力裂缝相对天然裂缝逼近角以及先压裂缝诱导应力都是影响裂缝扩展的关键因素，因此可以通过理论计算分析，说明在满足何种条件下能够沟通天然裂缝，而最大、最小水平主应力差和水力裂缝相对天然裂缝逼近角以及先压裂缝诱导应力满足何种条件时主裂缝将直接穿过天然裂缝延伸。

2. 岩石脆性指数与分形维数之间的关系模型

岩石脆性是用来评价体积压裂效果的重要指标，从室内实验结果可以看出（图 4-1）岩石脆性越大，破碎后的裂缝形态越复杂，越容易形成复杂缝网，提高压裂效果。

地层岩石在自身微观缺陷和外力作用下形成的破碎体形貌看似不规则且杂乱无章，但

实际上却有一定的规律，其内部微裂缝的分布与宏观裂缝具有一定的相似性。分形理论可以用来处理和分析那些极不规则的形态和形状，对岩体中裂缝的复杂性、随机性关键技术问题进行统计描述，从而实现裂缝的定量化、精确化以及空间发育程度的可预测化。压裂裂缝的复杂程度可通过引入分形理论，用分形维数来定量评价。

(a) 选样点标号：646　　　　(b) 选样点标号：434　　　　(c) 选样点标号：569

图 4-1　不同脆性指数时岩石破碎形态

根据分形维数定义，其不同尺度下裂缝数量的分布规律为

$$N(l) = Al^{-D} \tag{4-11}$$

式中，N 为裂缝数量；l 为边长；A 为裂缝面分布初值，其数值等于岩石中面积大于 l^2 的裂缝个数；D 为裂缝的分形维数。

对式（4-11）两边取自然对数可得

$$\lg N(l) = \lg A - D \lg l \tag{4-12}$$

确定岩心裂缝分形维数的具体步骤如下（图 4-2）：

（1）标出岩心中形成的裂缝轮廓；

（2）在裂缝密集处画出边长为 25mm 的正方形网格；

（3）采用边长为 12.5mm 的正方形网格覆盖整个岩心，统计包含有裂缝的正方形网格数目；

（4）采用边长为 6.25mm 的正方形网格覆盖整个岩心，统计包含有裂缝的正方形网格数目；

（5）采用边长为 3.125mm 的正方形网格覆盖整个岩心，统计包含有裂缝的正方形网格数目；

（6）在双对数坐标系中采用最小二乘法统计数据作回归分析，其回归直线的斜率即岩心上裂缝分布的分形维数（图 4-3）。

岩石脆性指数与分形维数拟合曲线如图 4-4 所示。

综上所述，可以得出如下认识：

（1）裂缝分形维数越大，岩石脆性指数越高，裂缝形态越复杂，分支缝数越多，越有利于形成缝网形状；

（2）裂缝分形维数随着脆性指数的增加而增大，说明二者之间存在一定的内在联系。

第四章　致密储层人工裂缝复杂缝网形成机理

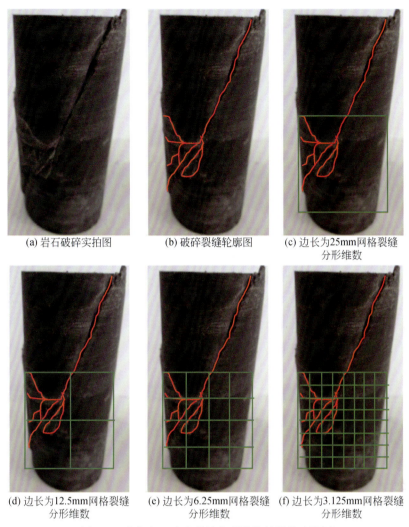

(a) 岩石破碎实拍图　　(b) 破碎裂缝轮廓图　　(c) 边长为25mm网格裂缝分形维数

(d) 边长为12.5mm网格裂缝分形维数　　(e) 边长为6.25mm网格裂缝分形维数　　(f) 边长为3.125mm网格裂缝分形维数

图 4-2　确定岩心破碎裂缝分形维数的具体步骤图

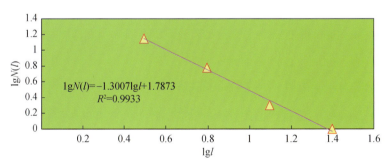

图 4-3　岩石破碎后裂缝分形维数计算图

脆性指数与分形维数之间的函数关系为

$$D = 0.9696 e^{0.0078B} \tag{4-13}$$

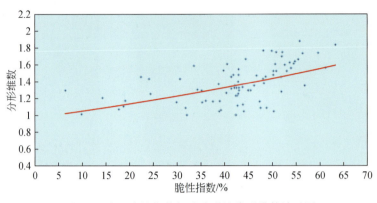

图 4-4　岩石脆性指数与破碎裂缝分形维数关系图

3. 岩石脆性指数与分支缝长之间的关系

L-系统由美国生物学家 A. Lindenmayer 提出，开始是作为描述植物形态生长的一种方法，继而发展成计算机图形中模拟大自然景物的有效方法，是一种重要的分形生长方法。该方法可以通过对裂缝生长过程的经验式概括和抽象、初始状态与描述规则进行有限次迭代，生成字符发展序列以表现裂缝的结构，并对产生的字符串进行几何解释，生成非常复杂的分形图形，从而可以利用 L-系统来描述裂缝形态。

根据裂缝形态特征，建立生成元"树枝"模型（图 4-5）。"树枝"上有一根主干，主干有 n 节。主干 M_1 与主干 M_n 间有多个分支，分支上有多节，每节间有一定的夹角。

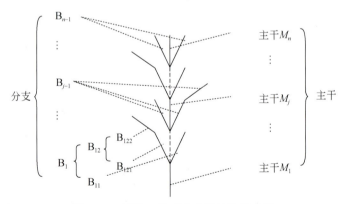

图 4-5　"树枝"模型生成元结构示意图

由图 4-5 得出其生成元（图 4-6）：

将初始行进指令"F"按照生成元进行 x 次迭代替换，迭代替换过程中，将第 j 次替换后的行进指令中的待定系数 b 赋值为 j，得出 x 次迭代后行进指令表达式。假设主干上有迭代替换次数 x，则应满足：

$$x > \frac{\max(L_H, L_h)}{ns} \tag{4-14}$$

式中，L_H 为岩体模型最大主应力方向长度，m；L_h 为岩体模型最小主应力方向长度，m；

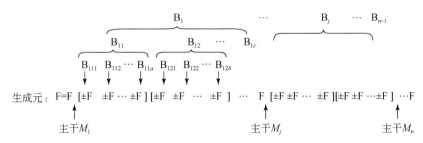

图 4-6 生成元与"树枝"模型对应图

s 为每个前进符号的行进长度，m。

节点微元最大主应力方向长度为 Δa，最小主应力方向长度为 Δb。建立的"树枝"模型外生裂缝多次迭代的行进指令在岩石横截面上行进，行进的每一步在网格上留下其行进轨迹。

在选取 L-系统的生成元时，裂缝转角 α 可通过岩石实验裂缝间夹角平均值求得。主干数与分支数的计算需利用岩石微裂缝实际的维数来匹配 L-系统分形维数。岩石裂缝维数可利用盒维计算方法求出。L-系统的分形维数可通过生成元主干数与分支数计算

$$D = \frac{\ln(n+m)}{\ln n} \tag{4-15}$$

式中，m 为生成元分支总数。

分形理论认为分形对象具有自相似性，假设第 i 级裂缝的宏观直线长度为 a_i，则有

$$n = \frac{a_n}{a_{n+1}}, \ a_i = a_0 \ n^{-i} \tag{4-16}$$

式中，a_n 为第 n 级天然薄弱面的宏观直线长度，m；a_0 为天然薄弱面最长的长度，m。

从微观上看，天然裂缝是迂回曲折的。依据分形理论可知，测量出的裂缝长度与测量时的尺度有关。用长为 δ 的尺子测量 i 级裂缝微观长度为

$$L_i(\delta) = a_i \ (a_i/\delta)^{D-1} \tag{4-17}$$

同理，用长为 δ 的尺子测量出 $i+1$ 级裂缝微观长度为

$$L_{i+1}(\delta) = a_{i+1} \ (a_{i+1}/\delta)^{D-1} = \frac{1}{n} a_i \ (a_i/n\delta)^{D-1} \tag{4-18}$$

因此，在同一尺度下，两个相邻级别的裂缝微观长度之比为

$$\frac{L_i(\delta)}{L_{i+1}(\delta)} = \frac{a_i \ (a_i/r)^{D-1}}{\frac{1}{n} a_i \ (a_i/n\delta)^{D-1}} = n^{2-D} \tag{4-19}$$

由式（4-19）可得出

$$L_i(\delta) = L_0(\delta) n^{-2i+iD} \tag{4-20}$$

式中，L_0 为测量分辨率为 δ 时，天然薄弱面最长的微观长度，m。

通过调整 n 和 m 的值使 L-系统的分形维数尽量接近实验测得岩心的盒维，得出分支缝长与分形维数和脆性指数之间的关系（图 4-7，图 4-8）。

4. 分支裂缝起裂前后参数特征

不同级裂缝粗糙度与胶结程度不同，因此其抗剪强度、抗张强度也不同，在裂缝起裂

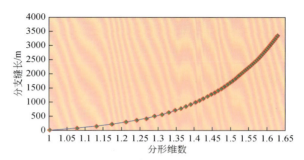

图 4-7 分支缝长与分形维数之间的关系

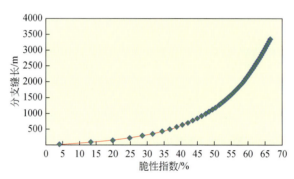

图 4-8 分支缝长与脆性指数之间的关系

前,各级裂缝服从断裂力学破坏条件,则 i 级裂缝抗剪强度、抗张强度为

$$\tau_{ic}=\frac{K_{\mathrm{II}}}{\sqrt{0.5\pi L_i(\delta)}},\sigma_{ic}=\frac{K_{\mathrm{I}}}{\sqrt{0.5\pi L_i(\delta)}} \tag{4-21}$$

式中,τ_{ic} 为 i 级裂缝抗剪强度;K_{II} 为裂缝剪切破坏强度因子;σ_{ic} 为 i 级裂缝抗张强度;K_{I} 为裂缝张性破坏强度因子。

因此:

$$\tau_{ic}=\tau_{0c}n^{\frac{i}{2}(2-D)},\sigma_{ic}=\sigma_{0c}n^{\frac{i}{2}(2-D)} \tag{4-22}$$

式中,τ_{0c} 为天然薄弱面最低抗剪强度,MPa;σ_{0c} 为天然薄弱面最低抗张强度,MPa。

在压裂过程中,分支裂缝内压裂液向地层中滤失,产生压力损耗,当裂缝不再起裂时,压裂液滤失速度接近平稳。假设压裂液流动符合达西定律,则井眼附近压裂液净压力满足稳定渗流条件:

$$\frac{\partial\left(\frac{1}{G\Delta x}\frac{\partial p}{\partial x}\right)}{\partial x}+\frac{\partial\left(\frac{1}{G\Delta y}\frac{\partial p}{\partial y}\right)}{\partial y}=0 \tag{4-23}$$

式中,G 为压降梯度,MPa/m。

净压力的边界条件为

$$p\mid_{\substack{x=\pm\infty\\y=\pm\infty}}=0 \tag{4-24}$$

初始条件为

$$p\mid_{\substack{x=0\\y=0}}=p_{\mathrm{net}} \tag{4-25}$$

式中,p 为压裂裂缝内部流体压力;p_{net} 为井壁处裂缝内的净压力。

令

$$\delta_{i,j}=\frac{1}{G_{i,j}}\frac{\partial p}{\partial x}=\frac{1}{G_{i,j}}\frac{p_{i+1,j}-p_{i-1,j}}{2\Delta x},\varepsilon_{i,j}=\frac{1}{G_{i,j}}\frac{\partial p}{\partial y}=\frac{1}{G_{i,j}}\frac{p_{i,j+1}-p_{i,j-1}}{2\Delta y} \quad (4\text{-}26)$$

式中，$G_{i,j}$ 为（i，j）网格压裂液流动单位长度产生的压耗。

利用中心差分法得出差分方程：

$$\frac{\partial \delta_{i,j}}{\partial x}=\frac{\delta_{i+1,j}-\delta_{i-1,j}}{2\Delta x}=\frac{1}{2\Delta x^2 G_{i+1,j}}p_{i+1,j}-\frac{1}{\Delta x^2 G_{i,j}}p_{i,j}+\frac{1}{2\Delta x^2 G_{i-1,j}}p_{i-1,j} \quad (4\text{-}27)$$

$$\frac{\partial \varepsilon_{i,j}}{\partial y}=\frac{\varepsilon_{i,j+1}-\varepsilon_{i,j-1}}{2\Delta y}=\frac{1}{2\Delta y^2 G_{i,j+1}}p_{i,j+1}-\frac{1}{\Delta y^2 G_{i,j}}p_{i,j}+\frac{1}{2\Delta y^2 G_{i,j-1}}p_{i,j-1} \quad (4\text{-}28)$$

因此，由式（4-27）和式（4-28）化简得

$$\frac{1}{\Delta x^2 G_{i-1,j}}p_{i-1,j}+\frac{1}{\Delta x^2 G_{i+1,j}}p_{i+1,j}+\frac{1}{\Delta y^2 G_{i,j-1}}p_{i,j-1}+\frac{1}{\Delta y^2 G_{i,j+1}}p_{i,j+1}-\frac{2}{G_{i,j}}\left(\frac{1}{\Delta x^2}+\frac{1}{\Delta y^2}\right)p_{i,j}=0 \quad (4\text{-}29)$$

式（4-22）结合初始条件与边界条件即可列出矩阵方程并求解出井眼附近缝内压耗，岩样表面裂缝扫描结果测出天然裂缝盒维为 1.4，裂缝转角 $\alpha=35.5°$。依据建立的"树枝"模型，试算出当 $n=3$，$m=4$ 时"树枝"模型分形维数为 1.4037。假设生成元为"F_0 [$-F_1--F_1$] F_0 [$+F_1+F_1$] F_0"，最高迭代次数为 6 次，0 级裂缝为一条直线，其他各级裂缝形态分布如图 4-9 所示。

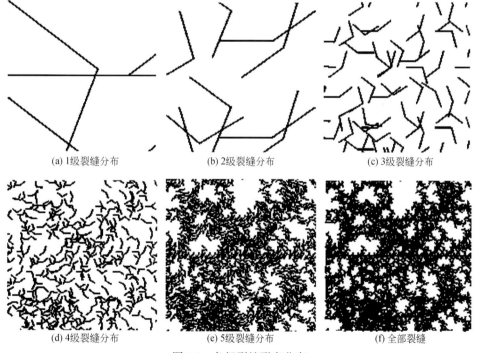

图 4-9 各级裂缝形态分布

可见，低级别裂缝少而长且间距较大，高级别裂缝多而短且裂缝间距小、分散程度高。因此，L-系统所形成的天然裂缝分布特征与对天然裂缝观测结果一致，即裂缝的延伸越长，则裂缝的开度和间距越大。

第二节　致密储层人工裂缝起裂、延伸和转向机理

致密砂岩储层孔隙度、渗透率极低,需要采用长水平段和大规模体积压裂的改造措施才能获得工业产能。体积压裂采用高排量、大液量、低黏液体以及转向材料与技术,使天然裂缝不断扩张、脆性岩石产生剪切滑移,在主裂缝的侧向强制形成次生裂缝,甚至多级次生裂缝,主裂缝与多级次生裂缝交织形成裂缝网络系统,最大限度地扩大裂缝面与油藏基质的接触面积,减小油气各方向从基质到裂缝的渗流距离,大幅改善储层整体渗透率,在长、宽、高三个方向上实现油藏的体积改造。

影响致密砂岩储层压后裂缝形态的因素很多,主要包括储层的地质条件,如水平地应力差、岩石脆性、天然裂缝系统;同时也受施工因素的影响,如压裂液静压力、施工排量、压裂级间距和压裂工艺技术等因素。致密砂岩储层水平井分段多簇的体积压裂改变了井眼周围的应力分布,因此其人工裂缝起裂、延伸和转向机理与常规储层有较大不同。

(一) 体积压裂人工裂缝主裂缝起裂模型

水平井分段压裂时产生的诱导应力将会对后续裂缝起裂产生影响,根据岩石拉伸破裂准则,水力压裂过程中当井壁岩石的拉应力达到其抗张强度时,岩石将产生断裂,形成初始人工裂缝,并在压裂液的作用下不断向前延伸。

根据弹性力学理论,井壁上的最大拉应力为

$$\sigma_{\max}(\theta') = \frac{1}{2}\left[(\sigma_\theta' + \sigma_z') + \sqrt{(\sigma_\theta' - \sigma_z')^2 + 4\tau_{\theta z}^2}\right] \quad (4\text{-}30)$$

式中,θ' 为裂缝起裂方位角,°;σ_θ' 为射孔孔眼切向应力,MPa;σ_z' 为井筒轴向应力,MPa;$\tau_{\theta z}$ 为井筒周围的切向应力分量,MPa。

当井壁处 z–θ' 平面上的最大有效拉应力不小于岩石抗拉强度 σ_t 时,井壁处岩石开始发生起裂,即人工裂缝起裂条件为

$$\sigma_{\max}(\theta') - \eta p_0 \geq \sigma_t \quad (4\text{-}31)$$

式中,η 为地层孔隙压力贡献系数;p_0 为地层孔隙流体压力,MPa;σ_t 为地层岩石抗拉强度,MPa。

将式 (4-30) 代入式 (4-31),可得井壁处岩石开始发生断裂时起裂压力 P_w 满足:

$$\begin{aligned}
&[(\sigma_{xx}' + \sigma_{yy}' - \sigma_{zz}') - 2P_w - 2(\sigma_{xx}' - \sigma_{yy}')\cos 2\theta]\cos 2\gamma \\
&-\frac{1}{2}(3+2\cos 2\gamma)\delta\left[\frac{\alpha(1-2\nu)}{(1-\nu)} - \phi\right](P_w - P_p) - 4\sigma_{yz}'\cos\theta\sin 2\gamma \\
&+\frac{1}{2}(\sigma_{xx}' + \sigma_{yy}' + \sigma_{zz}') - (1+\nu)(\sigma_{xx}' - \sigma_{yy}')\cos 2\theta \\
&+\frac{\alpha_T E(T-T_0)}{1-2\nu} - \frac{1}{2}(c+2)P_w + \frac{1}{2}\sigma_{zz}' \\
&+\frac{1}{2}\begin{Bmatrix}[2(\sigma_{xx}'+\sigma_{yy}'-\sigma_{zz}')-4P_w-4(\sigma_{xx}'-\sigma_{yy}')\cos 2\theta]\cos 2\gamma \\ -(1+2\cos 2\gamma)\delta\left[\frac{\alpha(1-2\nu)}{(1-\nu)}-\phi\right](P_w-P_p) \\ -8\sigma_{yz}'\cos\theta\sin 2\gamma + (c-2)P_w - \sigma_{zz}' + 16\sigma_{yz}'^2\cos^2\theta \\ +(\sigma_{xx}'+\sigma_{yy}'+\sigma_{zz}')+2(\nu-1)(\sigma_{xx}'-\sigma_{yy}')\cos 2\theta\end{Bmatrix} - \eta p_0 = \sigma
\end{aligned} \quad (4\text{-}32)$$

式中，σ'_{xx} 为平行于裂缝延伸方向的正应力，MPa；σ'_{yy} 为垂直于裂缝延伸方向的正应力，MPa；σ'_{zz} 为垂向应力，MPa；σ'_{yz} 为 yz 面上的剪切应力，MPa；υ 为岩石泊松比；δ 为渗透性系数，地层不可渗透时 $\delta=0$，地层可渗透时 $\delta=1$；γ 为裂缝起裂方位角，°；ϕ 为岩石的孔隙度；α_T 为水平井井筒周围岩石的线性膨胀系数，1/℃；α 为 Biot 多孔弹性系数；P_w 为井筒内流体压力，MPa；P_p 为地层中初始孔隙压力，MPa；T_0 为地层岩石变化前温度，℃；T 为地层岩石变化后的温度，℃；c 为作业影响系数；E 为地层杨氏模量，MPa。

(二) 体积压裂人工裂缝主裂缝延伸模型

1) 缝高方程

$$h(x,t) = \left\{\frac{[p_f(x,t)-\sigma_{\min}]}{K_{IC}}\right\}^2 \pi \quad (4-33)$$

式中，$h(x,t)$ 为在裂缝 x 处 t 时刻缝高，m；$p_f(x,t)$ 为在裂缝 x 处 t 时刻缝内流体压力，MPa；K_{IC} 为裂缝断裂强度因子。

2) 缝宽方程

$$w(x,z,t) = \frac{4(1-\upsilon^2)}{E}[p_f(x,t-\sigma_{\min})]\sqrt{h(x,t)^2-z^2} \quad (4-34)$$

3) 压降方程

$$\frac{\partial p_f(x,t)}{\partial x} = -2^{n+1}\left[\frac{(2n+1)q(x,t)}{n\phi(n)h(x,t)}\right]^n \frac{K}{w(x,0,t)^{2n+1}} \quad (4-35)$$

其中

$$\phi(n) = \int_{-0.5}^{0.5}\left[\frac{w(x,z,t)}{w(x,0,t)}\right]^m d\left[\frac{z}{h(x,t)}\right]$$

式中，n 为压裂液流态指数；$m=(2n+1)/n$；K 为压裂液稠度系数；$w(x,0,t)$ 为 t 时刻缝内 x 处剖面上中心处缝宽，m；$w(x,z,t)$ 为 t 时刻缝内 x 处剖面上缝高 z 处缝宽，m；$q(x,t)$ 为 t 时刻内 x 处压裂液流量，m³/min。

4) 连续性方程

$$\frac{\partial q(x,t)}{\partial x}+\frac{2ch(x,t)}{\sqrt{t-\tau(x)}}+\frac{\partial A(x,t)}{\partial t}=0 \quad (4-36)$$

式中，c 为综合滤失系数，m/min$^{0.5}$；$\tau(x)$ 为水力裂缝 x 位置处开始滤失的时间，min；$A(x,t)$ 为 t 时刻主水力裂缝内 x 处的横截面积，m²。

利用 L-系统建立的岩体天然裂缝分布模型结合裂缝起裂判别条件，模拟计算出井壁处裂缝内净压力 p_{net}，最大、最小水平主应力差值 $\Delta\sigma$ 取不同值时裂缝的起裂情况，计算结果如图 4-10 所示。

如图 4-10 可见，p_{net} 相同时，裂缝起裂数量随着 $\Delta\sigma$ 的增大而逐渐减少，裂缝的网络状程度也逐渐降低。当 $p_{net}=2$MPa 时，若 $\Delta\sigma=1$MPa，主裂缝附近分支裂缝数量较多，分支裂缝上的高级分支裂缝起裂数量也较多；若 $\Delta\sigma=2$MPa，主裂缝附近低级裂缝数量明显减少，分支上的高级分支裂缝几乎消失；若 $\Delta\sigma=4$MPa，主裂缝上仅有零星的几个低级裂缝，高级裂缝没有起裂。可见，随着 $\Delta\sigma$ 的增大，主裂缝附近分支裂缝起裂变得更加困难，岩体在水力压裂过程中形成裂缝的分散程度明显下降。

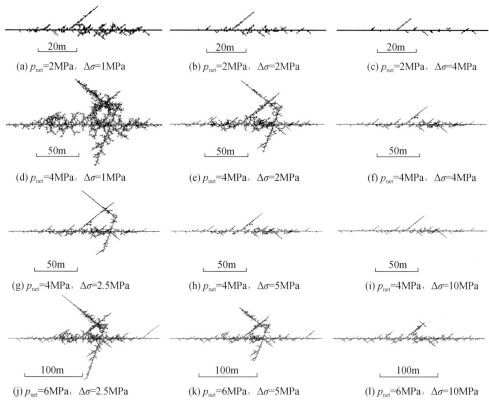

图 4-10 p_{net}、$\Delta\sigma$ 取不同值时裂缝的起裂情况

当 $\Delta\sigma$ 相同时，主裂缝起裂长度随着 p_{net} 增大而增大，同时各级别裂缝起裂数量也明显增加，形成的裂缝也越趋近于网络状。例如，当 $\Delta\sigma=5$MPa 时，若 p_{net} 由 4MPa 增加到 6MPa，使得井眼附近一条大裂缝起裂，裂缝分布面积也因此明显增加。若 $\Delta\sigma$ 较小，只需较小的井底净压力即可形成网状裂缝，$\Delta\sigma$ 越大，网状裂缝形成越困难。例如，当 $\Delta\sigma=2$MPa，p_{net} 仅为 4MPa 时，起裂裂缝就已经成片存在并形成网状裂缝；而当 $\Delta\sigma=10$MPa 时，p_{net} 即使达到 10MPa，起裂裂缝也仅以最大主应力方向的两条裂缝为主，高级裂缝几乎不起裂。模拟计算结果与网状裂缝形成规律较符合。

(三) 多级压裂先压裂缝诱导应力分析

为了改善压裂效果，最大限度地增加水平井产能，对水平井进行水力压裂时应尽量使其产生横向裂缝，水平井筒应与最小水平主应力方向一致。对有多条横向裂缝的水平井进行分段压裂时，多条裂缝的产生存在着先后顺序。先压裂缝产生后，将导致裂缝周围一定范围内的应力分布发生改变，从而影响后续压裂水力裂缝的起裂。结合现场实际施工情况，分别建立水平井分段压裂段时水力压裂裂缝诱导应力场计算模型。

1. 单条裂缝诱导应力模型

以均质、各向同性的二维平面应变模型为基础，建立了水力裂缝诱导应力场几何模型

（图4-11）。

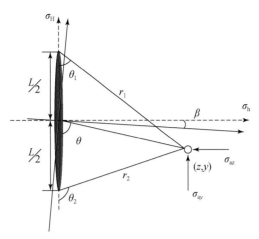

图4-11 水力裂缝诱导应力场几何模型

模型假设裂缝形态为垂直裂缝，裂缝断面为椭圆形，半缝长为 $L/2$。以水平井井筒方向为 z 轴，以裂缝缝长方向为 y 轴。取拉应力为负，压应力为正。显然，上述物理模型中的水力裂缝诱导应力场属于平面应变问题，根据弹性力学理论，各方程（不计体力）如下。

其应力应变方程为

$$\left.\begin{array}{l}\varepsilon_z=\dfrac{1}{E_1}(\sigma_z-\upsilon_1\sigma_y)\\[4pt]\varepsilon_y=\dfrac{1}{E_1}(\sigma_y-\upsilon_1\sigma_z)\\[4pt]\gamma_{zy}=\dfrac{2(1+\upsilon_1)}{E_1}\tau_{zy}\end{array}\right\} \tag{4-37}$$

平面问题的几何方程为

$$\left.\begin{array}{l}\varepsilon_z=\dfrac{\partial u}{\partial z}\\[4pt]\varepsilon_y=\dfrac{\partial v}{\partial y}\\[4pt]\gamma_{zy}=\dfrac{\partial v}{\partial z}+\dfrac{\partial u}{\partial y}\end{array}\right\} \tag{4-38}$$

不计体积力的平衡方程为

$$\left.\begin{array}{l}\dfrac{\partial \sigma_z}{\partial z}+\dfrac{\partial \tau_{zy}}{\partial y}=0\\[4pt]\dfrac{\partial \sigma_y}{\partial y}+\dfrac{\partial \tau_{zy}}{\partial z}=0\end{array}\right\} \tag{4-39}$$

式中，$E_1=\dfrac{E}{1-\upsilon^2}$，$E$ 为弹性模量，MPa；υ 为泊松比；$\upsilon_1=\dfrac{\upsilon}{1-\upsilon}$；$u$，$v$ 分别为在 z，y 方向上

的位移，m；ε_z，ε_y 分别为 z，y 方向应变；σ_z，σ_y 分别为 z，y 方向应力，MPa；γ_{zy} 为 z，y 平面上的剪切应变，MPa/m；τ_{zy} 为 z，y 平面上剪切应力，MPa。

在裂纹面上施加载荷 P_i，故其边界条件如下。

在 $y=0$ 且 $|z| \leqslant l$ 处：$\sigma_y = p_i$，$\tau_{xy} = 0$；

在 $y=0$ 且 $|z| > l$ 处：$\tau_{zy} = 0$，y 方向位移 $r = 0$；

在 $\sqrt{z^2+y^2} \to \infty$ 处，$\sigma_z \to 0$，$\sigma_y \to 0$，$\tau_{xy} \to 0$。

根据弹性力学理论采用半逆解法，设 ϕ 为平面问题的应力函数，则得到：

$$\left.\begin{aligned}\sigma_z &= \frac{\partial^2 \phi}{\partial y^2} \\ \sigma_y &= \frac{\partial^2 \phi}{\partial z^2} \\ \tau_{zy} &= -\frac{\partial^2 \phi}{\partial z \partial y}\end{aligned}\right\} \tag{4-40}$$

引入傅里叶积分变换：

$$\left.\begin{aligned}\bar{f}(\alpha) &= \int_{-\infty}^{\infty} f(x) e^{i\alpha z} dz \\ f(z) &= \frac{1}{2\pi} \int_{-\infty}^{\infty} \bar{f}(\alpha) e^{-i\alpha z} d\alpha\end{aligned}\right\} \tag{4-41}$$

式中，α 为时域变量；i 为复数虚部；z 为频域变量。

傅里叶导数变换：

$$\bar{f}^{(n)}(\alpha) = (-i\alpha)^n \bar{f}(\alpha) \tag{4-42}$$

平面问题归结为在一定的边界条件下解双调和方程。

应力函数满足描述平面问题规律的双调和函数为

$$\nabla^2 \nabla^2 \phi = 0 \tag{4-43}$$

式中，∇ 为哈密顿算子。

根据应力分量和位移分量的傅里叶积分变换，引进复变数、贝塞尔函数积分公式，现有水力裂缝在点 (z，y) 处的诱导应力分量为

$$\left.\begin{aligned}\sigma_{az} &= p\frac{r}{d}\left(\frac{d^2}{r_1 r_2}\right)^{\frac{3}{2}}\sin\theta\sin\frac{3}{2}(\theta_1+\theta_2) + p\left[\frac{r}{(r_1 r_2)^{\frac{1}{2}}}\cos\left(\theta-\frac{1}{2}\theta_1-\frac{1}{2}\theta_2\right)-1\right] \\ \sigma_{ay} &= -p\frac{r}{d}\left(\frac{d^2}{r_1 r_2}\right)^{\frac{3}{2}}\sin\theta\sin\frac{3}{2}(\theta_1+\theta_2) + p\left[\frac{r}{(r_1 r_2)^{\frac{1}{2}}}\cos\left(\theta-\frac{1}{2}\theta_1-\frac{1}{2}\theta_2\right)-1\right] \\ \sigma_{ax} &= \upsilon(\sigma_{az}+\sigma_{ay}) \\ \tau_{azy} &= p\frac{r}{d}\left(\frac{d^2}{r_1 r_2}\right)^{\frac{3}{2}}\sin\theta\cos\frac{3}{2}(\theta_1+\theta_2)\end{aligned}\right\} \tag{4-44}$$

式中，σ_{az}、σ_{ay}、σ_{ax} 和 τ_{azy} 为现有裂缝在地层产生的诱导应力分量，MPa；p 为现有裂缝内部的压力，MPa；d 为裂缝半长，m；r、r_1、r_2 分别为第一条裂缝中点和上下端点到测点的距离，m；θ、θ_1、θ_2 分别为质点 (z，y) 与裂缝中点和底、顶连线后与裂缝的夹角，°；υ

为岩石泊松比。

各几何参数间存在以下关系：

$$\left.\begin{array}{l}r=\sqrt{(z\cos\beta-y\sin\beta)^2+(z\sin\beta+y\cos\beta)^2}\\ r_1=\sqrt{(z\cos\beta-y\sin\beta)^2+[(z\sin\beta+y\cos\beta)+d]^2}\\ r_2=\sqrt{(z\cos\beta-y\sin\beta)^2+[(z\sin\beta+y\cos\beta)-d]^2}\end{array}\right\} \quad (4\text{-}45)$$

$$\left.\begin{array}{l}\theta=\arctan\left[-\dfrac{(z\cos\beta-y\sin\beta)}{(z\sin\beta+y\cos\beta)}\right]\\ \theta_1=\arctan\left[-\dfrac{(z\cos\beta-y\sin\beta)}{(z\sin\beta+y\cos\beta)+d}\right]\\ \theta_2=\arctan\left[\dfrac{(z\cos\beta-y\sin\beta)}{(z\sin\beta+y\cos\beta)-y}\right]\end{array}\right\} \quad (4\text{-}46)$$

式中，β 为井筒方向与最小主应力方向的夹角，°。

由上述可知，裂缝缝长与裂缝内部压力共同决定着诱导应力的大小。假设缝内净压力为 5MPa，裂缝半长 100m，如图 4-12～图 4-14 为单条初次人工裂缝诱导应力场。

可以看到，各方向诱导应力场差距较大，相比之下，初次裂缝诱导的最小水平主应力影响较大。井壁上诱导应力相对较大，而且最小水平主应力方向的诱导应力大于最大水平主应力方向诱导应力。因此，井壁附近更容易出现应力转向。

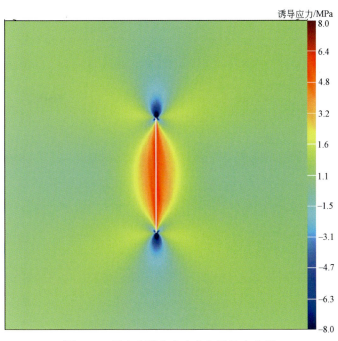

图 4-12　最大水平主应力方向诱导应力场

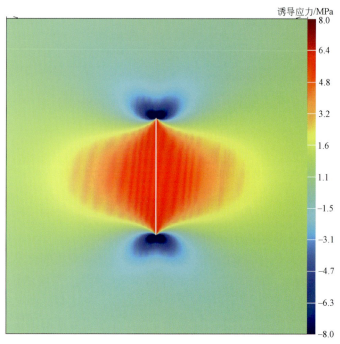

图 4-13 最小水平主应力方向诱导应力场

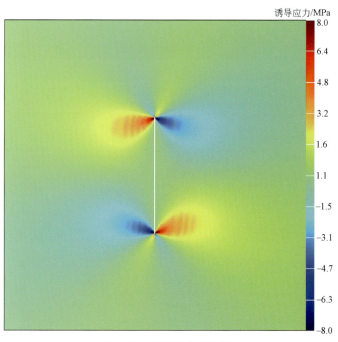

图 4-14 剪切方向应力场

2. 多条裂缝诱导应力模型

模型假设已经压开 3 条裂缝，以单条裂缝产生的诱导应力为基础，建立 3 条裂缝共同影响下的水力裂缝诱导应力模型（图 4-15）。模型裂缝形态为垂直裂缝，裂缝断面为椭圆形，半缝长分别为 d、d_1、d_2。以水平井井筒方向为 z 轴，以其中一条裂缝缝长方向为 y 轴。取拉应力为负，压应力为正。根据叠加原理及弹性力学理论，建立压开三段诱导应力模型。

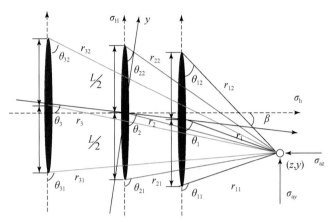

图 4-15 多条裂缝共同影响下的水力裂缝诱导应力模型

第 n 条水力裂缝在 yz 平面内裂缝周围某质点 (y, z) 处产生诱导应力大小为

$$\left.\begin{array}{l} \sigma_{ayn} = -p_n \dfrac{r_n \sin\theta_n \sin\left[\dfrac{3}{2}(\theta_{n1}+\theta_{n2})\right]}{h_n} \left[\dfrac{(h_n)^2}{r_{n1}r_{n2}}\right]^{\frac{3}{2}} - p_n \left[\dfrac{r_n \cos(\theta_n - \dfrac{1}{2}\theta_{n1} - \dfrac{1}{2}\theta_{n2})}{(r_{n1}r_{n2})^{\frac{1}{2}}} - 1\right] \\[2ex]
\sigma_{azn} = p_n \dfrac{r_n \sin\theta_n \sin\left[\dfrac{3}{2}(\theta_{n1}+\theta_{n2})\right]}{h_n} \left[\dfrac{(h_n)^2}{r_{n1}r_{n2}}\right]^{\frac{3}{2}} - p_n \left[\dfrac{r_n \cos(\theta_n - \dfrac{1}{2}\theta_{n1} - \dfrac{1}{2}\theta_{n2})}{(r_{n1}r_{n2})^{\frac{1}{2}}} - 1\right] \\[2ex]
\sigma_{axn} = \upsilon(\sigma_{azn} + \sigma_{ayn}) \\[1ex]
\tau_{azyn} = -p_n \dfrac{r_n}{h_n} \left[\dfrac{(h_n)^2}{r_{n1}r_{n2}}\right]^{\frac{3}{2}} \sin\theta_n \cos\left[\dfrac{3}{2}(\theta_{n1}+\theta_{n2})\right] \end{array}\right\} \quad (4\text{-}47)$$

式中，σ_{axn}、σ_{ayn} 和 σ_{azn} 为初次人工裂缝第 n 条裂缝产生的诱导应力正应力分量，MPa；h_n 为第 n 条裂缝半缝高，MPa；τ_{azyn} 为初次人工裂缝第 n 条裂缝产生的诱导应力剪切应力分量，MPa；p_n 为第 n 条裂缝内的流体压力，MPa；υ 为岩石泊松比。

模型中各几何参数间存在以下关系：

$$\left.\begin{aligned} r_n &= \sqrt{\left(y - \sum_{i=1}^{n} d_i\right)^2 + z^2} \\ r_{n1} &= \sqrt{\left(y - \sum_{i=1}^{n} d_i\right)^2 + (h_n - z)^2} \\ r_{n2} &= \sqrt{\left(y - \sum_{i=1}^{n} d_i\right)^2 + (h_n + z)^2} \end{aligned}\right\} \quad (4\text{-}48)$$

$$\left.\begin{aligned} \theta_n &= \arctan\left[-\frac{\left(y - \sum_{i=1}^{n} d_i\right)}{z}\right] \\ \theta_{n1} &= \arctan\left[\frac{\left(y - \sum_{i=1}^{n} d_i\right)}{(h_n - z)}\right] \\ \theta_{n2} &= \arctan\left[-\frac{\left(y - \sum_{i=1}^{n} d_i\right)}{(h_n + z)}\right] \end{aligned}\right\} \quad (4\text{-}49)$$

式中，d_i 为第 i（$i=1, 2, \cdots, n$）条裂缝距离 z 轴的距离，m。

根据弹性力学叠加原理，全部 n 条初次人工裂缝在质点 (z, y) 处产生总诱导应力可表示为

$$\left.\begin{aligned} \sigma_{az} &= \sum_{i=1}^{n} \sigma_{azi} \\ \sigma_{ay} &= \sum_{i=1}^{n} \sigma_{ayi} \\ \sigma_{ax} &= \upsilon\left(\sum_{i=1}^{n} \sigma_{azi} + \sum_{i=1}^{n} \sigma_{ayi}\right) \\ \tau_{azy} &= \sum_{i=1}^{n} \tau_{azyi} \end{aligned}\right\} \quad (4\text{-}50)$$

式中，σ_{ax}、σ_{ay} 和 σ_{az} 为初次人工裂缝全部 n 条裂缝产生的总诱导应力在 x，y，z 方向正应力分量，MPa；τ_{azy} 为初次人工裂缝全部 n 条裂缝产生的总诱导应力剪切应力分量，MPa。

假设 5 条裂缝间距 50m，每条缝内净压力为 5MPa，裂缝半长 100m，如图 4-16 ~ 图 4-18 为多条初次人工裂缝诱导应力场。

3. 诱导应力对井眼附近应力场的影响

以 X1 压裂井为例，根据压裂裂缝诱导应力计算模型，分别研究了单裂缝（第 15 级压裂，净压力 16.3MPa）周围诱导应力场的分布特征，以及多级压裂时不同压裂级数对井眼周围诱导应力的影响（图 4-19）。

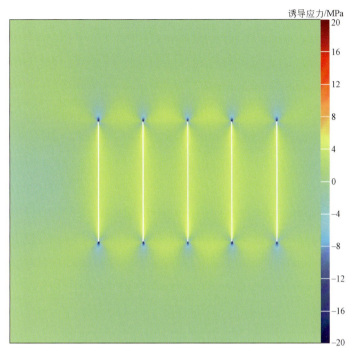

图 4-16　最大水平主应力方向诱导应力场

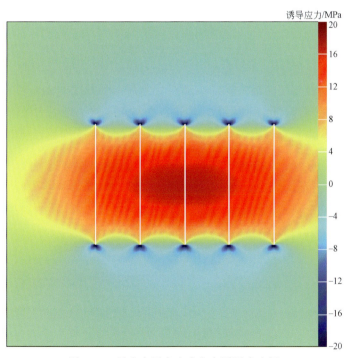

图 4-17　最小水平主应力方向诱导应力场

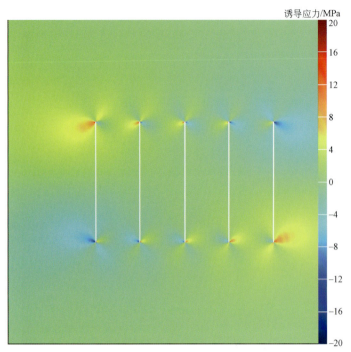

图 4-18 剪切方向应力场

从图 4-19 中可以看出，①在不同方向上，即与裂缝呈不同角度时，最大水平主应力、最小水平主应力和垂向主应力方向上的诱导应力随到裂缝中心距离的增大而减小，并且当距离增大到一定值时，诱导应力趋于零，这表明诱导应力对原应力已没有影响；②各个方向上的诱导应力有正负值之分，正值表示此点处诱导应力产生的是压应力，而负值表示为拉应力；③此裂缝所在储层的最大、最小水平主应力分别 73.008MPa 和 63.808MPa，两者之差为 9.2MPa。在裂缝附近，因为最小水平主应力方向的诱导应力大于最大水平主应力方向的诱导应力，在压裂过程中裂缝存在转向的可能，有利于形成网状缝。

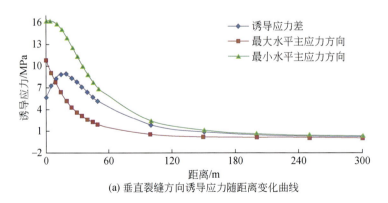

(a) 垂直裂缝方向诱导应力随距离变化曲线

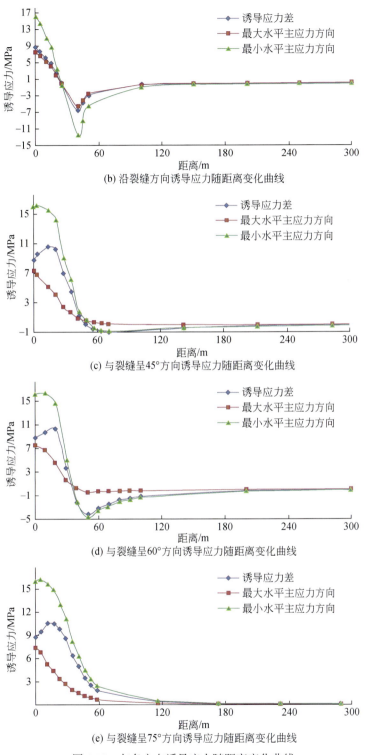

(b) 沿裂缝方向诱导应力随距离变化曲线

(c) 与裂缝呈45°方向诱导应力随距离变化曲线

(d) 与裂缝呈60°方向诱导应力随距离变化曲线

(e) 与裂缝呈75°方向诱导应力随距离变化曲线

图4-19 与各方向诱导应力随距离变化曲线

在压裂前各射孔中心处的诱导应力差如图 4-20 所示。

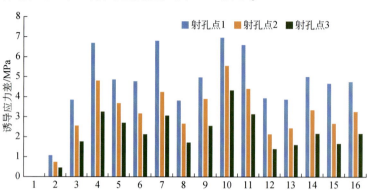

图 4-20 各级压裂射孔中心位置的诱导应力差

从图 4-20 中可以看出，不同压裂级数裂缝内净压力不同，导致其对下一级压裂产生的诱导应力差存在较大差别，同时距离上一级压裂最近的射孔点诱导应力差最大，最容易实现裂缝转向。上一级压裂在该处产生了诱导应力，因此没有考虑本级压裂产生的诱导应力。而该级压裂过程中，开启的裂缝又会对周围地层产生额外的诱导应力，同时，本级簇间距离小于级间距离，因此本级压裂时周围地层的诱导应力会显著增加。

（四）致密储层多级压裂人工裂缝起裂与延伸机理

致密储层水平井多级压裂过程将产生多条人工水力裂缝，水力裂缝的起裂会产生诱导应力作用，前面已经分析了诱导应力的变化规律以及多条裂缝存在时诱导应力的叠加效果，在诱导应力场的作用下，储层的原始地应力场将发生改变，并且在诱导应力增加到一定程度时，还有可能使原始地应力场发生转向，即原始最大水平主应力方向诱导应力叠加后的总应力将小于原始最小水平主应力方向的总应力。这样新形成的水力裂缝就会发生转向而可能形成复杂裂缝或网络裂缝，所以分析诱导应力对井眼附近应力场的影响十分重要。

根据叠加原理，在井筒内压、地应力和压裂液渗流效应、热应力以及初次压裂人工裂缝诱导应力的联合作用下，水平井裸眼完井时井壁处（$r=r_w$）的应力场分布为

$$\left. \begin{aligned} \sigma_r &= P_w + \phi(P_w - P_p) - \frac{\alpha_T E(T-T_0)}{1-2\upsilon} \\ \sigma_\theta &= -P_w + (\sigma'_{xx} + \sigma'_{yy}) - 2(\sigma'_{xx} - \sigma'_{yy})\cos2\theta - 4\sigma'_{xy}\sin2\theta \\ &\quad - \left[\frac{\alpha(1-2\upsilon)}{(1-\upsilon)} - \phi \right](P_w - P_p) - \frac{\alpha_T E(T-T_0)}{1-2\upsilon} \\ \sigma_z &= -cP_w + \sigma'_{zz} - \upsilon[2(\sigma'_{xx} - \sigma'_{yy})\cos2\theta + 4\sigma'_{xy}\sin2\theta] \\ &\quad - \left[\frac{\alpha(1-2\upsilon)}{(2-\upsilon)} - \phi \right](P_w - P_p) - \frac{\alpha_T E(T-T_0)}{1-2\upsilon} \\ \tau_{r\theta} &= 0 \\ \tau_{\theta z} &= 2(-\sigma'_{xz}\sin\theta + \sigma'_{yz}\cos\theta) \\ \tau_{rz} &= 0 \end{aligned} \right\} \quad (4\text{-}51)$$

式中，σ_r 为井筒径向应力，MPa；σ_θ 为井筒周向应力，MPa；θ 为射孔方位角，°；σ_z 为井筒轴向应力，MPa；c 为作业影响系数；$\tau_{r\theta}$、$\tau_{\theta z}$、τ_{rz} 为井筒周围的切向应力分量，MPa。

裂缝起裂压力是使井壁发生破裂时井筒内压力的大小，裂缝起裂角是指井筒轴线与裂缝面之间夹角的大小。水力压裂过程中，岩石的起裂主要是拉伸断裂。根据岩石拉伸破裂准则，当岩石受到的拉应力达到岩石的抗拉强度时，岩石材料将发生破裂。根据弹性力学理论，最大拉应力为

$$\sigma_{\max}(\theta') = \frac{1}{2}\left[(\sigma_{\theta'}+\sigma_z)+\sqrt{(\sigma_{\theta'}-\sigma_z)^2+4\tau_{\theta z}^2}\right] \tag{4-52}$$

对于某一射孔方位 θ，对式（4-52）求导，即可求得井壁上发生拉伸破裂时的裂缝起裂方位角 θ'：

$$\frac{\mathrm{d}\sigma_{\max}(\theta')}{\mathrm{d}\theta'} = 0 \tag{4-53}$$

当井壁处 z-θ' 平面上的最大有效拉应力不小于岩石抗拉强度 σ_t 时，井壁处岩石开始发生断裂，产生初始裂缝，即

$$\sigma_{\max}(\theta') - \eta P_p \geq \sigma_t \tag{4-54}$$

式中，η 为地层孔隙压力贡献系数；P_p 为地层孔隙流体压力，MPa；σ_t 为地层岩石抗拉强度，MPa。

在水平井多簇分段压裂过程中，各段不是同时压开的，而是采用分段压裂技术，因此先压裂缝所产生的诱导应力会使后续压裂更难进行，此时裂缝延伸需克服先压裂缝产生的诱导应力，计算延伸压力需将先压裂缝的诱导应力考虑在内，于是有多级压裂裂缝延伸压力：

$$P_{\mathrm{pro}} = \sigma_h + \sigma_t + \sigma_{azt} \tag{4-55}$$

式中，P_{pro} 为延伸压力，MPa；σ_h 为最小水平主应力，MPa；σ_t 为岩石抗张强度，MPa；σ_{azt} 为所有先压裂缝产生的沿最小水平主应力方向的总诱导应力，MPa。

（五）致密储层射孔完井条件人工裂缝起裂与转向机理

1. 致密储层射孔完井条件人工裂缝起裂机理

射孔完井方式下井筒周围应力分布有别于裸眼完井方式的应力分布状态，射孔孔眼与井筒相交产生应力集中效应。为了得到致密储层射孔水平井裂缝起裂压力，假设水平井射孔孔眼与井筒垂直相交，孔眼内和井筒中流体压力相同。射孔水平井筒及射孔孔眼应力分布模型如图 4-21 所示。

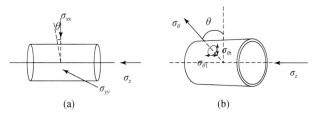

图 4-21 射孔水平井筒及射孔孔眼应力分布模型示意图

在压裂前井眼周围应力分布计算模型式（4-51）基础上，结合弹性力学理论和岩石拉伸破裂理论，根据叠加原理，即可得出在井筒内压、复合应力和压裂液渗滤效应、热应力以及初次压裂人工裂缝诱导应力联合作用下的射孔水平井井壁处应力分布：

$$\left.\begin{aligned}
\sigma_r &= P_w + \phi(P_w - P_p) + \frac{\alpha_T E(T - T_0)}{1 - 2v} \\
\sigma_\theta' &= -2P_w(1 + \cos 2\theta') + (\sigma_{xx}' + \sigma_{yy}' + \sigma_{zz}') + 2(\sigma_{xx}' + \sigma_{yy}' - \sigma_{zz}')\cos 2\theta' \\
&\quad - 2(\sigma_{xx}' - \sigma_{yy}')\cos 2\theta(1 + 2\cos 2\theta') - 4\sigma_{xy}'\sin 2\theta(1 + 2\cos 2\theta) \\
&\quad - 4\tau_{z\theta}\sin 2\theta' - 2\left[\frac{\alpha(1-2v)}{(1-v)} - \phi\right](P_w - P_p)(1 + \cos 2\theta') + \frac{\alpha_T E(T - T_0)}{1 - 2v} \\
\sigma_{zz}' &= -cP_w + \sigma_{zz}' - v[2(\sigma_{xx}' - \sigma_{yy}')\cos 2\theta + 4\sigma_{xy}'\sin 2\theta] \\
&\quad - \left[\frac{\alpha(1-2v)}{(1-v)} - \phi\right](P_w - P_p) + \frac{\alpha_T E(T - T_0)}{1 - 2v} \\
\tau_{r\theta} &= 0 \\
\tau_{\theta z} &= 2(-\sigma_{xz}'\sin\theta + \sigma_{yz}'\cos\theta) \\
\tau_{rz} &= 0
\end{aligned}\right\} \quad (4\text{-}56)$$

式中，θ' 为裂缝起裂方位角，°；θ 为射孔方位角，°；σ_z' 为井筒轴向应力，MPa；$\tau_{r\theta}$、$\tau_{\theta z}$、τ_{rz} 为井筒周围的切向应力分量，MPa；v 为平面上泊松比。

如图 4-21 所示，$\sigma_{\theta 1}$、$\sigma_{\theta t}$ 分别为裂缝起裂方位角 θ' 为 0°和 90°时的孔眼切向应力，根据射孔孔眼上应力分布情况可知产生垂直裂缝 $\sigma_{\theta 1}$ 为使裂缝起裂的最大拉应力。射孔孔眼切向应力为

$$\begin{aligned}
\sigma_{\theta'} &= 4P_w + (\sigma_{xx}' + \sigma_{yy}' + \sigma_{zz}') + 4(\sigma_{xx}' + \sigma_{yy}' - \sigma_{zz}') - 6(\sigma_{xx}' - \sigma_{yy}')\cos 2\theta \\
&\quad - 4\tau_{xy}\sin 2\theta(1 + 2\cos 2\theta) - 4\left[\frac{\alpha(1-2v)}{(1-v)} - \phi\right](P_w - P_p) + \frac{\alpha_T E(T - T_0)}{1 - 2v}
\end{aligned} \quad (4\text{-}57)$$

根据式（4-57）求得

$$\gamma = \theta' = \frac{1}{2}\arctan\left(\frac{4\sigma_{yz}'\cos\theta}{P_w - (\sigma_{xx}' - \sigma_{yy}' - \sigma_{zz}') + 2(\sigma_{xx}' - \sigma_{yy}')\cos 2\theta + \left[\frac{\alpha(1-2v)}{1-v} - \phi\right](P_w - P_p)}\right) \quad (4\text{-}58)$$

将式（4-57）代入式（4-58），整理得

$$\begin{aligned}
\sigma_{\max}(\theta') &= [(\sigma_{xx}' - \sigma_{yy}' - \sigma_{zz}') - 2P_w - 2(\sigma_{xx}' - \sigma_{yy}')\cos 2\theta]\cos 2\gamma \\
&\quad - \frac{1}{2}(3 + 2\cos 2\gamma)\left[\frac{\alpha(1-2v)}{(1-v)} - \phi\right](P_w - P_p) - 4\sigma_{yz}'\cos\theta\sin 2\gamma \\
&\quad + (\sigma_{xx}' + \sigma_{yy}' + \sigma_{zz}') - (1+v)(\sigma_{xx}' - \sigma_{yy}')\cos 2\theta \\
&\quad + \frac{\alpha_T E(T-T_0)}{1-2v} - \frac{1}{2}(c+2)P_w + \frac{1}{2}\sigma_{zz}' \\
&\quad + \frac{1}{2}\left\{\begin{array}{l}[2(\sigma_{xx}' + \sigma_{yy}' - \sigma_{zz}') - 4P_w - 4(\sigma_{xx}' - \sigma_{yy}')\cos 2\theta]\cos 2\gamma \\ - (1 + 2\cos 2\gamma)\left[\frac{\alpha(1-2v)}{(1-v)} - \phi\right](P_w - P_p) \\ - 8\sigma_{yz}'\cos\theta\sin 2\gamma + (\sigma_{xx}' + \sigma_{yy}' + \sigma_{zz}') + (c-2)P_w \\ + 2(v-1)(\sigma_{xx}' - \sigma_{yy}')\cos 2\theta - \sigma_{zz}' + 16\sigma_{yz}'^2\cos^2\theta\end{array}\right\}
\end{aligned} \quad (4\text{-}59)$$

根据拉伸强度理论，结合式（4-59），易得井壁处岩石开始发生断裂时，井筒内压裂液压力 P_w 应满足：

$$\left[(\sigma'_{xx}+\sigma'_{yy}-\sigma'_{zz})-2P_w-2(\sigma'_{xx}-\sigma'_{yy})\cos2\theta\right]\cos2\gamma$$

$$-\frac{1}{2}(3+2\cos2\gamma)\left[\frac{\alpha(1-2\upsilon)}{(1-\upsilon)}-\phi\right](P_w-P_p)-4\sigma'_{yz}\cos\theta\sin2\gamma$$

$$+\frac{1}{2}(\sigma'_{xx}+\sigma'_{yy}+\sigma'_{zz})-(1+\upsilon)(\sigma'_{xx}-\sigma'_{yy})\cos2\theta$$

$$+\frac{\alpha_T E(T-T_0)}{1-2\upsilon}-\frac{1}{2}(c+2)P_w+\frac{1}{2}\sigma'_{zz}$$

$$+\frac{1}{2}\begin{Bmatrix}[2(\sigma'_{xx}+\sigma'_{yy}+\sigma'_{zz})-4P_w-4(\sigma'_{xx}-\sigma'_{yy})\cos2\theta]\cos2\gamma\\-(1+2\cos2\gamma)\left[\frac{\alpha(1-2\upsilon)}{(1-\upsilon)}-\phi\right](P_w-P_p)\\-8\sigma'_{yz}\cos\theta\sin2\gamma+(c-2)P_w-\sigma'_{zz}+16{\sigma'_{yz}}^2\cos^2\theta\\+(\sigma'_{xx}+\sigma'_{yy}+\sigma'_{zz})+2(\upsilon-1)(\sigma'_{xx}-\sigma'_{yy})\cos2\theta\end{Bmatrix}-\eta P_p = \sigma_t$$

(4-60)

式（4-60）即射孔完井条件致密储层水平井压裂的人工裂缝起裂压力计算模型，结合实际生产井的地应力资料、岩石力学参数和初次压裂数据等，可实现对不同压裂井段射孔孔壁裂缝起裂压力的计算。

2. 致密储层射孔完井条件人工裂缝转向机理

段间水力裂缝转向连通主要是人工裂缝在地应力和诱导应力作用下转向造成的，这种应力反转所导致的裂缝转向能够促进储层压裂井段复杂裂缝的生成。图 4-22 表示了人工裂缝在延伸过程发生转向与相邻段人工裂缝沟通生成复杂裂缝的现象。

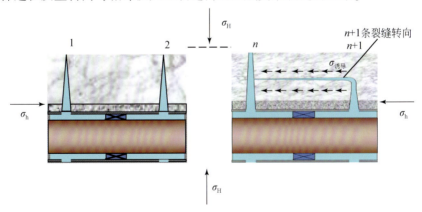

图 4-22 致密储层人工裂缝转向连通示意图

通过大量的实验和现场研究证明，水力压裂主裂缝总是沿着最大水平主应力方向延伸扩展。图 4-22 中已压开的前 n 条裂缝都将对后续压开的第 $n+1$ 条裂缝产生诱导应力作用，在应力叠加的共同作用效果下实现水力裂缝转向，其根本原因在于地应力与压裂裂缝诱导应力的叠加能改变地层应力场的分布状况。式（4-61）描述了致密储层压裂过程储层应力场的分布变化：

$$\left.\begin{aligned}\sigma'_H &= \sigma_H + \sigma_{ax} = \sigma_H + \mu\left(\sum_{i=1}^{n}\sigma_{azi} + \sum_{i=1}^{n}\sigma_{ayi}\right) \\ \sigma'_h &= \sigma_h + \sigma_{az} = \sigma_h + \sum_{i=1}^{n}\sigma_{azi} \\ \sigma'_v &= \sigma_v + \sigma_{ay} = \sigma_v + \sum_{i=1}^{n}\sigma_{ayi}\end{aligned}\right\} \quad (4\text{-}61)$$

式中，σ'_H 为应力场变化后最大水平主应力方向地应力，MPa；σ'_h 为应力场变化后最小水平主应力方向地应力，MPa；σ'_v 为应力场变化后垂向地应力，MPa。

对于延伸的水力裂缝，已压开的压裂裂缝在最小水平主应力方向产生的诱导应力大于最大水平主应力方向的诱导应力，当两个方向诱导应力差值达到或超过原始最大、最小水平主应力差值时，储层最大、最小水平主应力将发生反转，裂缝延伸将发生转向，其转向的机理已有大量研究和现场实验验证，其力学条件可以表示为

$$\sigma'_H \leqslant \sigma'_h \quad (4\text{-}62)$$

式 (4-62) 直观地描述了水力裂缝发生转向的力学条件，将诱导应力计算模型式 (4-47) 代入式 (4-61) 和式 (4-62) 进行整理，即可得出相应裂缝转向生成复杂裂缝的人工裂缝内净压力条件。

分段压裂产生的第 n 条裂缝能否发生转向取决于该条裂缝受到的最小水平主应力方向的诱导应力与最大水平主应力方向的诱导应力之差是否大于原始最大、最小水平主应力之差，依据该原理，建立了水平井多簇分段压裂裂缝网络形成条件计算判别模型，可以表示为

$$\left.\begin{aligned}\sigma_H - \sigma_h &\leqslant \sum_{i=1}^{n-1}\sigma_{az(in)} - \sum_{i=1}^{n-1}\sigma_{ay(in)} \\ \sigma_{az(in)} &= p\frac{r_i}{d_i}\left(\frac{d_i^2}{r_{i1}r_{i2}}\right)^{\frac{3}{2}}\sin\theta\sin\frac{3}{2}(\theta_1 + \theta_2) + p\left[\frac{r_1}{(r_{i1}r_{i2})^{\frac{1}{2}}}\cos\left(\theta - \frac{1}{2}\theta_1 - \frac{1}{2}\theta_2\right) - 1\right] \\ \sigma_{ay(in)} &= -p\frac{r_i}{d_i}\left(\frac{d_i^2}{r_{i1}r_{i2}}\right)^{\frac{3}{2}}\sin\theta\sin\frac{3}{2}(\theta_1 + \theta_2) + p\left[\frac{r_1}{(r_{i1}r_{i2})^{\frac{1}{2}}}\cos\left(\theta - \frac{1}{2}\theta_1 - \frac{1}{2}\theta_2\right) - 1\right]\end{aligned}\right\}$$

$$(4\text{-}63)$$

式中，$\sigma_{az(in)}$、$\sigma_{ay(in)}$ 为第 i 条裂缝对第 n 条裂缝产生的诱导应力分量；p 为现有裂缝内部压力，MPa；d_i 为半缝长，m；r_i 为第 i 条裂缝尖端到第 n 条裂缝中心的距离，m；r_{i1}、r_{i2} 分别为第 i 条裂缝尖端到第 1、第 2 条裂缝缝端的距离，m。

第三节　致密储层人工裂缝评价方法

早期国内学者通过微地震图发现页岩储层压裂之后形成复杂裂缝网络，随后国外学者认为页岩储层压裂形成缝网是页岩气开发的关键，并提出了储层改造体积是影响产能的重要参数。在已知储层改造体积条件下，可以应用累积产量与储层改造体积之间的量化关系预测压裂后的产量，并对裂缝参数进行优化设计。如何计算储层改造体积是目前页岩储层改造的一个难题。有关学者提出通过微地震图计算储层改造体积。微地震图计算储层改造

体积的方法有两种,一种是箱体模型,另一种是伸缩膜模型。这些方法只能计算压后储层改造体积,无法指导压裂施工参数优化。随后,国外学者提出了模拟复杂裂缝形态的线网模型(wite-mesh),Weng 等提出了非常规裂缝扩展模型(unconventional fracture model,UFM),这两种模型能预测压裂后的产能,储层改造体积需结合微地震图资料确定,输入参数精度要求高,且不能预测压前储层改造体积。针对以上问题,结合压裂施工设计的要求,建立了储层改造体积计算模型,该模型求解简单,运算速度快,且与施工参数——地层特性相关联,可以对压裂设计进行有益的指导。

一、储层改造体积理论模型

单裂缝的长宽高不适合评价裂缝网络,储层改造体积能有效评价裂缝网络。缝网结构非常复杂,无规则的形状,为计算储层改造体积有必要进行以下简化假设。

压裂过程中注入的压裂液会改变裂缝周边的地应力场,地应力方向改变的区域易于形成缝网。研究均质储层中主裂缝周边的地应力场发现,应力场改变区域为椭球状,可以近似地认为压裂形成的缝网为椭球体。用缝网半长 L、转向半径 R、缝网半高 H_f 3 个参数可以算出储层改造体积。转向半径 R 的确定最为关键,由水平诱导应力与最大、最小水平主应力差之间的关系来确定。

裂缝网络形成过程非常复杂,为简化模型,假设缝网形成早期,主裂缝壁面的薄弱面或天然裂缝张开较少可忽略,先形成主裂缝;随着主裂缝几何尺寸增加,压裂液压力损耗增加,需增大施工压力方能使裂缝向前延伸,此时天然裂缝大量张开形成次生裂缝。

次生裂缝形成之前,裂缝延伸过程类似常规储层裂缝形成过程。主裂缝的参数可以借鉴常规储层裂缝几何参数计算模型获得。考虑页岩储层压裂的特点,在前人模型基础上改进常规裂缝扩展模型,获得主裂缝的几何参数。

模型基本假设归纳如下:① 缝网的形状为关于井轴对称的椭球体;②根据半无限模型分析诱导应力,当水平主应力差为 0 时,裂缝停止转向,此处与主裂缝的距离为转向半径 R;③缝网形成早期先形成主裂缝,达到一定条件后形成次生裂缝,该条件可以根据天然裂缝扩展准则确定;④主裂缝扩展过程中,运用改进的常规裂缝模型计算主裂缝几何参数;⑤缝网的高度与储层的厚度有关,通常认为近井筒缝高等于储层厚度。

为计算储层改造体积,需要获得椭球形的缝网半长 L、最大转向半径 R_m、缝网半高 H_f,其中最大转向半径、缝网半高随着主裂缝半长变化。根据椭球体模型得

$$V_{SR} = \int_0^L \pi r(l) \times h(l) \times \mathrm{d}l = \frac{4\pi L R_m H_f}{3} \quad (4-64)$$

式中,V_{SR} 为储层改造体积,m^3;$r(l)$ 为转向半径,m;L 为缝网半长,m;R_m 为最大转向半径,m;H_f 为缝网半高,m。

由近井筒处净压力最大可知缝口的转向半径最大,计算时使水平诱导应力差等于水平主应力差。在已知缝内净压力、缝网半高、泊松比下,可以计算出 $x(y=0)$ 的值,即最大转向半径 R_m。

造缝早期形成主裂缝,后形成次生裂缝。基于常规储层裂缝模型,修正之后可计算缝网半长,无须三维模型,计算简单。压裂中部分压裂液用来造主裂缝,计算缝网半长时需

引入修正系数 β。

主裂缝计算模型为

$$\omega_{\max} = \left[\frac{84(1-\upsilon)}{\pi}\frac{1}{60}\frac{\mu q L^2 \bar{p}}{GHp_w}\right]^{0.25} \quad (4\text{-}65)$$

$$L = \beta\frac{q}{32\pi HC^2}(\pi\omega_{\max}+8S_p\sqrt{t})\times\left[\frac{2\alpha_L}{\sqrt{\pi}}-1+e^{\alpha_L^2}\text{erfc}(\alpha_L)\right] \quad (4\text{-}66)$$

$$\alpha_L = \frac{8C\sqrt{\pi t}}{\pi\omega_{\max}+8S_p\sqrt{t}} \quad (4\text{-}67)$$

$$e^{x^2}\text{erfc}(x) = 0.25489529Y - 0.28496736Y^2 + 1.453152027Y^4 + 1.06140429Y^5 \quad (4\text{-}68)$$

$$Y = \frac{1}{1+0.3275911x} \quad (4\text{-}69)$$

$$G = \frac{E}{2(1+\upsilon)} \quad (4\text{-}70)$$

式中，$\text{erfc}(x)$ 为 x 的误差补偿函数；$\omega_{\max}$ 为井底最大缝宽，m；q 为排量，$m^3/\min$；L 为缝网半长，m；$\bar{p}$ 为缝内平均压力，Pa；p_w 为井底压力，Pa；μ 为缝内压裂液黏度，Pa·s；S_p 为初始滤失系数，$m/\min^{0.5}$；G 为岩石剪切模量，Pa；C 为综合滤失系数，$m/\min^{0.5}$；H 为裂缝高度，m；t 为施工时间，min；E 为弹性模量，Pa；β 为修正系数。

缝网半长与注入时间之间关系计算结果如图 4-23 所示。

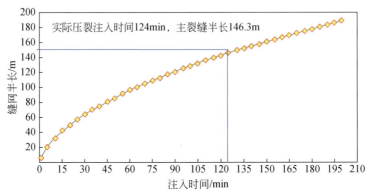

图 4-23　缝网半长与注入时间之间的关系

二、致密砂岩储层水力压裂人工裂缝复杂缝网评价方法

致密砂岩储层体积压裂技术在形成一条或者多条主裂缝的同时，还使天然裂缝不断扩张、脆性岩石产生剪切滑移，实现对天然裂缝、岩石层理的沟通，以及在主裂缝的侧向强制形成次生裂缝，并在次生裂缝上继续分支形成二级次生裂缝，让主裂缝与多级次生裂缝交织形成裂缝网络系统，使得油气从任意方向的基质向裂缝的渗流距离最短，极大地提高储层整体渗透率，以及初始产量和最终采收率。

决定体积压裂裂缝形态的三要素为岩石脆性、天然裂缝产状、两向应力差及诱导应力的大小。致密砂岩储层的地质特征及压裂方式满足了形成复杂缝网的三个要素，因此其缝网描述应体现如下特点：①两向应力差作为主缝延伸方向的主控因素；②天然裂缝产状作为裂缝转向的约束条件；③诱导应力和岩石脆性作为裂缝转向的随机条件。最终形成以主裂缝为主干的树状分叉网状裂缝系统，人工裂缝监测结果也体现了这种形态。

而传统水力压裂模型（二维、拟三维、全三维模型）都是基于双翼对称裂缝理论，假设裂缝为单一形态裂缝或是在均匀介质条件下所形成的网状裂缝，对裂缝的真实形态的描述能力有限，因此需要建立专门的缝网压裂模型来描述致密砂岩储层复杂缝网几何形态及其扩展规律。

根据弹性力学叠加原理，可以直接得到总应力的计算公式：

$$\left.\begin{array}{l} \sigma'_H = \sigma_H + \sigma_{ay} \\ \sigma'_h = \sigma_h + \sigma_{ax} \end{array}\right\} \quad (4\text{-}71)$$

式中，σ'_H 为原始水平最大主应力方向施加诱导应力后的总应力，MPa；σ'_h 为原始水平最小主应力方向施加诱导应力后的总应力，MPa；σ_{ay} 为原始水平最大主应力方向的诱导应力，MPa；σ_{ax} 为原始水平最小主应力方向的诱导应力，MPa。

利用新疆吉木萨尔油田 X1 井参数，计算得出各级压裂应力差分布（图 4-24）。

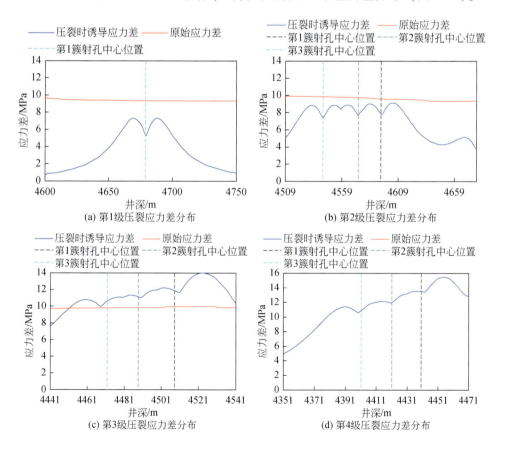

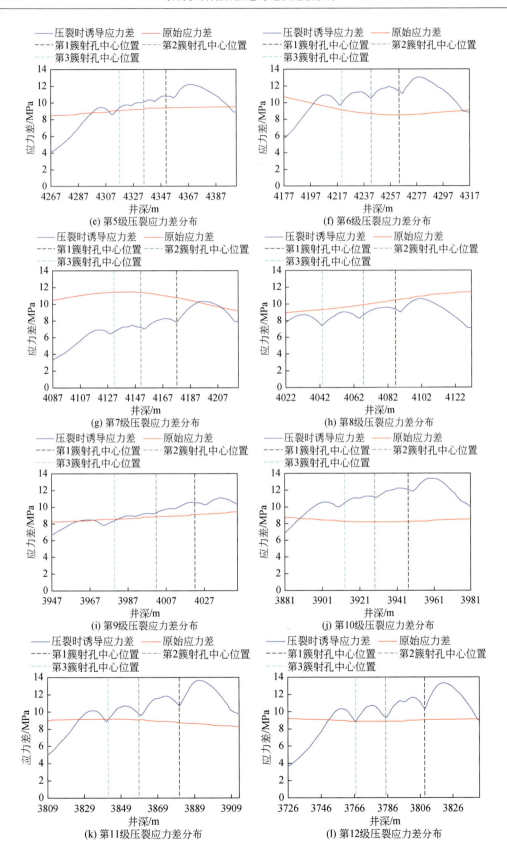

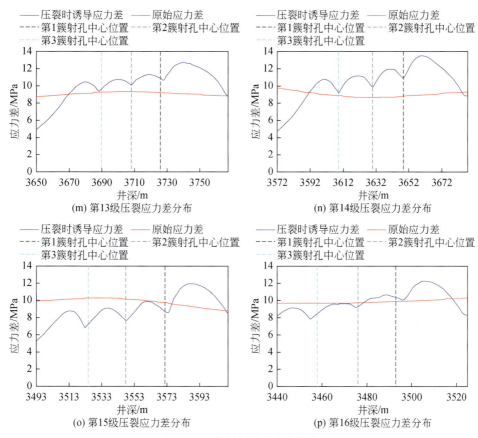

图 4-24 各级压裂应力差分布

对于每级三簇射孔压裂来说,并不是每簇都能够转向,从计算结果中可以看出,如图 4-24(g)中所示第 7 级压裂条件,只在第 1 簇处能够转向。

三、水平井裂缝参数的最优值计算方法

目前 X1 井的压裂数据表明,水平段出现了未改造区域和重复改造区域,未改造区域为两个压裂级之间未波及区域,重复改造区域为两个压裂级之间都波及的区域(表 4-1)。

表 4-1　X1 井各级压裂改造范围　　　　　　　　　　(单位:m)

压裂级数	改造前端深度	改造后端深度	改造长度
1	—	—	—
2	4542	4594	52
3	4458	4542	91
4	4384	4472	93
5	4301	4399	145

续表

压裂级数	改造前端深度	改造后端深度	改造长度
6	4200	4312	142
7	4132	4209	102
8	4044	4087	48
9	3946	4044	108
10	3889	3980	89
11	3828	3913	50
12	3753	3842	71
13	3670	3767	82
14	3592	3687	80
15	3525	3609	85
16	3458	3521	62

为直观地表示改造程度，绘制了储层改造区域（图4-25）：

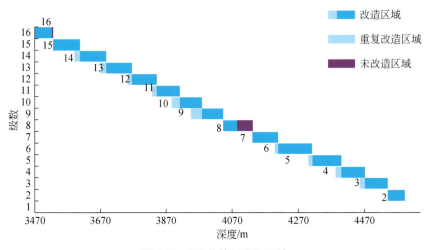

图4-25 X1井储层改造区域

未改造区域的出现降低了储层改造体积；重复改造区域造成了浪费，降低了改造储层的效率。

计算结果分析表明，按照现有的压裂条件，各级压裂裂缝直接存在未改造区域以及重复改造区域。多级压裂应该防止出现重复改造区域，避免有未改造区域，从而设计缝内净压力、级间距、簇间距等压裂施工参数。由于实际井的各项数据并不均衡，各段半缝高、缝内净压力、地应力差、级间距、簇间距等重要参数均不相同，难以分析改造区域分布的规律性。X1井的假设情况水平井与裂缝平均参数见表4-2。

表 4-2 假设情况水平井与裂缝平均参数

参数名称	参数数值
压裂级数	16
级间距/m	80
簇间距/m	20
缝内净压力/MPa	15
最大、最小水平主应力差/MPa	10
半缝高/m	35
泊松比	0.25

按照表 4-2 所给出的 X1 井的平均参数计算得出压裂改造范围（表 4-3）。

表 4-3 假设情况计算出的压裂改造范围　　　　　（单位：m）

压裂级数	前端改造深度	后端改造深度	改造长度	重复改造长度
2	4559	4623	64	0
3	4472	4554	82	0
4	4392	4477	85	4.95
5	4311	4398	87	6.12
6	4231	4318	87	6.56
7	4151	4238	87	6.85
8	4071	4158	87	7.21
9	3991	4078	87	7.33
10	3911	3998	87	7.35
11	3831	3918	87	7.36
12	3751	3838	87	7.36
13	3671	3758	87	7.36
14	3591	3678	87	7.36
15	3511	3598	87	7.37
16	3431	3518	87	7.37

计算结果表明，第 1 级无法形成高效改造范围，即最大、最小水平主应力转向区域。第 2、第 3 级之间存在未改造区域，从第 4 级开始未改造区域消失，出现了重复改造区域，随之重复改造区域开始增大，达到第 6 级后几乎不变。

为了防止出现重复改造区域，避免有未改造区域的目的，忽略第 1 级无法改造的情况，假设缝内净压力可变，其他参数不变，得出设计结果见表 4-4。

表 4-4 缝内净压力设计表

压裂级数	缝内净压力/MPa	前端改造深度/m	后端改造深度/m	改造长度/m
1	12.5	0	0	0
2	12.5	4559	4623	64
3	13.6	4458	4559	101
4	10.8	4407	4475	68
5	16.25	4270	4407	137
6	10.2	4244	4343	99
7	15.2	4114	4244	130

设计缝内净压力时发现，通过设置缝内净压力，无法达到既能完全改造，又能避免重复改造的情况。计算第 4 级缝内净压力时若想满足条件，缝内净压力需要很小才能避免重复改造，同时，第 5 级缝内净压力需要大于第 3 级才能满足条件，而第 6 级的缝内净压力需要更小，以此类推。因此，不改变裂缝级间距、簇间距，单从缝内净压力角度优化裂缝参数不可取。

为此，假设其他参数不变，改变级间距，优化压裂效果，得出计算结果见表 4-5。

表 4-5 级间距设计结果   （单位：m）

压裂级数	级间距	前端改造深度	后端改造深度	改造长度
2	80	4559	4623	64
3	76	4475	4559	84
4	84.3	4393	4475	82
5	82	4310	4393	83
6	82.9	4228	4310	82
7	82	4145	4228	83
8	83	4063	4145	82
9	82.3	3980	4063	83
10	82.6	3897	3980	83
11	83	3815	3897	82
12	82.3	3732	3815	83
13	82.6	3650	3732	82
14	82.3	3567	3650	83
15	82.9	3484	3567	83
16	82.6	3402	3484	82

按照缝内净压力、簇间距不变，改变级间距的方法，较容易实现裂缝优化设计。优化设计结果可以看出，除第 1 级无法形成有效改造区域以外，其他各级的改造区域首尾相连，均完成了改造，也实现了改造区域不出现重复改造的现象，能够极大提高储层改造效率。从改变段间距的设计结果中可以看出，级间距振动变化，随着压裂级数的增加，级间距逐渐稳定。

第五章 致密砂岩优质储层识别与预测

第一节 不同类型致密砂岩优质储层识别与评价方法

在致密砂岩储层分布模式及分类方案的研究基础上，利用靶区内岩心、高分辨率测井、三维地震及开发动态资料，系统对比、分析储层与非储层的基本特征（包括沉积、岩石学、微观孔隙、成岩、物性、裂缝发育、地球物理响应等多项特征），确定了优质（有效）储层物性下限，剖析了优质储层成因类型、识别及分类评价参数，建立了优质储层岩心、测井、地震识别模式，形成了一套针对不同成因类型致密砂岩储层的基于地质、测井、高分辨率地震等一体化优质储层识别与评价技术。

一、河流相致密砂岩优质储层识别与评价

针对河流相致密砂岩的优质储层受沉积相影响较大的特点，采用"找砂体、定下限、细分类、选优质"的优质储层识别与评价方法。

（一）找砂体——基于成因参数的相控优质储层地质识别与评价

通过对岩性、电性、物性、含油性的分析，确定可作为有效储层的几乎全是河道砂体和少量薄层砂。河道砂体约占含油性好的砂体总数的80%，含油级别为油浸和含油的砂体全部为分流河道砂体，其可控制该区层油气储量的98%以上。优质储层的分布受控于河道砂体的展布特征，河道砂体分布的边界就是优质储层分布的外边界。因此，在致密砂岩储层物性下限确定的基础上，开展基于相控的优质储层分布特征研究（图5-1），以河道砂体边界为约束条件，在其内部识别并预测物性、有效厚度等优质储层参数的分布特征，并进一步开展成岩储集相研究，得出优质储层微观特征及分布规律，进而实现了基于成因参数的相控优质储层地质识别。基于该技术成功得出靶区河流相致密砂岩优质储层特征、成因类型及分布规律，实现了对致密砂岩储层的综合评价。

（二）定下限——多方法、多参数综合确定致密砂岩储层物性下限

致密砂岩储层埋深大、致密、孔喉半径小、成岩作用复杂、裂缝发育、试油气资料少等问题，导致有效储层与非有效储层差异小、界限模糊，难以区分。采用多方法、多参数综合确定致密砂岩有效储层物性下限，厘定有效储层的最低物性标准。综合运用岩心、试油、测井和压汞等资料，采取油水法、经验统计法、含油级别法和排驱压力法等求取有效储层的孔隙度下限为2.1%、渗透率下限为$0.025\times10^{-3}\mu m^2$。

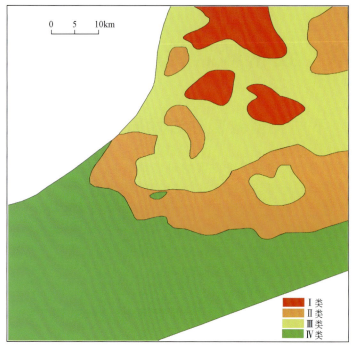

图 5-1 相控优质储层地质识别图

1. 油水法

油水法是利用岩心和测井解释资料确定有效储层和非有效储层的方法。以油层、差油层和油水同层为有效储层标准,区分有效与非有效储层分界处所对应的孔隙度、渗透率值为有效储层的物性下限值。综合利用靶区储层物性和测井解释结果,根据以上标准利用油水法求取了有效储层的物性下限,其中孔隙度下限值为 2.2%,渗透率下限值为 $0.025 \times 10^{-3} \mu m^2$(图 5-2)。

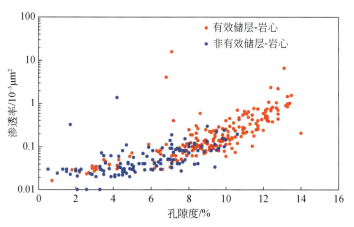

图 5-2 油水法确定致密砂岩储层物性下限图

2. 经验统计法

经验统计法是针对中、低渗透性油田，以岩心实测孔隙度、渗透率资料为基础，将全油田的平均渗透率值乘以5%后作为该油田的渗透率下限值，再根据孔隙度、渗透率关系式，即可求出对应的孔隙度下限值。应用该方法，对靶区4口井208块样品岩心渗透率数据进行分析，计算出渗透率的平均值为 $0.393 \times 10^{-3} \mu m^2$，将平均渗透率乘以5%后得到渗透率下限值为 $0.01965 \times 10^{-3} \mu m^2$。依据孔隙度、渗透率关系式，确定孔隙度下限值为2.24%（图5-3）。

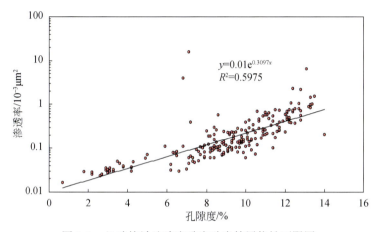

图5-3 经验统计法确定致密砂岩储层物性下限图

3. 含油级别法

含油级别法是以录井含油级别确定有效储层与非有效储层的方法。以含油、油浸、油斑和油迹定为有效储层标准，不含油和荧光定为非有效储层，区分有效与非有效储层的分界处所对应的孔隙度、渗透率值为有效储层的物性下限值。根据此方法确定孔隙度下限值为2.1%，渗透率下限值为 $0.025 \times 10^{-3} \mu m^2$（图5-4）。

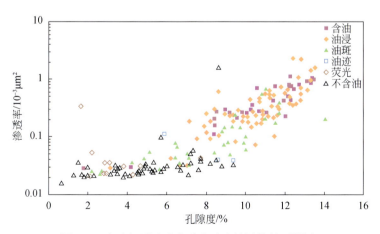

图5-4 含油级别法确定致密砂岩储层物性下限图

4. 排驱压力法

排驱压力法认为油藏内低于最小有效喉道的孔隙都被束缚水所饱和，通过编制物性与最小孔喉值的交汇图可以得到储层物性下限，并以趋势线的最大拐点处的物性值作为物性下限。据此方法得到孔隙度下限值为3.3%，渗透率下限值为$0.03 \times 10^{-3} \mu m^2$（图5-5）。

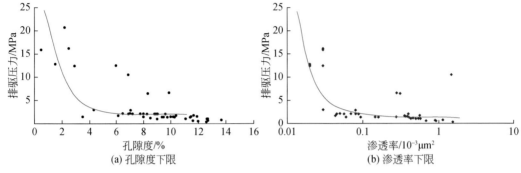

图5-5 排驱压力法确定致密砂岩储层物性下限图

（三）细分类——基于"含油级别+物性+微观"的致密砂岩储层分类评价

依据常规压汞曲线分布位置、形态，兼顾孔隙度、渗透率及表征孔喉大小、分选、连通等各类参数，同时参考《油气储层评价方法》（SY/T 6285—2011），将致密砂岩储层分为Ⅰ、Ⅱ、Ⅲ三类，然后根据常规压汞曲线形态、孔隙度、渗透率、最大汞饱和度等，将Ⅱ类储层细分为Ⅱ$_a$和Ⅱ$_b$两个亚类，Ⅲ类储层细分为Ⅲ$_a$、Ⅲ$_b$和Ⅲ$_c$三个亚类，建立了适合靶区的致密砂岩储层分类评价标准（表5-1）。最后，以渗透率、孔隙度、含油级别为主要评价标准，对三大类储层进行综合评价，其中Ⅰ、Ⅱ类储层为致密砂岩中相对优质储层。

表5-1 河流相致密砂岩优质储层分类评价标准表

储层类型	特低渗透层	超低渗透层		致密层		
亚类	Ⅰ	Ⅱ$_a$	Ⅱ$_b$	Ⅲ$_a$	Ⅲ$_b$	Ⅲ$_c$
渗透率/$10^{-3}\mu m^2$	>1	1~0.3	0.3~0.1	0.1~0.05	0.05~0.025	<0.025
孔隙度/%	>12	12~10	10~7	7~5	5~2.1	<2.1
含油级别	油浸/含油	油浸/含油	油浸/富含油/油斑	油斑/油浸	油斑/荧光	不含油
排驱压力/MPa	<1	1~2	1~2	2~3	3~5	>5
最大孔喉半径/μm	>1	0.7~1	0.5~0.7	0.3~0.5	0.1~0.3	<0.1
平均孔喉半径/μm	>0.5	0.3~0.5	0.2~0.3	0.1~0.2	<0.1	<0.1
孔隙分布峰位	>1	0.6~1	0.2~0.3	0.1~0.2	<0.1	<0.1
渗透率分布峰位	>1	0.6~1	0.3~0.6	0.1~0.3	<0.1	<0.1

(四)选优质——基于"含油级别+产能"的优质储层多参数测井评价

致密砂岩储层的含油级别和试油产能最能反映出优质储层的好坏,含油级别和试油产能越高,优质储层质量越好。利用丰富的测井资料与含油数据样品,选取自然伽马(GR)、声波时差(AC)、自然电位(SP)、深侧向电阻率(RLLD)、深浅侧向幅度差、密度(DEN)、冲洗带电阻率(RXO)等电性参数,读取每个电性参数范围内极大值和极小值,最后算出半幅点,制成散点图,共建立 AC-GR、SP-GR、RLLD-GR、深浅侧向幅度差-GR、AC-RXO 和 DEN-GR 6 张含油级别测井图版(图 5-6)。

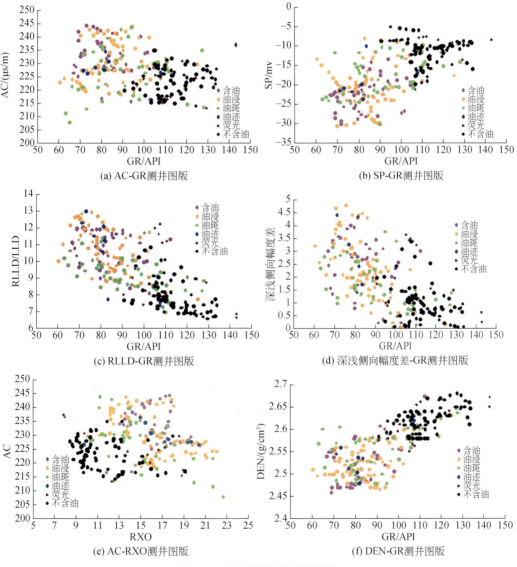

图 5-6 含油级别测井解释图版

在校正后得到的 6 张测井图版均有明显的规律性，AC-GR 和 AC-RXO 测井图版的规律性稍弱，SP-GR、深浅侧向幅度差-GR、RILD-GR 和 DEN-GR 测井图版可看出明显的含油性界限，其中 SP-GR 测井图版的界限最明显，分析后采用 SP-GR 测井图版作为最终图版（图 5-7）。综合考虑岩心的含油性和实际生产后，以油迹及以上的含油级别作为测井识别标准：SP>9mv，GR<105API。

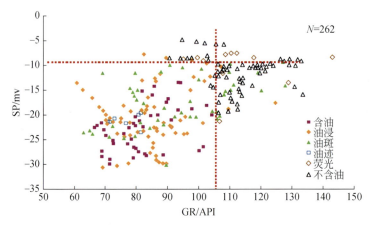

图 5-7　致密砂岩储层岩心含油级别–测井响应关系图版

二、咸化湖相致密砂岩优质储层识别与评价

针对咸化湖相致密砂岩优质储层受岩相及脆性影响较大的特点，采用"辨岩性、定成因、选甜点"的优质储层识别与评价技术，开展咸化湖致密砂岩优质储层识别与评价。

（一）辨岩性——基于"微观+岩相+测井"的咸化湖相混积体系岩性识别

咸化湖相致密砂岩优质储层受岩性类型控制明显（图 5-8），物性较好的多为相对粗粒的碎屑岩类（粉砂岩或砂岩），碎屑岩类矿物孔渗关系较好，呈正相关性，随着碳酸盐类矿物含量的增多，相关性变差，灰质含量较多的岩石常呈低孔高渗的特征，而云质含量较多的表现为高孔低渗。由此可见，系统分辨咸化湖相致密储层岩性类型对于优质储层的识别与评价具有重要意义。

然而，咸化湖相沉积岩性十分复杂，主要表现为以下三方面：①岩性多变，纵向上岩性变化快，多呈薄层状的互层分布；②矿物类型多样，碎屑岩和化学岩的造岩矿物共存；③多为碎屑岩和化学岩的过渡性岩类。针对咸化湖相沉积的复杂性，本次研究以大量岩石的铸体薄片鉴定结果为基础，将靶区岩性分为 3 个大类、5 个亚类、47 个小类，并结合岩心刻度、测井等资料，建立薄片–岩相–测井响应图版，形成了基于"微观+岩相+测井"的咸化湖相混积体系岩性识别技术，完成咸化湖相混积体系岩性识别与分类。

（二）定成因——基于沉积相模式的有利岩相评价

以岩性识别为基础，系统分析典型钻井单井沉积微相类型，归属有利岩相的成因类

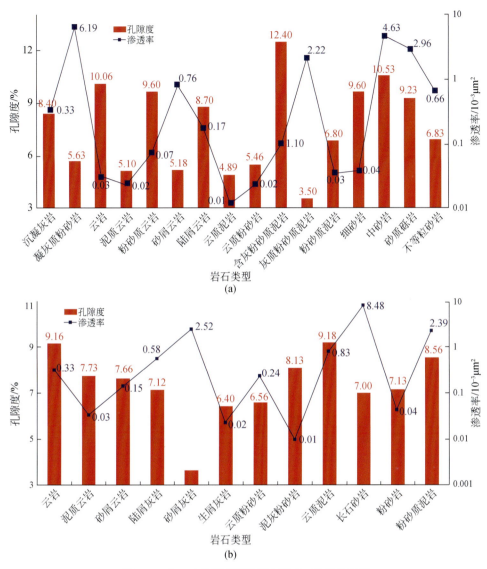

图 5-8 吉 174 井岩石薄片鉴定岩性-孔渗关系图

别，赋予有利岩相成因属性，在此基础上，预测有利岩相的分布规律和发育模式。研究表明，靶区咸化湖相主要发育半深湖泥、半深湖-浅湖泥、浅三角洲泥、滩坝、滩坝夹湖泥、浅滩夹湖泥、远砂坝、席状砂等多种沉积微相，其中优质储层以滩坝、席状砂、远砂坝微相为主。湖相致密砂岩分布范围小、埋藏深、压实作用强且储层极其致密。沉积相、成岩相和岩石脆性是致密砂岩储层空间分布的关键。滨浅湖亚相中滨湖砂岩沉积主要的成岩相类型为强溶蚀次生型孔隙成岩相，而浅湖亚相和半深湖亚相过渡部位发育的云质砂岩成岩相类型主要是弱-中胶结混合孔隙成岩相和强压实-中等胶结缩小颗粒间孔隙成岩相，在深湖-半深湖亚相中沉积的砂质云岩成岩相类型主要是碳酸盐强胶结成岩相。不同岩石脆性分为三类，碎屑云岩、云质砂岩、微晶云岩脆性最好，泥晶云岩和粉细砂岩脆性较次，而碳质泥岩和泥岩脆性最差。

依据常规压汞曲线分布位置、形态，兼顾孔隙度 ϕ、渗透率 K 及表征孔喉大小、分选、连通等各类参数，同时参考《油气储层评价方法》（SY/T 6285—2011），将致密砂岩储层分为Ⅰ、Ⅱ、Ⅲ、Ⅳ四类，建立了适合靶区的咸化湖相致密储层分类标准，其中Ⅰ、Ⅱ类储层为致密砂岩中相对优质储层。

（1）Ⅰ类储层：ϕ 平均≥15%，K 平均≥$1\times10^{-3}\ \mu m^2$，含油级别为油迹、油浸，氯仿沥青含量 $A>2.0$，岩性为细粒粉砂岩，碳酸盐含量较少。

（2）Ⅱ类储层：ϕ 平均为 13%~15%，K 平均为 0.1×10^{-3}~$0.3\times10^{-3}\ \mu m^2$，含油级别为油斑、油迹，氯仿沥青含量 $A>1.5$，岩性以灰质或云质泥岩主，碳酸盐含量相对较高。

（3）Ⅲ类储层：ϕ 平均为 7%~13%，K 平均为 0.02×10^{-3}~$0.1\times10^{-3}\ \mu m^2$，含油级别多为荧光、油斑，氯仿沥青含量 $A<1.5$。

（4）Ⅳ类储层：ϕ 平均≤7%，K 平均≤$0.02\times10^{-3}\ \mu m^2$，含油级别多为荧光，氯仿沥青含量 $A<1$。

（三）选甜点——"地质与工程"相结合的咸化湖相致密储层甜点优选

从地质要素出发，充分利用地质、地球物理、地球化学、地质力学、测井、岩心分析化验等资料，选取能够反映致密砂岩储层勘探效果和生产潜力的参数，包括氯仿沥青含量、甜点厚度、孔隙度、含油饱和度、脆性指数、泥质含量、单井产能预测7个参数，建立了适用于靶区的3大类5小类甜点评价标准（表5-2），充分考虑钻井、压裂、地表等工程设计要素，优选出最佳勘探开发区域和层位。

表5-2 咸化湖相致密储层甜点分类评价标准表

主要评价参数	Ⅰ	Ⅱ		Ⅲ	
	①	②	③	④	⑤
氯仿沥青含量/%	>1.6	1.2~1.6	0.6~1.2	0.2~0.6	<0.2
甜点厚度/m	>4	3~4	2~3	1~2	<1
孔隙度/%	>10	8~10	6~8	4~6	<4
含油饱和度/%	>65	50~65	35~50	20~35	<20
脆性指数/%	>60	50~60	40~50	30~40	<30
泥质含量/%	<15	15~30	30~45	45~60	>60
单井产能预测（单位长度储层）/m	>0.006	0.0045~0.006	0.003~0.0045	0.0015~0.003	<0.0015

第二节 优质储层预测实例研究

一、齐家地区优质储层预测实例

（一）储层分类

在对储层进行分类评价的过程中，为了使分类结果准确可靠，选样过程中应遵循以下几个原则：①测试分析数据尽量选取最新一手资料，保证数据的全面性及可靠性；②用于分类评价的样品尽量选用同一套岩心样品，可排除不同井位不同井深岩样所造成的误差；③选取样品数量充足且有一定随机性，使得评价分析结果包含研究区各类沉积微相的基本微观特征。针对研究区的储层特点，按照上述的选样原则，选取样品参加本次综合分类。

1. 分类参数选取

通过对研究区目的层储层进行如铸体薄片分析、常规压汞实验、恒速压汞实验以及微纳米CT扫描等常规和非常规技术手段，综合利用孔隙度、渗透率、孔喉半径、微观连通性、微纳米孔喉所占比例等参数对松辽盆地齐家地区致密砂岩储层进行综合描述及分类，选取的具体评价指标如下。

①孔隙度：反映致密砂岩储层微观储集能力的特征参数。②渗透率：反映致密砂岩储层微观渗流能力的特征参数。③孔喉尺度：反映致密砂岩储层孔喉大小分布的整体趋势。④储集空间类型：反映致密砂岩储层能储集微观流体的空间类型。⑤平均孔隙半径：表征总孔隙半径的平均值。⑥最大孔隙半径：反映最大孔隙半径的大小。⑦平均喉道半径：表征总喉道半径的平均值。⑧最大喉道半径：反映最大喉道半径的大小。⑨孔喉组合类型：反映孔隙和喉道之间的组合关系。⑩孔喉微观连通性：表征孔隙和喉道在微观尺度的连通能力。⑪排驱压力：表征最大连通孔喉的毛细管压力。⑫微纳米孔喉连通孔喉百分比：反映连通的微纳米孔喉所占的百分比。⑬微纳米孔喉所占比例：反映不同微观尺度孔喉所占的百分比。⑭脆性指数：反映储层岩石脆性的主要参数。

2. 储层微观综合分类

在选定评价标准的基础上对研究区致密砂岩储层进行分类，总体看，研究区致密砂岩储层可以分为两个基本类型：偏常规型储层和低渗透致密砂岩储层。通过大量的数据分析与整理，进一步将其细致分为4类，具体特征如下（表5-3）。

表5-3 研究区致密砂岩储层微观综合分类标

参数		储层微观综合分类			
		Ⅰ	Ⅱ	Ⅲ	Ⅳ
物性特征	孔隙度 ϕ/%	>15	10~15	5~10	<5
	渗透率 $K/10^{-3} \mu m^2$	>10	1~10	0.1~1	<0.1
孔喉尺度		毫米级-微米级	微米级	微米-亚微米级	纳米级
岩性		细砂岩、粉砂岩	粉砂岩、介形虫砂岩	泥质粉砂岩、粉砂岩	泥质粉砂岩、泥岩
储集空间类型		原生型孔隙、粒间溶蚀孔隙	粒内溶蚀孔隙、粒间溶蚀孔隙、微裂缝	粒间溶蚀孔隙、粒内溶蚀孔隙、微裂缝	粒内微孔或晶内微孔、微裂缝
孔隙特征	平均孔隙半径/μm	5.46	3.23	1.15	0.23
	最大孔隙半径/μm	22.53	10.45	7.89	1.23

续表

参数		储层微观综合分类			
		I	II	III	IV
喉道特征	平均喉道半径/μm	3.53	1.64	1.23	0.14
	最大喉道半径/μm	10.35	8.45	6.97	0.73
	平均喉道长度/μm	21.62	17.32	10.89	4.84
孔喉组合类型		中孔中喉	细孔细喉	细孔微喉	微孔微喉
孔喉微观连通性		好	较好	一般	不好
排驱压力/MPa		<0.2	0.2~2	2~5	>5
微观连通孔喉百分比/%		50~60	15~30	10~15	0~5
毫米级孔隙所占比例/%		10.2	3.6	0	0
微米级孔隙所占比例/%		26.7	25.7	21.2	18.8
纳米级孔隙所在比例/%		63.1	74.3	78.9	81.2
脆性指数		0.6~0.8	0.4~0.6	0.2~0.4	0~0.2
对应沉积微相		水下分流河道	水下分流河道 河口坝	河口坝 席状砂	浅湖砂坝
综合评价		较好	中等偏好	中等偏差	较差

I 类储层（较好），此类储层偏常规，岩性上多以细砂岩、粉砂岩为主，孔喉尺度为毫米-微米级，孔隙度、渗透率值偏高，孔隙度大于 15%，渗透率大于 $10\times10^{-3}\mu m^2$，储集空间主要为原生型孔隙及粒间溶蚀孔隙，孔喉组合多为中孔中喉，孔喉半径参数较高，平均孔隙半径 5.46μm，最大孔隙半径 22.53μm，平均喉道半径 3.53μm，最大喉道半径 10.35μm，孔隙连通性较好，微观连通性介于 50%~60%，排驱压力小于 0.2MPa，毫米级孔隙占 10.2%，微米级孔隙约占 26.7%，纳米级孔隙约占 63.1%，多为水下分流河道微相，脆性指数介于 0.6~0.8，存在一定的有效微裂缝，胶结作用相对较弱，综合评价为较好储层。

II 类储层（中等偏好），以低渗透-致密砂岩储层为主，岩性上多以粉砂岩、介形虫砂岩为主，孔喉尺度以微米级为主，孔渗相对 I 类较差，孔隙度介于 10%~15%，渗透率介于 $1\times10^{-3}\sim10\times10^{-3}\mu m^2$，储集空间主要为粒间溶蚀孔隙、粒内溶蚀孔隙及微裂缝，平均孔隙半径 3.23μm，平均喉道半径 1.64μm，平均喉道长度 17.32μm，孔喉组合类型为细孔细喉，孔隙连通性较好，微观连通性介于 15%~30%，排驱压力介于 0.2~2MPa，毫米级孔隙占 3.6%，微米级孔隙约占 25.7%，纳米级孔隙约占 74.3%，多为水下分流河道以及河口坝微相，脆性指数介于 0.4~0.6，胶结作用变强，综合评价为中等偏好储层。

III 类储层（中等偏差），以致密砂岩储层为主，岩性上多以粉砂岩、泥质粉砂岩为主，孔喉尺度为微米-亚微米级，孔隙度介于 5%~10%，渗透率介于 $0.1\times10^{-3}\sim1\times10^{-3}\mu m^2$，储集空间主要为粒间溶蚀孔隙、粒内溶蚀孔隙及微裂缝，原生孔隙基本消失，其中粒间溶蚀孔隙数量与 II 类储层相比减少，粒内溶蚀孔隙与 II 类储层相比增多，孔喉组合类型为细孔微喉，平均孔隙半径 1.15μm，最大孔隙半径 7.89μm，平均喉道半径 1.23μm，最大喉道半径6.97μm，微观连通性介于10%~15%，排驱压力介于2~5MPa，毫米级孔隙基本消失，微米级孔隙约占21.2%，纳米级孔隙约占78.9%，多为河口坝及席状砂微相，脆性指数介于0.2~0.4，发育一定微裂缝，胶结作用较强，综合评价为中等偏差储层。

Ⅳ类储层（较差），以致密砂岩储层为主，岩性上以泥质粉砂岩、泥岩为主，孔喉尺度主要为纳米级，孔隙度低，渗透率极低，孔隙度<5%，渗透率<0.1×10^{-3}μm^2，储集空间主要为粒内微孔或晶内微孔及微裂缝，以粒内微孔为主，孔喉组合类型为微孔微喉，平均孔隙半径0.23μm，最大孔隙半径1.23μm，平均喉道半径0.14μm，最大喉道半径0.73μm，平均喉道长度4.84μm，孔隙连通性差，基本不连通，微观连通性仅0~5%，排驱压力普遍大于5MPa，微米级孔隙约占18.8%，纳米级孔隙约占81.2%，多为浅湖砂坝微相，脆性指数介于0~0.2，胶结作用强，综合评价为较差储层。

（二）不同类型储层平面展布

储层综合分类差异会进一步反映储层含油性差异及渗流能力差异，在微观综合分类的基础上，同时结合成岩作用、脆性分布特征、孔渗分布平面特征、前人的沉积展布特征等，在平面上对不同类型致密砂岩储层进行区域划分，由于微观实验分析数据点相对有限，在利用综合分类标准预测平面展布过程中，可以根据每一种分类的特征，利用测井资料进行判识，根据判识结果预测不同类型储层在平面的展布规律，对研究区致密砂岩储层进一步勘探及后期有效开发有重要的指导作用。

1. 高三油层组不同类型储层平面展布

如图5-9所示为研究区高三油层组（GⅢ）储层综合评价图，通过图中可以看出，GⅢ$_1$~GⅢ$_{22}$小层Ⅰ类储层分布面积总体减小，Ⅱ、Ⅲ类储层分布面积逐渐增大，Ⅳ类储层分布面积小幅增多，其中Ⅰ类储层主要分布于研究区北部，此类储层偏常规，Ⅱ、Ⅲ类储层主要分布于研究区中部，此类储层多为低渗-致密砂岩储层，Ⅳ类储层主要分布于研究区南部，呈条带状分布。

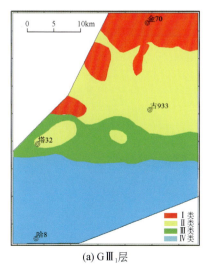
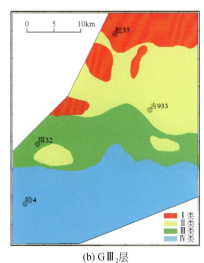

(a) GⅢ$_1$层　　　　　　　　(b) GⅢ$_2$层

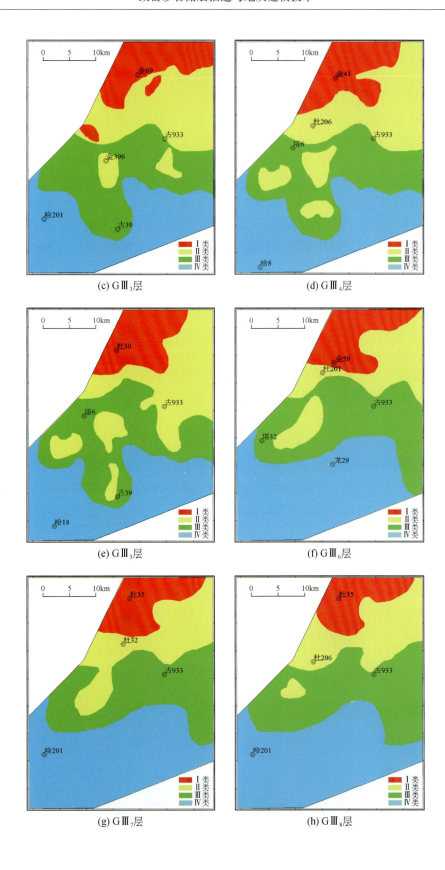

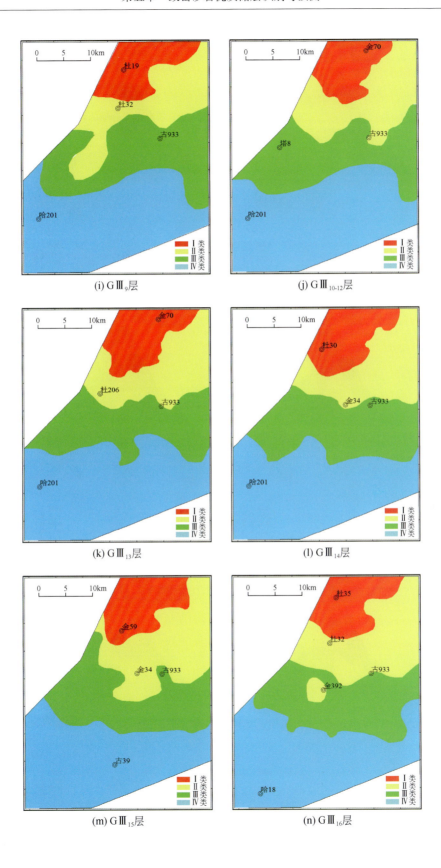

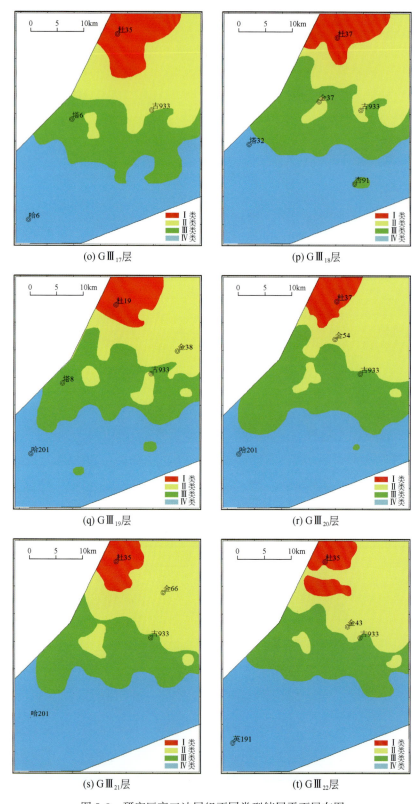

图 5-9 研究区高三油层组不同类型储层平面展布图

2. 高四油层组不同类型储层平面展布

如图 5-10 所示为研究区高四油层组（GⅣ）致密砂岩储层综合评价图，通过图中可以看出 GⅣ$_1$ ~ GⅣ$_{18}$ 小层Ⅰ、Ⅱ、Ⅲ类储层逐渐减小，局部有的逐渐多，Ⅳ类储层分布面积逐渐增大，与沉积微相、砂体及脆性指数分布等宏观规律相符，Ⅰ类储层主要分布于研究区北部，此类储层偏常规；Ⅱ、Ⅲ类储层主要分布于研究区中部，和高三油层组相比，面积变小，Ⅲ类储层面积增大，此类储层多为低渗–致密砂岩储层；Ⅳ类储层主要分布于研究区南部，面积相对高三油层组变小。

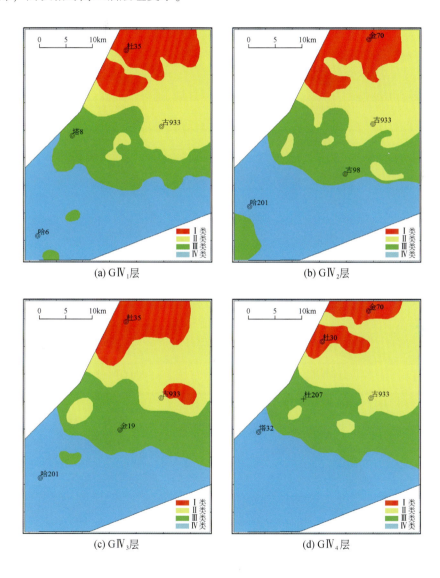

(a) GⅣ$_1$ 层 (b) GⅣ$_2$ 层

(c) GⅣ$_3$ 层 (d) GⅣ$_4$ 层

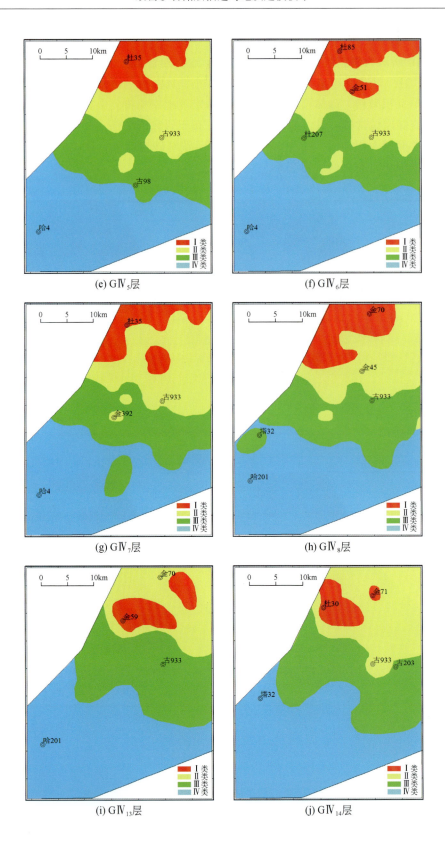

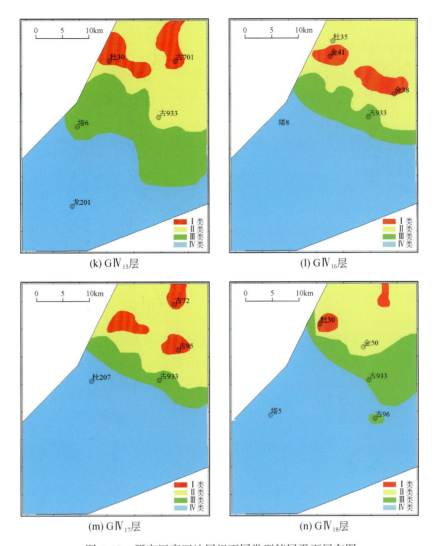

图 5-10 研究区高四油层组不同类型储层平面展布图

通过对比研究区高三、高四油层组不同类型储层平面展布图可以发现研究区北部孔渗条件相对较好，中部及南部为低渗-致密砂岩储层，对于Ⅰ类储层，勘探开发技术相对成熟，可以按照常规方式开发，Ⅱ、Ⅲ、Ⅳ类储层主要为低渗-致密砂岩储层，应为下一步精细勘探开发的主要区域，随着储层品质的依次降低，需要进一步优化酸化压裂方式，实现致密砂岩储层的有效、科学、合理动用。

二、渤南油田优质储层预测实例

储层综合分类及有利区预测是实现低渗透储层综合评价的关键一环，本小节综合各种微观分析测试数据，同时结合宏观分析结果，制定研究区储层综合分类评价标准，评价结果的合理性对低渗透储层的后期开发有很大影响，并在此基础上绘制不同类型的低渗透储层平面展布规律。

(一) 低渗透储层综合分类

本次低渗透储层综合分类为使得分类准确、可靠，主要依据以下两个原则：

(1) 选择样品具有一定随机性，用于综合分类的岩心、孔喉测试分析资料需为最新资料，保证数据的完整性；

(2) 岩心样品选取自同一套岩心系统，进而排除不同井位的样品所造成的差异（单样品分析系统）。

1. 分类参数选取

通过对研究层段铸体薄片分析、环境扫描电镜实验、常规压汞实验、恒速压汞实验等分析测试手段，综合利用排驱压力、孔隙度、渗透率、孔喉类型、岩性、孔喉微观连通性、计算含油饱和度、孔喉定量参数，同时结合沉积微相等宏观参数对研究区沙四油层组3、4砂组储层进行综合分类评价，本次研究选取的主要研究指标列举如下。

(1) 孔隙度：表征低渗透储层储集能力的分析参数。
(2) 渗透率：反映低渗透储层渗流能力的分析参数。
(3) 排驱压力：表征低渗透储层最大连通孔喉的毛细管压力。
(4) 孔喉类型：表征低渗透储层能储集的空间类型。
(5) 平均孔隙半径：表征低渗透储层总孔隙半径的平均值。
(6) 最大孔隙半径：表征低渗渗透最大孔隙半径的大小。
(7) 平均喉道半径：表征低渗透储层总喉道半径的平均值。
(8) 最大喉道半径：表征低渗透储层最大喉道半径的大小。
(9) 孔喉微观连通性：表征孔隙和喉道在微观尺度的连通能力。
(10) 计算含油饱和度：通过现场实际资料相关性分析发现，当孔喉半径为 0.1μm 时的进汞饱和度与实际含油饱和度呈正相关关系，因而可通过实际含油饱和度进行推算。
(11) 岩性：宏观表征低渗透储层致密程度。

2. 储层综合分类

在选定评价参数的基础上，综合利用沉积、岩石学特征、成岩特征、物性及微观分析测试数据，通过对大量数据的分析整理，将研究区低渗透砂岩储层分为4类，即Ⅰ类、Ⅱ类、Ⅲ类、Ⅳ类，并把Ⅰ、Ⅳ类分别细分为 I_a、I_b 和 $Ⅳ_a$、$Ⅳ_b$ 两个亚类，具体特征如下（表5-4）。

表5-4 研究层段低渗透储层微观综合分类评价表

参数	储层微观综合分类					
	Ⅰ类储层		Ⅱ类储层	Ⅲ类储层	Ⅳ类储层	
	I_a	I_b	Ⅱ	Ⅲ	$Ⅳ_a$	$Ⅳ_b$
排驱压力 $P_{排}$/MPa	$P_{排} \leq 1$	$P_{排} \leq 1$	$1 < P_{排} \leq 10$	$10 < P_{排} \leq 15$	$P_{排} > 15$	$P_{排} > 15$
渗透率 $K/10^{-3}\mu m^2$	$K \geq 2$	$1 < K < 2$	$0.1 \leq K < 1$	$K < 0.1$	$0.01 < K < 0.2$	$K \leq 0.01$

续表

参数		储层微观综合分类					
		I 类储层		II 类储层	III 类储层	IV 类储层	
		I_a	I_b	II	III	IV_a	IV_b
孔隙度/%		9~12		6~10	4~9	<4	
储层孔隙类型		原生型粒间孔隙和溶蚀孔隙	粒间溶蚀孔隙和粒内溶蚀孔隙	原生型粒间孔隙和粒内溶蚀孔隙	溶蚀微孔及微裂缝	粒内溶蚀孔隙及微裂缝	晶间孔和微裂缝
压式强度		相对较弱		中等	中等	强	
主要成岩作用		压实作用		溶蚀作用、胶结作用	溶蚀作胶结作用	溶蚀作用	
岩性特征		含砾粗砂岩、中砂岩、细砂岩		泥质中砂岩、细砂岩	含砾粗砂岩、细砂岩	泥质粉砂岩、细砂岩	
含油性		油浸		油斑	油迹	荧光、不含油	
微观孔喉连通性		较好		中等	中等偏差	较差	
计算含油饱和度/%		60~80		40~60	20~40	<20	
孔隙特征	平均孔隙半径/μm	6.8	3.4	1.5	0.85	0.23	0.14
	最大孔隙半径/μm	105.16	113.63	104.46	98.45	109.32	98.43
喉道特征	平均喉道半径/μm	1.111	0.885	0.64	0.243	0.054	0.012
	最大喉道半径/μm	3.985	2.256	2.89	3.84	0.389	0.342
	主流喉道半径/μm	3.53	1.35	1.843	0.132	0.08	0.04
孔喉半径平均值/μm		3.5	1.8	0.83	0.33	0.098	0.063
沉积相		水下分流河道		河口砂坝	河口坝	席状砂	席状砂
综合评价		较好	中等偏好	中等偏差	较差	很差	极差

I 类储层岩性上以细砂岩为主,同时含有中砂岩、含砾粗砂岩、细砂岩,孔隙度、渗透率值偏高,孔隙度为9%~12%,渗透率>1×10^{-3}μm^2,根据渗透率的相对大小可进一步分为 I_a($K \geq 2\times10^{-3}$μm^2)、I_b(1×10^{-3}μm^2<K<2×10^{-3}μm^2)两类,储集空间类型 I_a 类主要为原生型粒间孔隙和溶蚀孔隙,I_b 类主要为粒间溶蚀孔隙和粒内溶蚀孔隙。此类储层孔喉半径参数也较高,I_a 类平均孔隙半径6.8μm,最大孔隙半径105.16μm,平均喉道半径1.111μm,最大喉道半径3.985μm,主流喉道半径3.53μm,孔喉半径平均值为3.5μm;I_b 类平均孔隙半径3.4μm,最大孔隙半径113.63μm,平均喉道半径0.885μm,最大喉道半径2.256μm,主流喉道半径1.35μm,孔喉半径平均值1.8μm,I 类储层微观孔喉连通性较好,计算含油饱和度为60%~80%,排驱压力小于等于1 MPa,含油性为油浸,沉积相多处于水下分流河道微相,综合评价将 I_a 类评价为较好储层,I_b 类为中等偏好储层。

II 类储层岩性上主要为泥质中砂岩和细砂岩,也有少量常规的大孔喉,孔渗相对 I 类较差,孔隙度介于6%~10%,渗透率介于0.1×10^{-3}~1×10^{-3}μm^2,储集空间类型主要为原生型粒间孔隙和粒内溶蚀孔隙，平均孔隙半径 1.5μm，最大孔隙半径 104.46μm，平均喉道半径 0.64μm，最大喉道半径 2.89μm，主流喉道半径 1.843μm，孔喉半径平均值 0.83μm，此类储层的孔喉呈双峰分布，微观孔喉连通性中等，计算含油饱和度为 40%~60%，排驱压力介于 1~10MPa，含油性为油斑，沉积相多处于河口砂坝微相，综合评价为中等偏差储层。

Ⅲ类储层，此类储层为超低渗透储层，岩性上主要为含砾粗砂岩和细砂岩，也含有少量的常规孔喉，孔隙度介于 4%~9%，渗透率 $<0.1\times10^{-3}\mu m^2$，储集空间类型主要为溶蚀微孔及微裂缝，平均孔隙半径 0.85μm，最大孔隙半径 98.45μm，平均喉道半径 0.243μm，最大喉道半径 3.84μm，主流喉道半径 0.132μm，孔喉半径平均值 0.33μm，微观孔喉连通性属于中等偏差，计算含油饱和度为 20%~40%，排驱压力>10 MPa，含油性为油迹，沉积相多处于河口坝微相，综合评价为较差储层。

Ⅳ类储层，此类储层为致密储层，岩性上主要为泥质粉砂岩和细砂岩，孔隙度<4%，渗透率 $<0.2\times10^{-3}\mu m^2$，根据渗透率的相对大小可将Ⅳ类储层进一步分为 $Ⅳ_a$（$0.01\times10^{-3}\mu m^2<K<0.2\times10^{-3}\mu m^2$）和 $Ⅳ_b$（$K\leq0.01\times10^{-3}\mu m^2$）两类。$Ⅳ_a$ 类和 $Ⅳ_b$ 类储层均发育大量的粒内溶蚀孔隙及微裂缝，孔喉半径相对较小，呈双峰分布，$Ⅳ_a$ 类纳米级孔喉的数量与微米级孔喉数量相当，$Ⅳ_b$ 类纳米级孔喉的数量远大于微米级孔喉数量。$Ⅳ_a$ 类储层平均孔隙半径 0.23μm，最大孔隙半径 109.32μm，平均喉道半径 0.054μm，最大喉道半径 0.389μm，主流喉道半径 0.08μm，孔喉半径平均值为 0.098；$Ⅳ_b$ 类储层平均孔隙半径 0.14μm，最大孔隙半径 98.43μm，平均喉道半径 0.012μm，最大喉道半径 0.342μm，主流喉道半径 0.04μm，孔喉半径平均值为 0.063μm，Ⅳ类储层微观孔喉连通性较差，计算含油饱和度<20%，此类储层含油性为荧光和不含油，沉积相多处于席状砂微相，综合评价为极差储层。

综上所述，从Ⅰ类储层到Ⅳ类储层，储层的孔隙度和渗透率都依次降低，物性变差，孔隙度变化较小，渗透率变化较大，孔喉半径平均值由 3.5μm 变为 0.063μm，喉道半径是影响研究区低孔低渗储层微观渗流性能的决定性因素。

（二）不同类型储层平面展布

储层综合分类结果差异会进一步表征低渗透储层储集性能的差异，在制定储层综合分类标准的基础上，在平面上对研究区低渗透储层进行区域划分，由于实验分析测试点相对有限，在平面预测的过程中利用测井资料对不同类型的储层进行识别，根据判别结果识别研究区不同类型的低渗透储层在平面的展布特征，该方面的研究对研究区低渗透储层的进一步合理开发利用有重要意义。

1. 沙四油层组 3 砂组储层综合展布

如图 5-11~图 5-13 所示为研究区义 176 区块沙四油层组 3 砂组（$Es_4 3$）储层综合评价图，其中红色代表Ⅰ类储层，黄色代表Ⅱ类储层，绿色代表Ⅲ类储层，蓝色代表Ⅳ类储层。

从图 5-11 中可以看出 $Es_4 3$-1 小层Ⅰ类储层主要分布在研究区西北部以 Y176 和 Y184 井为中心的两个区域内，Ⅱ类储层覆盖Ⅰ类储层分布在研究区中部以 Y176、Y184 和 Bs4

为中心的三个区域内，Ⅲ类储层覆盖Ⅱ类储层分布在研究区中部，主要以Y179、Y180、Y160为界限，Ⅳ类储层覆盖Ⅲ类储层分布在研究区南部。

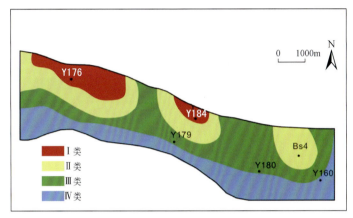

图 5-11　$Es_4 3$-1 小层储层平面展布图

$Es_4 3$-2 小层Ⅰ类储层仍主要分布在研究区西北部，但分布面积较 $Es_4 3$-1 小层有明显扩大，覆盖到 Y187、Y193、Y170 等井，呈连片状分布，Bs4 附近也出现小范围的Ⅰ类储层，Ⅱ类储层覆盖Ⅰ类储层，分布面积较 $Es_4 3$-1 小层也有所扩大，呈条带状分布，Ⅲ类储层覆盖Ⅱ类储层分布在研究区中部，分布面积有所减小，主要以 Y179、Y172 为界，Ⅳ类储层覆盖Ⅲ类储层分布在研究区南部，分布面积增大（图 5-12）。

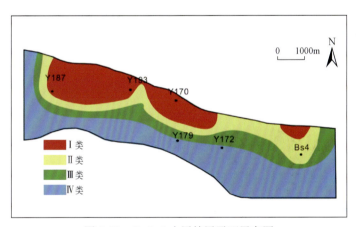

图 5-12　$Es_4 3$-2 小层储层平面展布图

$Es_4 3$-3 小层Ⅰ类储层主要分布在研究区北部，分布面积较 $Es_4 3$-2 小层有明显扩大，分布范围覆盖到研究区东南部 Y172、Bs4 等井，分布面积较大，Ⅱ类储层覆盖Ⅰ类储层，分布面积较 $Es_4 3$-1 小层有小范围增大，Ⅲ类储层覆盖Ⅱ类储层分布在研究区中部，分布面积较 $Es_4 3$-2 小层有所增大，较 $Es_4 3$-1 小层减小，Ⅳ类储层覆盖Ⅲ类储层分布在研究区南部，分布面积减小（图 5-13）。

总体上，沙四油层组 3 砂组 $Es_4 3$-1 ~ $Es3$-3 小层Ⅰ类储层分布面积自西北到东南方向

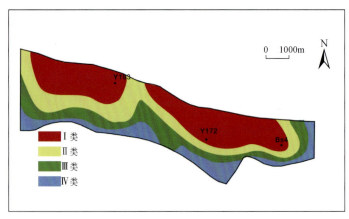

图 5-13 Es_43-3 小层储层平面展布图

逐渐增大，Ⅱ类储层分布面积有小范围增大，Ⅲ、Ⅳ类储层分布面积逐渐减小，其中Ⅰ类储层主要分布在研究区北部，Ⅱ、Ⅲ类储层分布在研究区中部，Ⅳ类储层分布在研究区南部，呈条带状。

2. 沙四油层组4砂组储层综合展布

如图 5-14～图 5-19 所示为研究区义 176 区块沙四油层组 4 砂组（$Es_4 4$）储层综合评价图，其中红色的代表Ⅰ类储层，黄色代表Ⅱ类储层，绿色代表Ⅲ类储层，蓝色代表Ⅳ类储层。

从图 5-14 中可以看出 $Es_4 4$-1 小层Ⅰ类储层主要分布在研究区西北部，覆盖研究区大部分井，Ⅱ类储层覆盖Ⅰ类储层分布在研究区中部，主要以 Y178、Y172 为界，Ⅲ类储层覆盖Ⅱ类储层分布在研究区中部，Ⅳ类储层覆盖Ⅲ类储层主要分布在研究区南部。

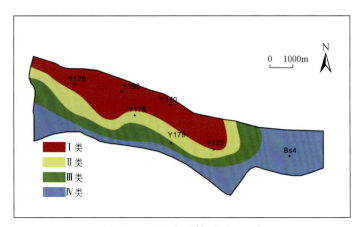

图 5-14 $Es_4 4$-1 小层储层平面展布图

$Es_4 4$-2 小层Ⅰ类储层主要分布在研究区北部分别以 Y176、Y171、Y178 和 Y170、Y172、Bs4 为界限的两个区域内，分布面积自西北到东南方向较上一小层有所增大，Ⅱ类储层和Ⅲ类储层呈条带状分布在研究区中部，分布面积较上一小层有小范围增大，Ⅳ类储层覆盖Ⅲ类储层主要分布在研究区南部，分布面积有所减小（图 5-15）。

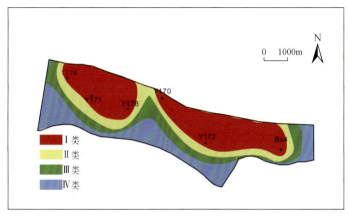

图 5-15 Es_44-2 小层储层平面展布图

$Es_4$4-3 小层 I 类储层主要分布在研究区北部分别以 Y176、Y171、Y178 和 Y184、Y183 为界限的两个区域内，I 类储层在研究区东南部分布面积减小，II 类储层和 III 类储层分布在研究区中部，分布面积较上一小层也有所减小，Bs4 从上一小层的 I 类储层变为 III 类储层，IV 类储层覆盖 III 类储层主要分布在研究区南部，分布面积有所增大（图 5-16）。

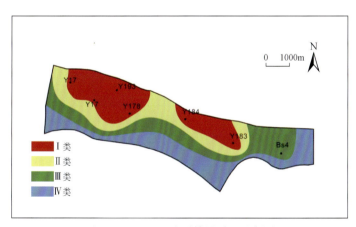

图 5-16 $Es_4$4-3 小层储层平面展布图

$Es_4$4-4 小层 I 类储层主要分布在研究区北部分别以 Y176、Y171、Y193 和 Y170、Y172、Bs4 为界限的两个区域内，分布面积较上一小层增大，II 类储层覆盖 I 类储层分布在研究区中部，分布面积增大，III 类储层覆盖 II 类储层，分布面积也有所增大，IV 类储层覆盖 III 类储层主要分布在研究区南部，分布面积有所减小。由于地层超覆，研究区东南部 Y183 等井处该小层地层出现缺失（图 5-17）。

$Es_4$4-5 小层 I 类储层主要分布在研究区西北部以 Y171、Y178、Y193 为界限和以 Bs4 为中心的两个区域内，II、III 类储层分布在研究区中部，IV 类储层分布在研究区南部，由于地层超覆，研究区东南部大部分井处该小层地层缺失，4 类储层的分布面积均有所减小（图 5-18）。

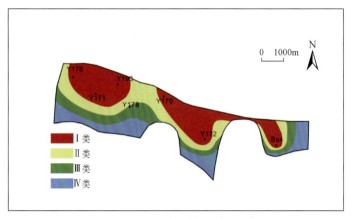

图 5-17　$Es_4$4-4 小层储层平面展布图

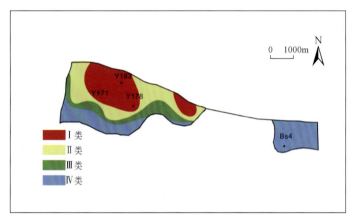

图 5-18　$Es_4$4-5 小层储层平面展布图

$Es_4$4-6 小层Ⅰ类储层主要分布在研究区西北部以 Y171、Y178 为界限的区域内，Ⅱ、Ⅲ类储层分布在研究区中部，Ⅳ类储层分布在研究区南部，由于地层超覆，研究区东南部所有井地层缺失该小层，4 类储层的分布面积均减小（图 5-19）。

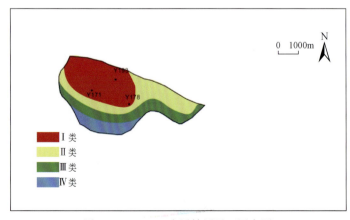

图 5-19　$Es_4$4-6 小层储层平面展布图

总体上沙四油层组 4 砂组 $Es_4$4-1~$Es_4$4-2 小层 I 类储层分布面积自西北到东南方向逐渐增大，II、III类储层分布面积也有小范围增大，IV类储层分布面积逐渐减小，$Es_4$4-3~$Es_4$4-6 小层由于地层超覆，部分井地层缺失，I、II、III、IV类储层分布面积总体上较 $Es_4$4-1~$Es_4$4-2 小层减小，I 类储层主要分布在研究区北部，II、III类储层分布在研究区中部，IV类储层分布在研究区南部。

第六章 致密砂岩储层建模技术研究

第一节 致密砂岩储层纳米级孔喉建模技术

目前致密砂岩纳米级孔喉建模主流方法共有两种：①基于微纳米 CT 扫描实验构建三维数字岩心；②聚焦离子束扫描电镜技术构建三维数字岩心。本节重点论述基于微纳米 CT 扫描实验构建三维数字岩心。近年来，X 射线断层成像技术（X-Ray computed tomography，X-CT）在致密砂岩储层微观孔隙结构表征中越发成为强有力的检测手段（Prodanović et al.，2006；Dewanckele et al.，2012；Bijeljic et al.，2004；白斌等，2013），它是利用锥形 X 射线穿透物体，通过不同倍数的物镜放大图像，由 360°旋转所得到的大量 X 射线衰减图像，重构出孔喉三维结构特征（Sakdinawat and Attwood，2010；Attwood，2006）。通过三维数字岩心可以对孔喉大小、连通性、形态做出定性分析和定量评价（屈乐等，2014；刘向君等，2014；苏娜等，2011；孙卫等，2006；郝乐伟等，2013），相对于压汞实验和扫描电镜等实验分析方法，微纳米 CT 扫描实验的优势在于对岩石样品全方位、大范围快速无损扫描成像，通过 CT 扫描得到的数字岩心可以更加直观地研究储层的微观孔隙特征（屈乐等，2014；刘向君等，2014；苏娜等，2011；孙卫等，2006；郝乐伟等，2013），其在微观孔隙结构评价方向的应用将更加广阔。

松辽盆地具有致密油形成的地质条件，松辽盆地致密油以青山口组为主要烃源岩，发育源内和源下两种类型。源内型致密油主要分布在松辽盆地北部青山口组高台子油层高三、高四段，主要分布于松辽盆地北部齐家地区；源下型致密油主要分布于松辽盆地齐家-古龙凹陷-长岭断陷泉四段扶余油层，在扶余油层大面积分布的河道砂体与青山口组一段烃源岩紧邻，源储匹配关系好，为致密油的形成提供了良好的地质基础。

大安油田区域构造位置位于松辽盆地南部中央拗陷区大安-红岗阶地二级构造带上。研究区位于大安-红岗阶地最深洼槽轴线上，是一个北倾的向斜构造，主要为两侧斜坡所夹的凹陷区域，目的层段为泉四段扶余油层。以大安油田扶余油层的致密砂岩样品为研究对象，利用 VGStudio MAX 强大的 CT 数据分析功能，结合 Avizo 软件多种先进的数学算法，实现了对多尺度孔喉网络模型的可视化提取和孔喉参数的定量表征，为进一步开展致密砂岩渗流机理的研究打下了基础，同时为准确评价致密油甜点区提供了依据。

一、微纳米 CT 扫描

本次实验依托于在东北石油大学"非常规油气成藏与开发"省部共建国家重点实验室培育基地的 Phoenix Nanotom S 型微米 CT 扫描仪和中国石油大学（北京）纳米岩石物理实验室的 Ultra-XRM-L200 型纳米 CT 扫描仪。微米 CT 的 X 射线 CT 布局系统如图 6-1 所示，

X射线源和探测器分别置于转台两侧，锥形X射线穿透放置在转台上的样本后被探测器接收，样本可进行横向、纵向平移和垂直升降运动，以改变扫描分辨率，放置岩心样本的转台是可以旋转的，在进行CT扫描时，转台带动样本转动，每转动一个微小的角度后，由X射线照射样本获得投影图，将旋转360°后所获得的一系列投影图进行图像重构后得到岩心样本的三维图像。纳米CT与微米CT测试原理基本相同，不同之处是纳米CT的光源是平行光，旋转角度为180°。

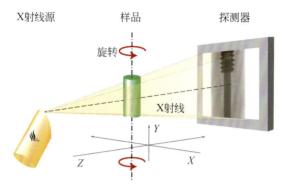

图6-1　X射线CT布局系统示意图

根据岩心物性统计，松辽盆地南部大安油田扶余油层孔隙度多在3%~11%，占样品总数的80%，平均孔隙度8%，水平渗透率一般在 0.016×10^{-3} ~ $1.43\times10^{-3}\mu m^2$，平均渗透率为 $0.172\times10^{-3}\mu m^2$，其中小于 $0.3\times10^{-3}\mu m^2$ 的样品占总数的90%；本次选取红75-9-1和红88两口重点取心井，对不同孔渗的样品（表6-1）进行对比分析，样品总体符合致密油的孔渗的基本特征（邹才能等，2013；姚泾利等，2015），具有一定的代表性。利用微米CT扫描2mm直径圆柱体样品（分辨率1μm），建立了微米级三维孔喉模型，对不同孔渗条件下微米级别孔喉结构特征进行对比分析（微裂缝、溶蚀孔隙及微观非均质性等）；根据样品微观孔喉发育程度，同时结合Maps图像拼接技术，制备直径为65μm的样品（分辨率65nm）进行高分辨率纳米尺度扫描，建立纳米级三维数字岩心模型。

表6-1　岩心样品信息

样品编号	井号	实测孔隙度/%	水平渗透率/$10^{-3}\mu m^2$	取样深度/m
S1	红75-9-1	10.0	0.80	2168.9
S2	红88	6.9	0.05	2343.4
S3	红75-9-1	3.0	0.02	2310.6

二、二维孔隙结构分析

（一）微米尺度二维孔隙结构特征分析

微米尺度二维图像分析表明，大安油田扶余油层致密砂岩微米级孔隙以溶蚀型孔隙和微裂缝为主,大致分为3种类型(图6-2):①原生型粒间孔隙[图6-2(a)],原生型孔隙二维灰度图像上孔隙界面清晰规整,孔隙与颗粒边缘平直;②粒间溶蚀孔隙,主要分为粒间溶蚀孔隙[图6-2(b),图6-2(f)]和粒内溶蚀孔隙[图6-2(c),图6-2(g)],溶蚀型孔隙在二维灰度图像上孔隙形状不均匀,孔隙界面模糊,呈条带状分布,长石和岩屑遭受的溶蚀作用明显;③微裂缝发育型,发育以微裂缝为主,微观孔喉不发育,微裂缝宽度为4.73~10.35μm,平面延伸200μm左右[图6-2(d)]。

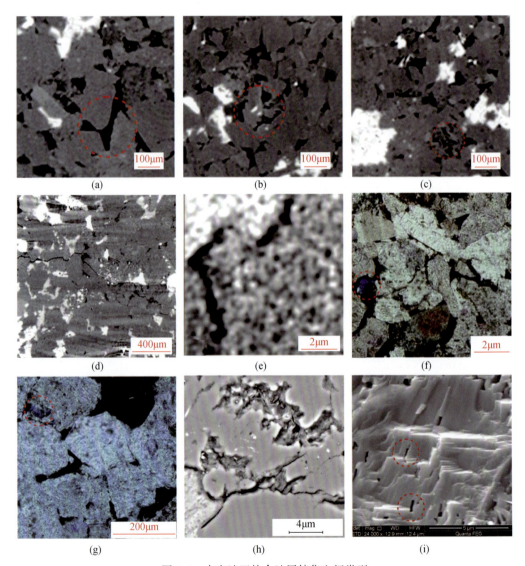

图6-2 大安油田扶余油层储集空间类型

(a)原生型粒间孔隙,红75-9-1井,2168.9m,微米CT二维灰度切片,细砂岩;(b)粒间溶蚀孔隙,红75-9-1井,2168.9m,微米CT二维灰度切片,细砂岩;(c)粒内溶蚀孔隙,红75-9-1井,2168.9m,微米CT二维灰度切片,粉砂岩;(d)微裂缝,红75-9-1井,2310.58m,微米CT二维灰度切片,粉砂岩;(e)纳米级微裂缝,红88井,纳米尺度CT二维灰度切片,2343.4m,粉砂岩;(f)长石粒内溶蚀孔隙,大20-3井,2132.3m,铸体薄片,单偏光,粉砂岩;(g)长石粒内溶蚀孔隙,大20-3井,2132.3m,铸体薄片,单偏光,粉砂岩;(h)纳米级微裂缝,红88井,2343.5m,Maps图像拼接,粉砂岩;(i)长石沿解理缝发育的楔状-长方形状纳米孔隙,大北10-12井,2275m,ESEM,粉砂岩

(二) 纳米尺度二维孔隙结构特征分析

纳米尺度二维扫描图像分析表明，纳米尺度微观孔隙以粒内溶蚀孔隙为主，分布在矿物颗粒内部或表面，局部存在微裂缝 [图 6-2 (e)，图 6-2 (h)，图 6-2 (i)]，微裂缝对纳米孔隙具有很好沟通作用，利用 Maps 图像拼接技术确定了纳米尺度下二维孔隙半径主体分布范围为 0.10~0.50μm（图6-3）。

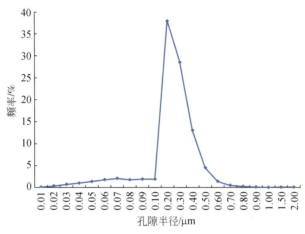

图 6-3 纳米尺度下不同孔隙半径频率分布图

三、储层三维孔喉模型构建及定量表征

(一) 二值化分割

二值化的关键在于对阈值的选择，鉴于本书 CT 扫描的样品用物理实验的方法对其测定了孔隙度和渗透率，所以采用基于岩心实测孔隙度的二值化分割方法，当最小灰度值表征孔隙时，分割阈值 k^* 求解公式如下：

$$f(k^*) = \min\left\{f(k) = |\phi - \frac{\sum_{i=I_{\min}}^{k} p(i)}{\sum_{i=I_{\min}}^{I_{\max}} p(i)}|\right\} \quad (6-1)$$

式中，ϕ 为岩心孔隙度；k 为灰度阈值；$I_{\max}$ 为最大灰度值；$I_{\min}$ 为最小灰度值；$p(i)$ 为灰度值；i 为像素数。

通过 CT 扫描获得的灰度图像中存在着系统噪声，这样会降低图像质量，不利于后续图像分割以及定量分析，利用 VGStudio MAX 软件的滤波算法功能增强信噪比，并利用其三维重构及图像分割功能，对重构出的微米级 CT 灰度图像进行二值化分割（图6-4），划分出孔隙与颗粒基质，将孔隙区域用黄色渲染 [图6-4(b)]，进一步得到可用于孔隙网络建模与渗流模拟的二值化分割图像 [图6-4(c)]，其中黑色区域代表样本内的孔隙，白色区域代表岩石的基质。

(a) 原始二维灰度图像　　(b) 二维灰度图像孔隙填充效果图　　(c) 二值化结果
　　　　　　　　　　　　　　(黄色代表孔隙)　　　　　　　（黑色代表孔隙，白色为岩石基质）

图 6-4　图像二值化分割流程示意图

(二) 三维孔喉模型构建及定量表征

三维孔喉模型建立是指通过某种特定的算法，从二值化的三维数字岩心图像中提取出结构化的孔隙和喉道模型，同时该孔喉结构模型保持了原三维数字岩心图像的孔喉分布特征以及连通性特征。将 VGStudio MAX 产生的二值化结果导入 Avizo 软件中，利用 Avizo 软件内置模块先进的数学算法构建了 4 种三维数字岩心模型，包括孔隙连通性模型（邻色相同表示微孔连通；邻色不同或同色距离远表示微孔不连通）及三维孔喉网络结构模型（图 6-5，图 6-6）。

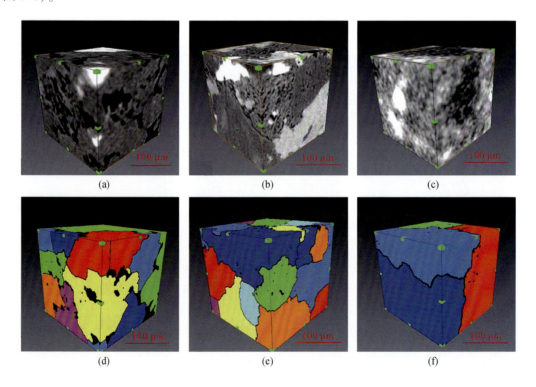

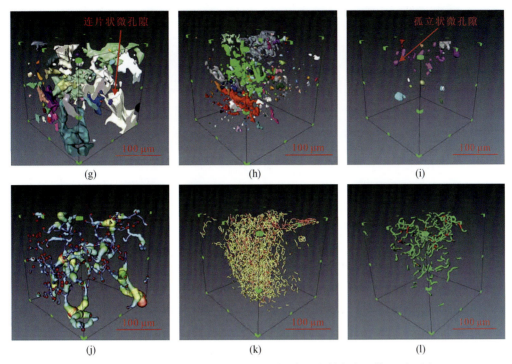

图 6-5 大安油田扶余油层微米级不同孔渗三维数字岩心模型对比图

(a) 微米尺度 CT 扫描灰度三维图像，S1 号样品，红 75-9-1 井，2168.9m，分辨率 1μm；(b) 微米尺度 CT 扫描灰度三维图像，S2 号样品，红 88 井，2343.4m，分辨率 1μm；(c) 微米尺度 CT 扫描灰度三维图像，S3 号样品，红 75-9-1 井，2310.58m，分辨率 1μm；(d) 颗粒接触关系模型，S1 号样品，红 75-9-1 井，2168.9m；(e) 颗粒接触关系模型，S2 号样品，红 88 井，2343.4m；(f) 颗粒间接触关系模型，S3 号样品，红 75-9-1 井，2310.58m；(g) 孔隙连通性模型，S1 号样品，红 75-9-1 井，2168.9m；(h) 孔隙连通性模型，S2 号样品，红 88 井，2343.4m；(i) 孔隙连通性模型（球为孔隙，管为喉道），S3 号样品，红 75-9-1 井，2310.58m；(j) 三维孔喉网络结构模型，红 75-9-1 井，2168.9m；(k) 三维孔喉网络结构模型，红 88 井，2343.4m；(l) 三维孔喉网络结构模型，红 75-9-1 井，2310.58m

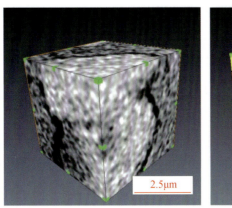 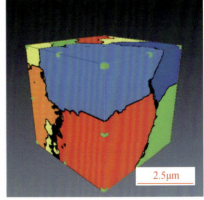

(a) 纳米尺度CT扫描灰度三维图像　　(b) 颗粒间接触关系模型

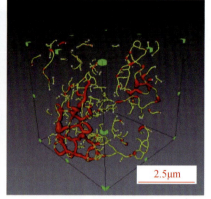

(c) 孔隙连通性模型　　　　　　　　(d) 三维孔喉网络结构模型

图 6-6　大安油田扶余油层 S2 号样品纳米级三维数字岩心模型

1. 微米级三维孔喉特征分析

选择不同物性的样品（S1，S2，S3）进行对比发现（表 6-2）：①从样品 S1 到样品 S3 颗粒间接触关系越来越致密，条带状粒间溶蚀孔隙逐渐减少，孤立状粒内溶蚀孔隙逐渐增多，连通性逐渐变差，喉道越来越细小；②孔喉分布状态主要有连片状微孔隙和孤立状微孔隙两种，孤立状微孔隙连通性较差，多为"死"孔隙，连片状微孔隙连通性较好；③不同孔渗的样品孔喉形态和尺寸有所不同，储集物性较好的样品 S1 孔喉在三维空间多为粗大的管状和条带状分布，储集物性中等样品 S2 孔喉在三维空间多为条带状和球状分布，储集物性相对较差的样品 S3 孔喉在三维空间多为孤立的小球状，物性较好储层 S1 样品存在 44% 连通性好的喉道，平均喉道半径 1.89μm，喉道长度 16.9μm，而物性较差的储层 S3 样品喉道细小，平均喉道半径 0.52μm，喉道长度 10.9μm，仅有 5% 连通性好的喉道，连通性差；④微米级孔喉分布具有微观非均质性，微孔隙局部较为发育，较为集中的部位主要为粒间溶蚀微孔隙，粒间溶蚀孔隙在空间上多呈条带状分布，较为分散的部位多为粒内溶蚀微孔隙，在空间上多呈球状孤立分布。由于样品较为致密，受 CT 扫描分辨率的影响，岩心中更细小的纳米级孔隙未能识别，所以计算孔隙度和实测孔隙度结果相比有一定误差。

表 6-2　致密砂岩不同孔渗样品微观孔喉结构定量分析对比表

样品编号	井号	计算孔隙度/%	实测孔隙度/%	连通性好的喉道所占百分比/%	平均喉道半径/μm	喉道长度/μm
S1	红 75-9-1	8.4	10.0	44	1.89	16.9
S2	红 88	4.9	6.9	20	0.80	8.9
S3	红 75-9-1	2.5	3.0	5	0.52	10.9

利用红 75-9-1 井 3 个恒速压汞测试样品参数对比分析（图 6-7），实验数据显示，喉道半径对样品渗透率的大小起决定作用，渗透率不同，喉道半径分布有明显差异，孔隙半径对样品渗透率的控制作用相对较小，渗透率不同的样品孔隙半径分布变化很小，只有渗透率差异较大的样品孔隙半径分布才有一定差异。利用 CT 扫描和恒速压汞相结合的方法

验证了喉道半径较窄是造成样品实测渗透率较低的主要原因。

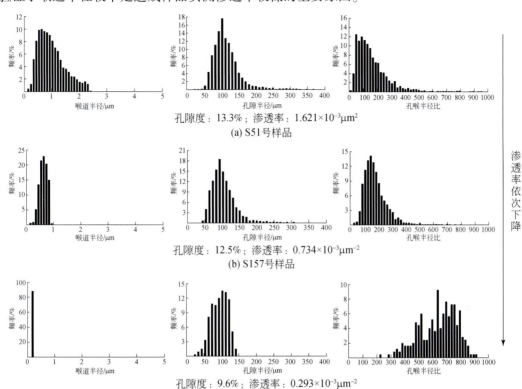

图 6-7 不同孔渗恒速压汞测试样品参数对比

2. 纳米级三维孔喉特征分析

利用 Avizo 软件建立了大安油田扶余油层纳米级三维数字岩心模型（图 6-6），纳米级孔隙在三维空间上整体连通性较差，32% 的孔喉配位数为 1，局部受微裂缝控制，连通性相对较好（图 6-8）。纳米级孔喉在形态上多呈小球状、管状，主要分布于矿物颗粒内部或表面，属于颗粒内微孔隙或晶内微孔隙，孔隙平均半径 100nm，喉道平均半径 35nm，

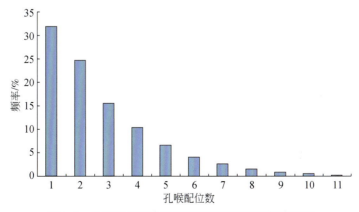

图 6-8 大安油田扶余油层纳米级孔喉配位数直方图

小球状纳米级孔喉连通性较差,空间呈孤立状,管状纳米级孔喉具有一定连通性,属于纳米级微裂缝,与邻近小球状纳米级孔喉具有一定连通性。

第二节 致密砂岩储层宏观地质建模技术

地质体三维模型实质上是在三维空间里的一个基于某种拓扑关系的网格结构及基于网格结构内部各项属性的综合数据体,主要包括致密砂岩储层构造建模技术、致密砂岩储层属性建模技术、致密砂岩储层微观孔隙结构等效建模技术、致密砂岩储层离散裂缝网络建模技术。

一、致密砂岩储层宏观地质建模方法研发

(一)致密砂岩储层构造建模技术

地质体三维构造建模主要是在三维空间中建立地质体的网格架构,是非常规地质模型建立的基础。本书以基本的角点网格理论为基础,把离散分布式、局部采样式的地质体原始数据通过三维坐标索引关联方法,研究网格对断层和裂缝的多次调整方法,以达到对断层和裂缝的逼真客观描述。

1. 二维网格建模

1)设置边界

本研究选用可编辑手绘边界设置方法,效果如图6-9所示。人为设定边界算法比较简单,其具体包含以下几个步骤。

图6-9 设定边界图

(1)按顺序记录每次点击屏幕时各点的设备窗口坐标,并将设备窗口坐标储存在用于表述建模区域的循环列表中。其约束条件为坐标集的个数必须大于等于3且至少存在三点

(三组坐标) 非共线。

(2) 将循环列表中每一个节点的设备窗口坐标转换为地层面逻辑坐标。建模区域边界只考虑在 X、Y 方向上的位置，因此只需转换 X、Y 坐标。

(3) 将获得的所有逻辑窗口坐标依次替换循环列表中原有的设备窗口坐标，并作为三维构造模型的边界属性，与其数据结构绑定关联。

2) 二维网格模板建立

当确定建模的区域后，需要在该区域内建立初始状态的二维网格模板（二维网格模板初始状态指 X、Y 方向上步长固定），以便确定网格点大致的位置与个数，减轻后续调整时的负担。

3) 交叉点数判别算法与网格模板的二次调整

人为手绘的二维边界一般都是不规则的多边形区域，二维网格模板的初始生成是依据建模区域的逻辑窗口和人为设定的在 X 和 Y 方向上的步长建立出的规则网格，整个网格模板为矩形形态，并不能很好地拟合建模区域的边界（多数为折线或斜线）。因此需要在分析各个网格点与建模区域边界之间的位置关系基础上，对二维网格模板进行二次调整，去除在建模区域外冗余的网格点。交叉点数判别算法主要用于判定某一点（已知该点的 X、Y 坐标）与某个任意多边形（凸多边形或凹多边形）位置关系（图 6-10）。

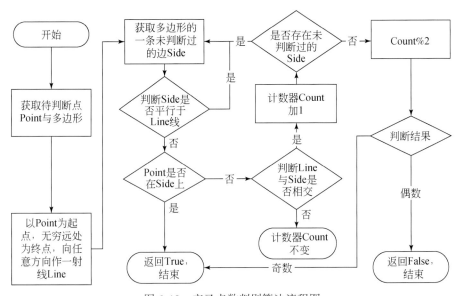

图 6-10 交叉点数判别算法流程图

2. 角点网格对断层的拟合

在一次建模中，为了保证多次网格面上下对应关系，建立模型的三维空间架构，所有的角点网格在 i、j 方向上的分割点数和拓扑关系是一致的。而所有的分割点数和拓扑关系已先在网格模板中建立并储存（图 6-11）。

其调整步骤如下。

(1) 将断层首尾两处的端点投影到网格中，并找出与投影点直线距离最近的网格点。

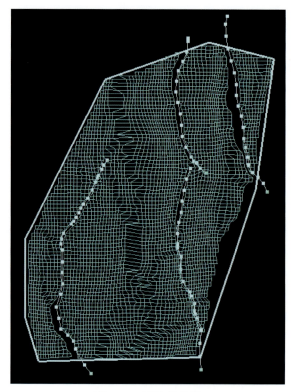

图 6-11　网格调整图

然后修改网格点的物理位置（i、j方向），即将网格点（i、j方向）绑定到断层首尾两处的端点上。

（2）部分网格点发生变化可能导致网格点整体分布不均匀的现象，因此需要对所有网格点进行初次变化。其思想是通过对除与断层端点绑定的网格点外的其他网格点进行以反距离插值法求解物理位置。而插值所需的样点取值方法如下：

设某个需要变化的网格点 P 在 i、j 方向上的索引为 (i, j)，该点在 i 方向上存在网格点数据的起始索引和结束索引为 $(i, y始)$ 和 $(i, y末)$，在 j 方向上存在网格点数据的起始索引和结束索引为 $(x始, j)$ 和 $(x末, j)$，则选取的样点为上述 4 处网格点和同断层端点绑定的网格点。

（3）为了最大程度上拟合出断层走势，表征断层的物理位置，仅仅绑定断层首尾两次端点是不够的，需要将断层附近的网格点全部绑定到断层上。由于断层是通过一段段直线连接成的折线表示的，每一段直线称为断层的特征线，第二次网格点的绑定工作主要是面向这些特征线。

（4）对在（3）中未曾变动的网格点［不包含（1）中的两处已绑定断层端点的网格点］再次进行变化，变化方法与（2）相同。

调整后的二维空间的角点网格效果如图 6-11 所示，断层的物理位置和走势基本能够在调整后的网格中明显地表征出来。

3. 断层对网格调整

本研究提出的基于约束点扩散的调整方法,则是将绑定到断层线上的网格点视为约束点,以约束点为起点,向其周围选取待调整点进行平滑运算,再逐步向外延伸,直到达到边界或符合收敛条件。

1) 二维格架模型调整

建立二维格架模型,首先的工作是指定二维建模区域,将地层面数据用二维窗口显示,将待建模区域用边界线勾画出来,然后设置网格在 i、j 方向的步长。准备工作做完后,下面将利用这些参数完成二维格架的建立(图 6-12)。

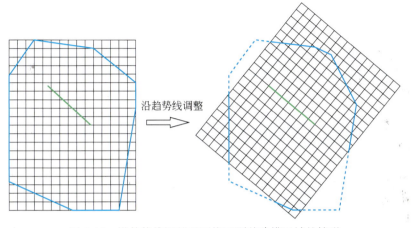

图 6-12 沿趋势线调整后网格不覆盖建模区域的情形

(1) 根据建模区域与网格步长建立矩形初始网格区域,图 6-12 显示了初始网格与建模边界线之间的关系。

(2) 在初始网格区域内,将初始网格结点中与断层线端点最近的点移至断层线端点处。这样做的目的是确保地层网格模型的形态符合实际。

(3) 以绑定到断层线端点的点作为约束点。

(4) 将其他网格结点绑定到断层线上。

(5) 对格架模型进行第二次整体调整,这次调整中将之前所有绑定到断层线(含端点与边)上的网格结点作为约束点。

(6) 将建模区域外的结点全部剔除,使用的方法是对每一网格结点进行点在多边形内的检测,多边形即人工指定的建模区域边界线。

至此,二维格架模型正式建立。可以从图 6-12 中看到,二维格架模型的网格线走势很好地顺应了断层线,并且在基于约束点扩散的调整算法的作用下,网格疏密分布均匀,质量很高。

2) 三维格架模型调整

首先,为所有绑定的断层线上的约束点赋予高程。断层模型数据中断裂面的坐标点高程已知,而多数网格结点绑定到了断层线的边上,这里使用线性插值方法,选取绑定点所在断层线段的两个端点,求解绑定点的高程。其次,计算整个格架模型网格结点的高程。

对于这些结点，没有直接的数据可以指定其位置，故使用空间插值技术对其高程进行计算。本研究中使用的是反距离加权插值，公式为

$$f(u, v) = \begin{cases} \dfrac{\sum_{j=1}^{n} \dfrac{f_j}{d_j^p}}{\sum_{j=1}^{n} \dfrac{1}{d_j^p}}, & \text{当}(u, v) \neq (u_i, v_i), i = 1, 2, \cdots, n \text{ 时} \\ f_i, & \text{当}(u, v) = (u_i, v_i), i = 1, 2, \cdots, n \text{ 时} \end{cases} \quad (6\text{-}2)$$

式中，$f(u, v)$ 为在计算空间中坐标为 (u, v) 点的高程；为了实现方便，式中的距离 d 用网格结点在计算空间中的坐标值代替；p 为参数，控制高程突变程度。图 6-13 显示了建立好的三维格架模型。

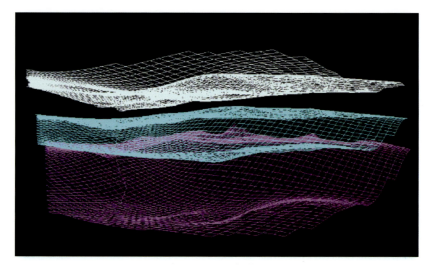

图 6-13　三维格架模型图

4. 角点网格对地层面的拟合

1）无断层约束角点网格与层面数据拟合算法

在待拟合点附近不存在断层时，待拟合点上下左右的样点对其都具有影响因素。因此在建立样点集时，附近所有的样点都是潜在样点，在扫描过程中需要对扫描到的每个样点都做一次分析，若该样点满足当前归类条件，则记录下该点。但由于扫描过程中的判断并不是考虑全局的，所以需要不断地对样点集进行调整。

如图 6-14 所示，扫描动作分为向上扫描和向下扫描。两者都是以一条过待拟合点且平行于 x 轴直线，即以扫描基线为出发点，分别对域内样点向上或向下依次选取。

2）有断层约束带层面拟合算法

断层约束时基于扫描线填充思想的层面拟合算法思想与上述无断层约束时的算法是类似的。两者的主要区别是断层约束时的拟合需要判断待拟合点与断层的位置关系和样点与断层的位置关系。这是因为断层可能造成对地质体形态上的变化（如撕裂、错位），使得地质体在断层附近不再连续变化。

在待拟合点的估值计算前，需要对待拟合点与断层的位置关系做出判断。一般说来，

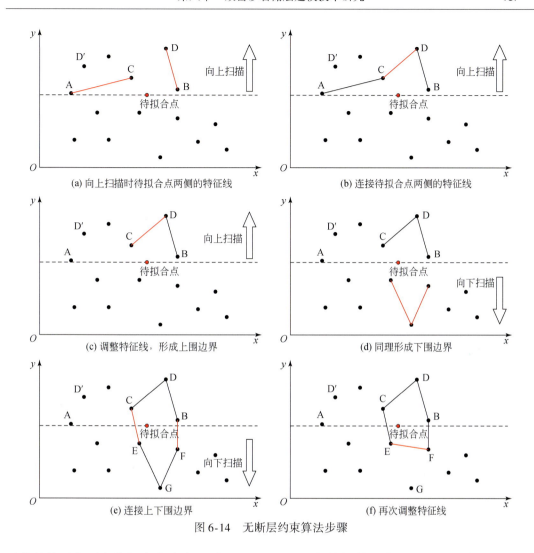

图 6-14 无断层约束算法步骤

两者的关系主要有待拟合点在断层附近（图 6-15）与恰好落在断层上这两种情况，所以需要针对性地进行分别论述。

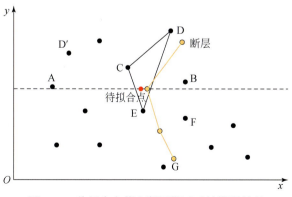

图 6-15 待拟合点落在断层附近时的情况处理

3）角点网格层的生成

由于地质体对象在垂直方向上跨度较大，并且地质体内部在不同的深度属性差别也比较大，所以需要对地质体再做进一步细化，在一级层面中插入新的网格层面（二级层面），对已建立好的初步模型进行层序建模的操作。

5. 层序建模

1）地层划分

地层划分的主要目的是将不同的地层在模型中标识出来，形成可以作为单一的研究对象（Zone）。地层划分的手段较为简单，一般通过拟合获得的角点网格层面的逻辑窗口位置，自上而下排列，它们之间的空隙处即地层体。

2）地层细化

二级层面的分割点数和空间拓扑关系也是通过二维网格模板建立的。二级层面的网格点调整主要思想是通过某种策略确定网格点在 k 方向上的坐标值，并通过空间直线（地质体上下两个层面相互对应的网格点连线）求出网格点在 i、j 方向上的坐标值。

将所有的二级层面插入到地层之间，需要重新调整模型在 k 方向的索引，以此保证数据的完整性和一致性。而在插入结束后，地质体三维构造模型就基本建立完毕了。

（二）致密砂岩储层属性建模技术

致密砂岩储层渗流参数包括孔隙度、渗透率和饱和度等。从地质建模视角来看，此类参数作为地质体描述的属性。本部分研究内容包括井点数据粗化、井间属性预测和相控微纳米级孔隙建模技术三部分内容。

1. 井点数据粗化

井点数据的作用是确定部分网格单元属性值，为定量描述地质体的属性值提供原始数据。确定井点数据的基本方法是找出地质体内被测井穿过的网格单元，利用井上参数确定这些网格单元的属性值。本书为研究如何快速求取不规则曲线与不规则六面体之间的交点，提出了抽样检测算法。

1）测井数据快速粗化的抽样检测算法

整合测井数据可以分为两个主要步骤，首先是搜索网格单元，找出其中被井穿过的；然后是按网格单元对井数据精确地分段，每一段的数据对应一个网格单元，进而利用测井数据计算网格单元的属性值。

本方法中抽样检测的具体含义是对于测井数据中，从起始，按照一定的间隔取出数据点，进行点在网格单元内检测，直到终止。

有以下两点事实，模型中同一地层不同区域的厚度不一，且相差比较大；井基本上竖直，一口井在 x、y 方向上的变化相对较小。故利用井位数据，可以大致判断出井口位于模型中哪一网格单元的正上方，则该网格单元的厚度信息可以作为抽样间隔选取的参考（图6-16）。其实现方法如下。

获取待离散测井的井口坐标信息，利用地质体模型的边界信息和三维建模时指定的网格在 x、y 方向的增量，获取参考索引信息。参考索引信息的含义是根据该索引获得的储

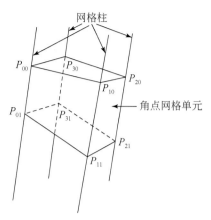

图 6-16 计算网格单元的厚度

层模型网格单元位于或近似位于井口的正下方；利用参考索引信息获取储层中对应的网格单元，计算网格单元在 z 方向上的平均厚度。以图 6-16 为例，计算公式选择：

$$zSpan = \sum_{i=0}^{3} (z_{i0} - z_{i1})/4d \tag{6-3}$$

式中，$zSpan$ 为 z 方向上的平均厚度；z_{i0}、z_{i1} 分别为一个网格柱上网格单元的上角点、下角点的深度值。获取测井轨迹数据中相邻两点在深度上的差 ΔMd，并使用以下公式计算待测点的抽样间隔：

$$s = [zSpan/2\Delta Md] \tag{6-4}$$

式中，s 为一个正整数，最小为 1，代表了从井轨迹中每隔 s 条记录抽取一个采样点作为抽样点，并对它进行检测。

搜索被测井穿过的网格单元转化为判断抽样点后是否位于某一网格单元内。三维模型使用角点网格，每个网格单元由 8 个角点组成，这些角点确定了 6 个面，该问题的复杂性在于角点的位置是任意的，这些面不是简单的平面四边形。对于这种空间四边形，它的表面形态是不确定的，在地理信息系统中的处理方式是进一步剖分成简单图形，常见的三种划分方法如图 6-17 所示，图 6-17(a)、图 6-17(b) 都是剖分成两个三角形，差别是剖分时选择不同的对角线，这种方法存在的问题就是具有不确定性且精度差，沿不同对角线剖分形成的新面形态迥异，且都与原面相差较大；图 6-17(c) 是将它剖分成四个三角形，这种方法具有唯一性，精度尚可，但是存在的问题是引入了新的数据点；图 6-17(d) 的思想是细分成小四边形，对于小四边形，可以近似地将其看成平面四边形，这种方法形成的曲面质量最高，相应的空间消耗最大。考虑图 6-17(d) 中的细分方法，实际是利用双线性插值计算每一小四边形顶点位置，故可以利用双线性曲面来表示网格单元表面。双线性曲面是可解析的，对于面上任一点都可直接计算得到，这样就不用预先在单元表面内计算出一组点的位置，而是在需要这点时直接求解即可。

选用 $\vec{p}(0,0,1)$ 作为待检验点 $\vec{p_0}$ 的射线，在检测时，先将待计算曲面投影到 xOy 平面上，进行一次二维的点在四边形内的检测，若 $\vec{p_0}$ 位于四边形内侧，再进行射线与双

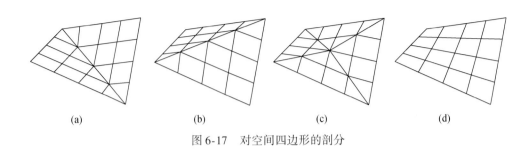

图 6-17 对空间四边形的剖分

线性曲面相交检测；否则，说明 $\vec{p}$ 不可能与曲面相交。图 6-18 显示了将网格单元面元投影到 xOy 平面上的两种位置关系，由图 6-18（a）直观得到的信息不能确定 $\vec{p}$ 与 $ABCD$ 平面是否相交，但 $\vec{p}$ 与 $BCFE$ 面肯定不相交，由对图 6-18（b）的判断正确地得到了这一信息。每当一个抽样点落入网格单元，记录该网格单元索引值，以及待测点的位置信息在井轨迹数据中的索引信息。

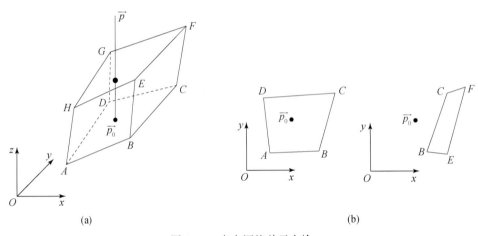

图 6-18 点在网格单元内检

在每一次搜索时，以参考索引为中心，指定搜索半径 r，逐个取出距离参考索引单元附近的格架网格单元。判定抽样点是否位于其中，若位于其中，则结束搜索进入下一步确定指数 k 值；若不位于其中，则计算抽样点与其中心点的距离，以图 6-18 为例，中心点被定义为 $(A+B+C+D+E+F+G+H)/8$。在一次搜索后，取与抽样点最近的网格单元索引为参考索引。若两次搜索后得到的参考索引相同，则说明抽样点不在指定地层中，跳过之后，对下一抽样点检测。

在对所有抽样点检测结束后，被井穿过的网格单元基本被找到，图 6-19 显示了几种典型情况，该图是地层在 xOz 面的剖面图，图中方格代表网格单元，曲线代表测井。

这些网格单元中，绿色单元代表只有一个抽样点在其中，白色单元代表没被测井穿过的单元，灰色单元代表被测井穿过但没把抽样点检测出来，淡黄色单元代表有多个单元在其中；井上的黑点代表数据点，绿点代表抽样点，红点代表加密抽样得到的点。图 6-19

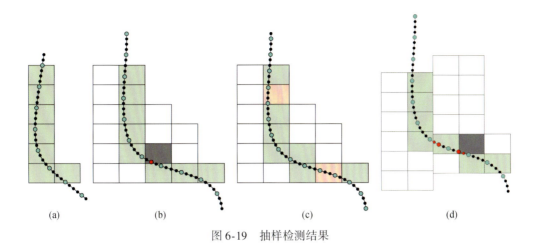

图 6-19 抽样检测结果

(a) 是理想情形，所有被井穿过的网格单元均被检测出来，且每个单元内只有一个抽样点；图 6-19(b) 是被井穿过的网格单元却没有被显示出来的情形；图 6-19(c) 是多个抽样点落入同一网格单元的情形；图 6-19(d) 是测井穿过断层的情形。将这些情况加以分类和归总，形成两类不正确的结果：网格单元重复与缺失。为了后续处理方便，需要对这两类结果加以修正，对于前者，需要去除网格单元冗余；对于后者，需要添加缺少的单元。所以网格完整性检测分为两个步骤：完整性检验与修正、冗余性检验与修正。先进行前者，确保所有确实的网格单元都被找到，再进行后者。

完整性检验与修正的步骤如下：

（1）按上文记录顺序依次取相邻两个网格单元，计算它们索引间的曼哈顿距离，转到（2）；

（2）若曼哈顿距离大于 1，转到（3），否则，返回（1）；

（3）对与两网格单元相关联的两抽样点的中点数据进行判定，判断它在哪一个网格单元内，将结果插入到记录中，令（1）判断的网格单元序号回退一个，返回（1）。

令两个网格单元的索引坐标分别为 (i_1, j_1, k_1)，(i_2, j_2, k_2)，则上文所述曼哈顿距离计算方法为

$$\mathrm{ManhattanDistance} = |i_1 - i_2| + |j_1 - j_2| + |k_1 + k_2| \tag{6-5}$$

对于两抽样点中一个位于网格单元，另一个不在网格单元内的情形，需要进行额外的处理，将两个抽样点之间的数据点都进行检测，以保证没有错过任何一个网格单元。

2）网格单元的属性计算

通过之前处理，所有被井轨迹穿过的网格单元都被找到。进一步地，需要计算井轨迹同网格单元面的交点，才能对测井按网格单元位置分块，从而计算网格单元的属性值（图 6-20）。

根据两个相离网格单元的索引值确定与井轨迹有交点的网格单元面，交点一定位于落入不同网格单元的抽样点之间，相距越近的两抽样点所确定交点区间越小。当测井第一次穿入网格单元或最后一次穿出网格单元时，与井相交的网格单元面难以确定，图 6-21 中两例测井经过同样的网格单元，但是对于顶部网格单元，却是从不同面穿过的。解决这一

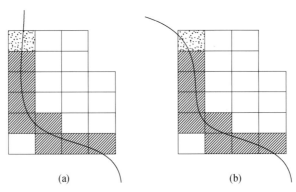

图 6-20 经过同样网格单元的不同测井

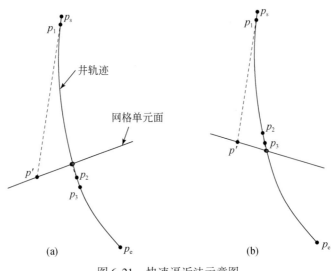

图 6-21 快速逼近法示意图

情况需要将上述得到的网格单元序列中队首、队尾网格单元的每一个面都与井进行测试。

本研究使用快速逼近法计算井轨迹与网格单元面的交点。快速逼近法利用井轨迹在局部曲率很小、趋于直线的特性,从待测点一端开始初步估算出交点后,跳过不可能与网格单元面有交点的井轨迹采样点线段,直接选取最有可能存在交点的采样点线段进行判断,并将计算结果作为反馈,进而更精确地指导采样点线段的选取。

快速逼近法的实现方式用图 6-21 所示例子描述。p_s、p_e 为井轨迹上位于网格单元面两侧的抽样点,p_1 是井轨迹上与 p_s 相邻的点。方法初始以 p_sp_1 作为待计算线段,计算 p_sp_1 与网格单元面的交点 p',若 p' 在线段 p_sp_1 上,则找到交点。若 p' 在线段 p_sp_1 外,则计算 p' 与 p_1 的距离,在井轨迹上找到距离 p_1 相等的点 p_2,以及 p_2 的后一个点 p_3。计算线段 p_2p_3 所处的直线同网格单元面新的交点。重复上述方法,直到找到交点。

利用上述交点将井轨迹划分区块,每两个相邻交点之间的区域作为一个区块,代表该区块所包含的井数据全部落入对应的网格单元内。之后按照相应的方法对这些数据进行统计,便可计算出网格单元的属性值。统计方法有以下几种。

(1) 均值法：以网格单元内所有数据的平均值作为该单元属性值。
(2) 最大值法：以单元内所有数据中的最大值作为属性值。
(3) 最小值法：以单元内所有数据中的最小值作为属性值。
(4) 众数法：以单元内出现次数最多的值作为属性值。
(5) 顶部值法：以单元内测量深度最小的点对应的值作为属性值。

这些方法适宜的问题类型不同，作用的属性类型也不尽相同。具体使用哪种，需要用户在实际中根据要整合进模型的属性类型以及建模目的自行选取。例如，对于孔隙度参数，推荐选用均值法；对于沉积相类型，推荐选用众数法；如果只关注地层面上的属性值，则可选用顶部值法等。

图 6-22 显示了将测井数据整合进地质体三维模型后的效果，图中的方柱体是被测井穿过的网格单元，并被赋予了属性值。其他未被测井穿过的网格单元未被显示。

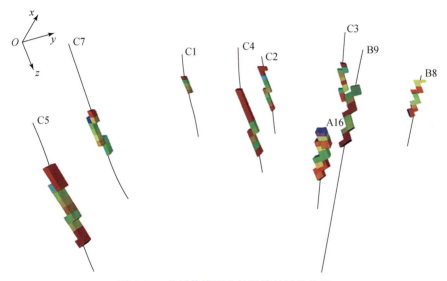

图 6-22 地质体模型中被赋值的网格单元

2. 井间属性预测

井间属性预测按照角点网格进行逐单元预测与插值，本研究采用确定性预测方法（克里金插值算法）和非确定性方法（序贯高斯算法）两种方法进行属性预测。

1) 克里金插值算法

假设 x_p（非实测点）为待估区域内的一点，$x_i(i=1,2,\cdots,n)$ 为待估区域内的 n 个实测点，其测量值表示为 $Z^*(x_i)(i=1,2,\cdots,n)$。则 $Z^*(x_p)$ 在 x_p 处对 $Z(x_p)$（x_p 处的真实值）预测值可以通过 n 个有效实测点的线性组合表示，即

$$Z^*(x_p) = \sum_{i=1}^{n} \lambda_i Z^*(x_i) \tag{6-6}$$

式中，λ_i 为 $Z^*(x_i)$ 的权重因素。

克里金插值算法在理论上要求 λ_i 符合以下条件。

计算结果必须满足无偏估计，即

$$E[Z^*(x_p) - Z(x_i)] = 0 \quad (6-7)$$

估计方差必须最小,即

$$\text{Var}[Z^*(x_p) - Z(x_i)] = \min$$

通过 Lagrange 乘数法求条件极值,能够得到

$$\frac{\partial}{\partial \lambda_i}(\{E[Z^*(x_p) - Z(x_i)]^2\} - 2\mu \sum_{i=1}^{n} \lambda_i) = 0 \quad (i = 1, 2, \cdots, n) \quad (6-8)$$

结合式 (7-7) 和式 (7-8),便能获得克里金方程组:

$$\left.\begin{array}{l} \sum_{i=1}^{n} \overline{C}(x_i - x_j)\lambda_i - \mu = \overline{C}(x_p - x_j) \quad (j = 1, 2, \cdots, n) \\ \sum_{i=1}^{n} \lambda_i = 1 \quad (j = 1, 2, \cdots, n) \end{array}\right\} \quad (6-9)$$

表述为矩阵形式即

$$\begin{bmatrix} C_{11} & C_{12} & \cdots & C_{1n} & 1 \\ C_{21} & C_{22} & \cdots & C_{2n} & 1 \\ \vdots & \vdots & & \vdots & \vdots \\ C_{n1} & C_{n2} & \cdots & C_{nn} & 1 \\ 1 & 1 & \cdots & 1 & 0 \end{bmatrix} \begin{bmatrix} \lambda_1 \\ \lambda_2 \\ \vdots \\ \lambda_n \\ -\mu \end{bmatrix} = \begin{bmatrix} C_{p1} \\ C_{p2} \\ \vdots \\ C_{pn} \\ 1 \end{bmatrix} \quad (6-10)$$

式中,C_{pn} 为待预测点;C_{ij} 为研究区域内的 x_i 与 x_j 两点之间的相关性,在地质统计学中,其一般是利用变差函数理论模型计算获取的。

2) 序贯高斯算法

序贯高斯算法相对于克里金插值算法而言,有效地避免了平滑效应,同时对所预测的空间数据的可能取值结果及其概率进行度量,在空间估值的不确定性度量方面开辟了一个新的途径。

序贯高斯算法的假设前提是其区域内部的数据都满足于高斯场(即正态分布)。因此一般在进行序贯高斯算法时,都会采用一定的算法对已有的数据进行正态转化,如 Box-Cox 算法等。在数据预处理完以后,就可以进行序贯高斯条件模拟了。

假设 x_p (非实测点) 为待估区域内的一点,$Z^*(x_p)$ 为通过序贯高斯条件模拟对 $Z(x_p)$ (x_p 处的真实值) 的一次随机预测。则对于 $Z^*(x_p)$ 求解公式如下:

$$Z^*(x_p) = Z^k(x_p) + \text{Rand}_N \times \sqrt{S^k(x_p)} \quad (6-11)$$

式中,$Z^k(x_p)$ 与 $S^k(x_p)$ 分别为利用克里金插值算法与当前的样本点数据在该处位置计算得到的估计期望和估计方差;Rand_N 为系统产生的一个符合标准正态分布的随机数。

序贯高斯条件模拟的目的在于真实反映区域的空间分布格局,再现已知数据和根据已知数据所预测的其他空间点数据,序贯高斯条件模拟的一大特点就是将条件分布的思想运用到预测待估点的计算中。条件分布是指对于多维随机变量分布,在考虑到其中某个或者多个变量的固定(可能)值的条件下,得到其他变量的概率分布。对于区域化随机变量而言,条件分布即在已经确定(可能)若干个位置的随机取值条件下,在待估点位置处随机变量的概率分布情况。序贯高斯条件模拟的计算步骤具体如下。

(1) 随机选取建模区域中的某一点，在当前已知数据的基础上，计算出该点处的条件期望估计与方差估计。其计算过程手段多样，如根据联合分布 $F(x)$ 和 Monto-carlo 方法、指示克里金法等，本书使用的是普通克里金插值算法。

(2) 利用一个符合标准正态分布的随机数，按式（6-11）计算，便能够获取在该点处的一次模拟预测。这样做的好处有两点，一是模拟值的结果更为合理，不会恰好等于其条件期望估计，而是围绕条件期望估计呈现一定范围内的波动；二是这种波动（主要通过正态分布随机数和标准差估计相乘实现的）在一定程度上弥补了克里金插值算法中平滑效应所失去的部分。

(3) 将上述已经模拟出的预测值按顺序加入新的样本点数据，这样做主要有两个目的，一是进一步保证整个样本点数据取值服从已知的正态分布；二是根据条件分布的需求，以原始数据作为模拟的起始条件，在后续模拟的过程中，不断加入新的已知数据，重新计算出下一个待估点在新条件下的概率分布。

(4) 模拟过程遵循随机路径、随机访问原则，即从待估点随机集中抽取下一步将计算的某个待估点估计值。

(5) 重复（1）~（4），直到所有的待估点均获得随机模拟得到的一个估计值，这样得到的模拟区域变量值被称为一次模拟实现。这个过程保证了所涉及的数据符合高斯分布，且在已知数据处的取值维持不变，各个待估点的数学期望等于条件期望估计。

3. 相控微纳米级孔隙建模技术

微纳米孔隙难于识别，需要应用高分辨率场发射扫描电子显微镜和 Nano-CT 成像技术对其孔隙度进行分析，对镜下识别的数据可形成频度分布直方图。另外，可根据长期的经验积累，形成微纳米与沉积微相之间的关系，建立知识表，进一步解释控制预测区域的微纳米孔隙分布。

微纳米孔隙建模技术包括粗化测井孔隙度、井间插值、沉积相叠加和相控调整 4 个步骤。微纳米孔隙度的粗化数据以频度分布直方图数据为主，以垂向微相数据为辅，井间微纳米孔隙数据采用克里金插值算法和序贯高斯算法得到，并使用沉积微相数据对插值数据进行调整。

(三) 致密砂岩储层微观孔隙结构等效建模技术

储层不同类型孔隙大小相差达到 10^6 个数量级，且呈不规则海量分布，颗粒和孔隙数量模拟超出了现在计算机技术发展的极限，引入等效参数建模方法进行储层微观孔隙结构等效建模。将微观孔隙分为纳米、微米、毫米三个级别，分别对不同大小的孔隙进行参数建模，在每个网格模拟不同类型孔隙聚合之后的位置、大小、形态等参数，并分别在二维和三维视图下进行直观的可视化绘制。

1. 测井孔隙度粗化

在致密砂岩储层微观孔隙结构建模过程中，测井井点数据有时很难采集到，通过研究沉积相（微相）与孔隙度频度分布直方图规律和模式，形成知识表 6-3，可对井口数据进行粗化。

表 6-3　测点孔隙度频度分布直方图知识表

井号	深度	沉积相	孔隙度	孔隙度分布直方图	渗透率
		微相		综合 Ø	
				微米孔比例（0-1）	
				纳米孔比例（0-1）	
				毫米孔比例（0-1）	

井点的频度分布直方图数据是在镜下观察得到的，较为准确地反映了该井点采样深度的微观孔隙参数特点，但工作量大，而且不容易得到。井点垂向沉积相微相与孔隙度存在一定的关系，通过建立它们之间的联系形成知识表，能够对粗化的孔隙数据进行约束，得到更精确的粗化结果。故对井点的孔隙度数据进行粗化的原则是以频度分布直方图数据优先，以垂向微相数据辅助。大概的粗化过程如下。

（1）将频度分布直方图加载到地层中，并分配到每一个小层。
（2）遍历每一个小层，若该小层存在频度分布直方图数据则进行粗化。
（3）遍历每一个小层，对于没有被粗化的小层，加载其垂向微相数据，对该小层进行粗化。
（4）遍历每一个小层，对于没有被粗化的小层，使用 Lagrange 插值法进行插值。
（5）遍历每一口需要粗化的测井，重复（1）~（4），完成测井孔隙度粗化过程。

2. 井间孔隙度预测与调整

井间孔隙度预测与井间基质属性预测的原理相似，使用克里金插值算法与序贯高斯算法进行空间插值，然后使用垂向微相进行约束调整。在沉积相叠加过程中，针对矢量图的特点使用了逻辑窗口判断法与逆向判别法加速了沉积相的贴合过程。若孔隙度的预测插值结果在垂向微相的约束范围内则不进行调整，否则按照用户输入的调整比例进行调整。

3. 沉积相叠加

双狐地质成图系统软件绘制的沉积相矢量图主要包含井点位置、沉积相（包括亚相、微相）边界等信息，其中边界信息为最重要的数据，每一条边界都是由多个二维坐标组成，绘制时将这些坐标顺序连在一起组成边界。

在沉积相图中，两个沉积区域外边界之间的关系只有两种：包含与不包含。对于外边界 La 与外边界 Lb，若 La 包含 Lb，则外边界 La 所确定的沉积区域 A 应该实际有两条边界：外边界 La 与内边界 Lb。本书提出层次包围框树（逻辑窗口判断法）来表示这两种关系。其中包围框是能把某一边界 L 完全包围的面积最小且垂直于坐标轴的矩形线框，它的功能类似于碰撞检测中的包围盒，能够减少计算量。

层次包围框树中每个结点的关键信息就是某一沉积区域外边界 L 的包围框，除此之外，为方便访问，还包含 L、沉积区域对应的沉积相类型等信息（图 6-23）。

将沉积相图数据整合进地质体三维模型的途径就是利用沉积相图确定模型中指定地层每一网格单元的沉积相类型。其基本思想是利用坐标信息，找出网格单元所落入的沉积区域，并将该区域代表的沉积相类型赋给网格单元。直接用网格与每一沉积区域比对来确定

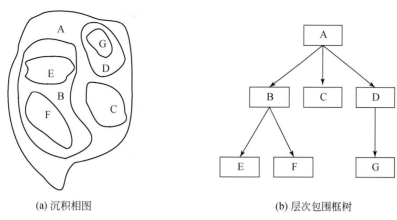

(a) 沉积相图 (b) 层次包围框树

图 6-23 沉积相图与层次包围框树

前者是否落入后者是非常低效的，利用建立的层次包围框树可以直接排除大量不可能的区域，提高运算的效率。包围框的确定可遍历沉积相区域的边界坐标得到，该包围框被称为对应沉积相区域的逻辑窗口。根据网格的坐标与逻辑窗口的 4 个顶点可以快速判断网格不会落入的沉积相区域。

当网格位于逻辑窗口内时，再使用射线法检验网格是否位于对应的沉积相区域内。射线法的思想是在该网格发出一条无限长的射线，若该射线与沉积相区域交点个数为奇数时，则网格落入该沉积相区域内（不考虑与边界点相切的情况）；否则网格不属于该逻辑窗口对应的沉积相区域，继续遍历包围框树。

另外，根据双狐地质成图系统存储数据的特点，会按照 A→B→E 的顺序进行存储，也就是说先存储父节点的数据，再存子节点的数据，提出了逆向判别法加速贴合过程。逆向判别法先从子节点开始判别，然后逐层向上，即先判断网格是否属于 E 沉积相区域，若属于，则终止判别，该网格贴合过程结束；否则，接着判别网格是否属于 B 沉积相区域，依次类推下去。

4. 相控调整

不同类型的微观孔隙在特定的沉积微相下，孔隙度的占比都会在特定的范围内，这个范围由知识表得到。进行微观孔隙插值建模之后，若某一网格的属性值不在该范围内，则进行相控调整。调整之后的结果由两部分构成，一部分是插值的结果，一部分是相控的结果，可表达为 $z=ax+by$。其中 z 为调整之后的结果，x 为插值结果，y 为相控部分，a、b 为权重参数，a、b 的取值由用户在界面输入，且必须满足 $a+b=1$。

5. 微观孔隙结构等效建模

单位体积的孔隙数量多，差异大，从纳米级到毫米级相差 10^6 个，目前的计算机在有限时间内无法完成相关参数的计算与模拟，故提出等效建模的思想。在单一网格内，首先分别将微米、纳米、毫米的孔隙聚合在一起，由用户设定聚合的个数范围；然后在该范围内随机生成聚合的孔隙个数；接着使用 Fisher 分布求解孔隙的空间位置，参照镜下观测的孔隙颗粒特点，随机模拟孔隙的形状；最后以网格内不同级别孔隙度为约束，进行单个颗粒体积模拟。为方便用户观察等效模拟结果，自定义颜色对不同级别的孔隙进行可视化绘制。

6. 孔隙个数模拟

不同用户的计算机性能差异较大，故由用户决定每个网格模拟孔隙的个数，但必须大于等于3个。另外，用户还需定义孔隙个数占比，满足 $a+b+c=1$，即纳米孔、微米孔、毫米孔的占比相加等于总的在用户约束范围内随机生成的孔隙个数。随机生成的孔隙总个数为 N，满足 $a \times N$, $b \times N$, $c \times N$ 均大于等于1，若小于1，则令其等于1，且令 $a \times N$, $b \times N$, $c \times N$ 的结果取整，即纳米、微米、毫米孔隙在每一个网格至少模拟一个孔隙，且总的孔隙数等于随机生成的孔隙数。

7. 孔隙形状模拟

参照镜下观察的孔隙颗粒的特点，设定多种不规则的颗粒体形状，模拟过程进行形状的随机选取。不规则的颗粒形状在计算机内可以使用一个归一化的数组进行表达，对不同大小体积的孔隙进行缩放即可。在确定孔隙体积和形状的情况下，可求解出伸缩系数。

8. 孔隙体积模拟

单个孔隙的体积以网格内的孔隙度为约束，结合网格的体积、同一类型的孔隙个数进行模拟。例如，纳米孔隙度为0.1，网格体积为 V，模拟2个纳米孔隙，则每个纳米孔隙的体积为 $0.1 \times V/2$。对不规则的角点网格体积求解可将网格剖分为6个四面体来进行，六面体不规则网格的体积为6个四面体体积之和。

（四）致密砂岩储层离散裂缝网络建模技术

大尺度裂缝建模技术与构造建模过程中使用角点网格对断层拟合类似。致密砂岩储层离散裂缝网络建模方法使用分形几何方法对裂缝属性进行模拟及可视化。使用盒子法统计分形维数，根据分形维数模拟裂缝长度，非齐次泊松分布模拟裂缝位置，Fisher分布模拟裂缝产状，综合模拟结果建立离散裂缝网络模型。通过矩形面片表示裂缝，研究三维离散裂缝网络模型可视化方法。结果表明裂缝模拟及三维可视化能够直观描述裂缝的分布情况。

1. 裂缝分形维数模拟

1) 基于图像的井口分形维数自动提取

分形维数很难通过人工统计获取，本书重点研究了基于模式识别的分形维数自动提取技术。通过检查裂缝迹线的方法，把裂缝系统包含在一个长度为 L 的正方形面积内，把该面积划分为边长为 l 的 L/l 个盒子，$N(l)$ 为与裂缝相交或包含裂缝的盒子数，则分形维数 D 同 $N(l)$ 的关系可表示为

$$N(l) = \frac{C}{l^D} \tag{6-12}$$

式中，D 为分形维数；C 为比例系数。

图6-24为 $r \times r$ 的二值图像，且 r 是2的指数值，算法具体流程如下。

分形盒子的初始边长为 r，进行图像分割；统计含有裂缝（像素值为255）的格子数

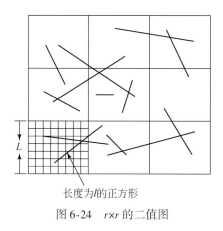

长度为l的正方形

图 6-24 $r×r$ 的二值图

目 N；保存盒子边长对数 $\lg r$ 和相应盒子数对数 $\lg N$；$r=r/2$，继续计算，直到盒子边长为 1 时进行下一步。以 $\lg N$ 为纵坐标，$\lg r$ 为横坐标，用最小二乘法进行拟合，得到斜率 $-D$，即分形维数（图 6-25）。

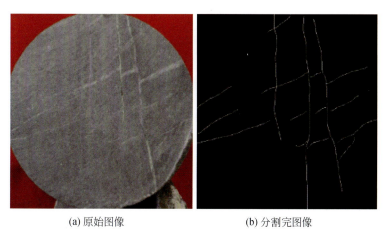

(a) 原始图像　　　　　　(b) 分割完图像

图 6-25 基于模式识别的裂缝数据自动提取与识别

2）井间分形维数预测

裂缝分形维数模拟是指模拟井间人工无法探测到的分形维数分布。井间裂缝分形维数模拟方法可分为地质统计学估值方法和传统统计学插值方法，其中传统统计学插值方法在插值时只考虑已知点与待估点的空间距离，而不考虑其在地质规律方面的相关性，在实际应用中插值精度低，不适用于裂缝分形维数的模拟。为了提高对裂缝分形维数的模拟精度，本研究选用克里金插值算法进行井间分形维数模拟（图 6-26）。

根据数据特点，将裂缝分形维数尽量离散均匀地分布在网格中，本书将建模区域平均划分为二维矩形网格。其中分形维数分配到网格上的算法流程如图 6-27 所示。

2. 裂缝长度模拟

由分形几何和裂缝长度的关系得

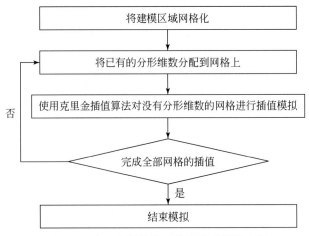

图 6-26 克里金插值算法模拟分形维数流程

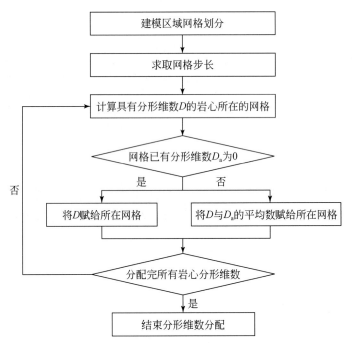

图 6-27 分形维数分配到网格上的算法流程图

$$N_{R_{\min}}^{R\max} = C(R_{\min}^{-D} - R_{\max}^{-D}) \tag{6-13}$$

式中，$N_{R_{\min}}^{R\max}$ 为裂缝长度在 $R_{\max}$ 与 $R_{\min}$ 之间的裂缝条数；$R_{\max}$ 为用户根据裂缝相关资料进行设定的建模区域内裂缝长度最大值；$R_{\min}$ 为用户根据裂缝相关资料进行设定的建模区域内裂缝长度最小值。

设 R_p 的个数占总裂缝条数的百分比为 p，则有如下公式：

$$N_{R_{\min}}^{R_p} = pN_{R_{\min}}^{R\max} = pC(R_{\min}^{-D} - R_{\max}^{-D}) \tag{6-14}$$

经推导得

$$R_p = \left[(1-p)R_{\min}^{-D} + pR_{\max}^{-D} \right]^{-\frac{1}{D}} \tag{6-15}$$

式中，R_p 为所求裂缝长度；p 为 [0, 1] 上均匀分布的随机数。

3. 裂缝位置模拟

裂缝位置模拟需要先模拟出建模区域裂缝数量。非齐次泊松分布在模拟裂缝数量时的过程和齐次泊松分布的过程是一样的。根据泊松分布公式：

$$P(n=k) = \frac{e^{-\lambda}\lambda^k}{k!} \tag{6-16}$$

式中，P 为概率；n 为变量；k 为 n 的取值；λ 为单位时间该事件平均发生次数。

泊松分布模拟过程如图 6-28 所示，其模拟的位置为均匀泊松分布。

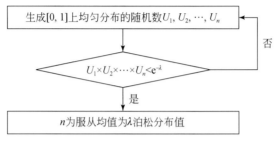

图 6-28　泊松分布模拟流程图

在非齐次泊松分布模拟中，需要使用裂缝存在概率函数对生成裂缝位置进行约束。裂缝存在概率函数需要根据实际情况确定，常用的裂缝存在概率函数可表示为

$$P(x, y, z) = ce^{kD} \tag{6-17}$$

式中，c 为常数。

为了保证裂缝位置符合裂缝存在概率函数，在随机模拟出符合均匀泊松分布的裂缝位置后，使该位置随机数 p 与裂缝存在概率函数进行比较，以判断生成的位置是否合格，即

$$E(x, y, z) = \begin{cases} 1 & p \leq p(x, y, z) \\ 0 & p > p(x, y, z) \end{cases} \tag{6-18}$$

4. 裂缝产状模拟

裂缝产状模拟是指以建模区域内统计的趋势方向为基准，模拟裂缝倾角、方位角和趋势方向之间的夹角。裂缝倾角符合 Fisher 分布，方位角符合均匀分布。

裂缝面单位法向量 (x, y, z) 同旋转后的坐标系法向量 (x', y', z') 的关系如下：

$$\left. \begin{array}{l} x = x'\sin\varphi_0 + y'\cos\theta_0 \cdot \cos\varphi_0 + z'\sin\theta_0\cos\varphi_0 \\ y = -x'\cos\varphi_0 + y'\cos\theta_0\sin\varphi_0 + z'\sin\theta_0\sin\varphi_0 \\ z = -y'\sin\theta_0 + z'\cos\theta_0 \end{array} \right\} \tag{6-19}$$

在旋转后坐标系中，φ_0 服从 $(0, 2\pi)$ 的均匀分布；θ_0 服从 Fisher 分布，得到

$$\left. \begin{array}{l} f(\theta_0) = \dfrac{K\sin\theta_0 e^{K\cos\theta_0}}{e^K - e^{-K}} \\ f(\varphi_0) = \dfrac{1}{2\pi} \end{array} \right\} \tag{6-20}$$

经推导得到裂缝倾角公式为

$$\theta = \theta_a + \theta_0 \approx \theta_a + \arccos[\ln(1-p)/K+1] \qquad (6-21)$$

式中，θ 为所求的裂缝倾角，°；θ_a 为用户根据裂缝相关资料进行设定，表示建模区域内的趋势倾角，°；θ_0 为 Fisher 分布模拟得到的裂缝倾角，°；p 为（0,1）上均匀分布的随机数；K 为用户根据裂缝相关资料进行设定，表示集中度。

二、致密砂岩储层裂缝与地质建模软件研发

利用 MFC 框架和 OpenGL 动态链接库，进行致密砂岩储层精细描述与建模软件开发，目前已完成代码量 16 万余行，初步完成了具有完全自主知识产权的致密砂岩储层裂缝与地质建模软件；申报软件著作权 5 项，分别为《非常规致密油气藏天然裂缝离散网络建模软件》、《非常规致密油气藏储层评价软件》、《非常规致密油气藏复杂缝网建模软件》、《非常规致密油气藏裂缝储层地质建模软件》和《非常规致密油气藏微观孔隙等效建模软件》。

针对致密砂岩储层裂缝与地质建模软件的具体功能，对相似的功能进行抽象概括，将建模算法、流程控制、地质模型进行分离，形成按照功能分区的总体结构，如图 6-29 所示。

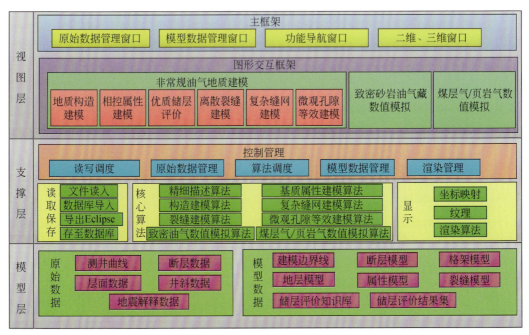

图 6-29 致密砂岩储层描述与地质建模软件框架

将数据流和控制流分开，增加软件的可扩展性，软件运行时控制流程如图 6-30 所示。

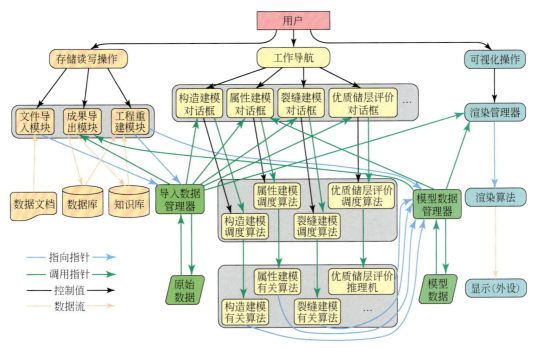

图 6-30　软件运行时控制流程图

（一）致密砂岩储层地质构造建模模块研发

致密砂岩储层地质构造建模模块研发具有断层建模模块、二维网格生成模块、井轨迹生成模块、层面建模模块、层序建模模块等功能，具体类文件及功能说明见表 6-4。

表 6-4　致密砂岩储层地质构造建模模块类文件及功能说明

序号	类文件	功能说明
1	CHeadersReader	井头文件导入类
2	CDevReader	井斜文件导入类
3	CLasReader	测井文件导入类
4	CFaultReader	断层文件导入类
5	CSurfaceReader	层面文件导入类
6	CInsertDevDlg	导入井斜文件对话框类：导入井斜文件后弹出对话框，首先自动匹配对应的井斜对象和井对象，然后提供用户手动更改匹配结果，最后将导入的井斜数据加载到相应的井对象上
7	CInsertLasDlg	导入测井文件对话框类：导入测井文件后弹出对话框，首先自动匹配对应的井斜对象和井对象，然后提供用户手动更改匹配结果，最后将导入的测井数据加载到相应的井对象上

续表

序号	类文件	功能说明
8	CDev	井斜原始数据类：对井斜数据中一些属性的基本操作。其数据主要为打井的地下路径参数
9	CLas	测井原始数据类：对测井数据中一些属性的基本操作。其数据主要为沿井的方向每隔一定步长采集的一些地质属性参数
10	CWell	井原始数据类：主要用于存储井的各种属性以及参数
11	CFault	断层原始数据类：存储断层导入数据，可执行渲染等操作，并提供数据的访问接口，供构造建模时使用
12	CSurface	层面原始数据类：存储导入数据的层面几何信息，并包含了对层面的渲染以及初步的分类
13	CBoundary	边界线模型数据类：对边界线，即趋势线的一些操作
14	CSkeletonModel	格架模型数据类：格架模型为三层网格层组成
15	CFaultModel	断层模型数据类：断层在模型数据中的表示。将 CFault 数据经过转化变为断层模型数据，其同 CFault 的主要区别是每根断棍上点的个数均为三个，多去少补。该类继承自 CFault，故继承了几乎所有的参数和方法，只有少数重写
16	CGridPoint	网格点模型数据类：作为网格索引的基本单元，包括该索引上的点元、以该点为一个角的面元和以该面为上层面的体元
17	CGridLayer	网格层面模型数据类：存有该层的索引结构，以及该层网格的属性值
18	CGridModel	网格模型数据类：存放模型数据中的 CGridLayer 数据，是 CGridLayer 的集合。所有由层面数据转化为网格层面的数据和划分小层生成的小层数据均放于此类中
19	CZone	地层模型数据类：网格模型中的地层块概念数据类。其主要包括了上下两个主层面的指针，以及两个主层面之间划分的小层的个数。本类中不存在实际的数据，而是存储了数据划分的参数，从而在逻辑上表示了地层的划分信息，并且完成了粗化测井曲线功能
20	CWellRender	井原始数据渲染类
21	CFaultRender	断层原始数据渲染类
22	CSurfaceRender	层面原始数据渲染类
23	CBoundaryRender	边界线模型数据渲染类
24	CFaultModelRender	断层模型数据渲染类

续表

序号	类文件	功能说明
25	CLayerRender	网格化层面模型数据渲染类：包括格架模型中的层以及网格模型中的层
26	CZoneRender	地层模型数据渲染类

分别对断层建模模块、二维网格生成模块、井轨迹生成模块、层面建模模块和层序建模模块进行了测试（图6-31～图6-35），并将建模结果与原始数据进行对比，建模结果真实可靠，且速度合理。

 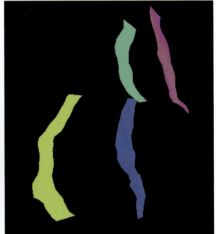

(a) 断层建模前(断层原始数据)　　　　(b) 断层建模后

图 6-31　断层建模模块测试

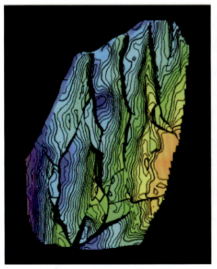 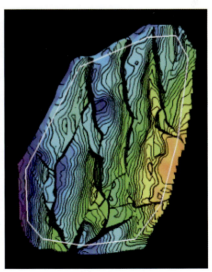

(a) 层面原始数据　　　　(b) 绘制建模区域边界

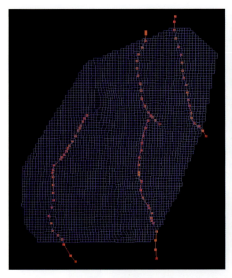

(c) 二维格架模型(带断层)

(d) 二维层面模型

图 6-32　二维网格生成模块测试

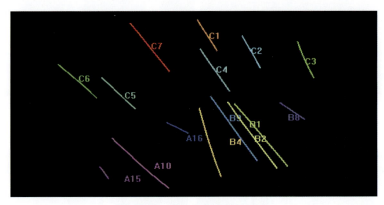

图 6-33　井轨迹生成模块测试

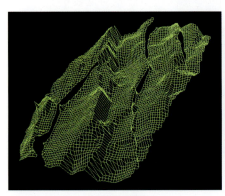

(a) 上层层面模型

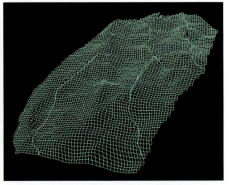

(b) 中层层面模型

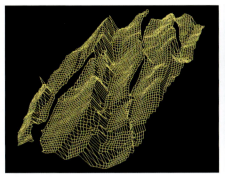

(c) 下层层面模型　　　　　　　　　(d) 综合层面模型

图 6-34　层面建模模块测试

(a) 划分地层界面　　　　　　　　　(b) 细分小层界面

图 6-35　层序建模模块测试界面

（二）致密砂岩储层相控属性建模模块研发

该模块研发中提供致密砂岩储层测井曲线粗化、储层渗流参数建模功能，提供铸体薄片微观孔隙类型及孔隙度识别与计算功能。具体类文件及功能说明见表 6-5。

表 6-5　致密砂岩储层相控属性建模模块类文件及功能说明

序号	类文件	功能说明
1	CPropertyModeling	属性建模的调度算法类：调用各具体属性建模算法的入口，包括粗化测井曲线以及模型的属性建模。ScaleUpWell（）为将测井曲线数据离散到网格模型数据的算法。PropModeling（）为属性插值建模，根据所设置的参数调用对应的算法，将相关参数传入算法中
2	CKriging	克里金插值算法类：本类主要提供以下 4 种变差函数理论模型：球状模型、指数模型、高斯模型、线性模型
3	CSgsAlgorithm	序贯高斯算法类

续表

序号	类文件	功能说明
4	CCalculatePore	计算铸体薄片孔隙度类
5	CFaciesControlModeling	相控建模核心类：根据用户传入的参数进行相控约束调整
6	CZoneRender	地层属性渲染类：该类将渗透率、孔隙度等属性的建模结果进行可视化渲染

研究中分别对致密砂岩储层测井曲线粗化模块、致密砂岩储层井间属性预测功能模块和铸体薄片孔隙度智能识别与计算模块进行了测试，并将建模结果与 Petrel 对比，表明该软件具有稳定的储层渗流参数建模功能，且模拟结果可靠（图 6-36 ~ 图 6-39）。

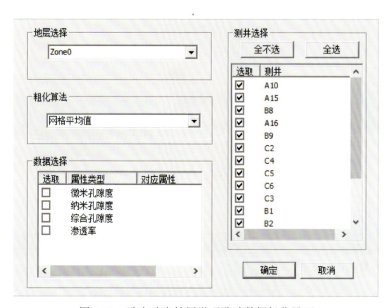

图 6-36 致密砂岩储层微观孔隙数据粗化界面

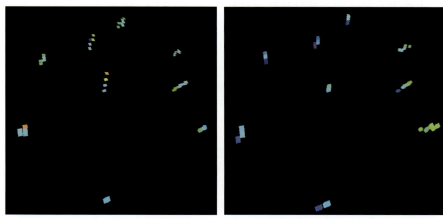

(a) 微米孔隙度进行粗化　　　　　　(b) 纳米孔隙度进行粗化

图 6-37 致密砂岩储层测井曲线粗化模块测试

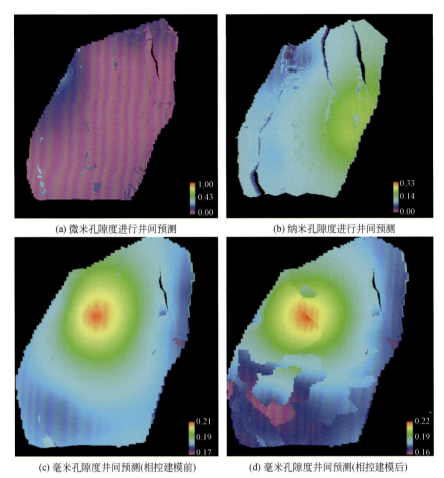

(a) 微米孔隙度进行井间预测　　　　(b) 纳米孔隙度进行井间预测

(c) 毫米孔隙度井间预测(相控建模前)　　(d) 毫米孔隙度井间预测(相控建模后)

图 6-38　致密砂岩储层井间属性预测功能模块测试

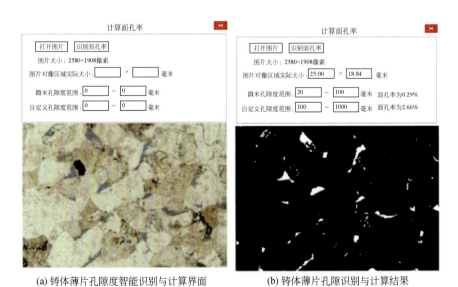

(a) 铸体薄片孔隙度智能识别与计算界面　　(b) 铸体薄片孔隙识别与计算结果

图 6-39　铸体薄片孔隙度智能识别与计算模块测试

(三) 优质储层评价模块研发

依据沉积相、裂缝、成岩、物性类型等分布模式和规律，建立知识库进行储层评价，包括单因素评价和多因素评价功能。具体类文件及功能说明见表 6-6。

表 6-6 优质储层评价类文件及功能说明

序号	类文件	功能说明
1	CEstimateMapReader	读入储层评价原始数据
2	CEstimateMap	存放储层评价数据文件的基本信息及对相关信息的操作，基本信息包括文件名称、区域个数、区域范围
3	CMapRegion	描述每个储层评价区域的信息，包括区域的名称、颜色、等级、边界等信息
4	CRectGrid	创建二维网格，存放储层评价结果信息
5	CChooseFaciesDlg	选择需要评价的沉积相数据文件
6	CEstimateFaciesDlg	对沉积相数据进行评价
7	CChooseMatterProDlg	选择需要评价的物性数据文件
8	CEstimateMatterProDlg	对物性数据进行评价
9	CChooseDiagenDlg	选择需要评价的成岩数据文件
10	CEstimateDiagenDlg	对成岩数据进行评价
11	CChooseCrackDlg	选择需要评价的裂缝数据文件
12	CEstimateCrackDlg	对裂缝数据进行评价
13	CEstimateComprehensiveDlg	综合属性评价：分别选择一个沉积相、物性、成岩、裂缝数据文件，对这4个属性进行综合评价
14	CEstimateMapRender	对储层评价原始数据文件进行渲染
15	CEsFaciesMapRender	对储层评价结果进行渲染
16	CSaveAsPicture	对渲染的结果以图片的形式保存

分别对沉积相、裂缝、成岩、物性类型等分布模式和规律的单因素评价模块及多因素评价模块进行了测试，取得了很好的效果（图 6-40 ~ 图 6-42）。

图 6-40 多因素储层评价界面

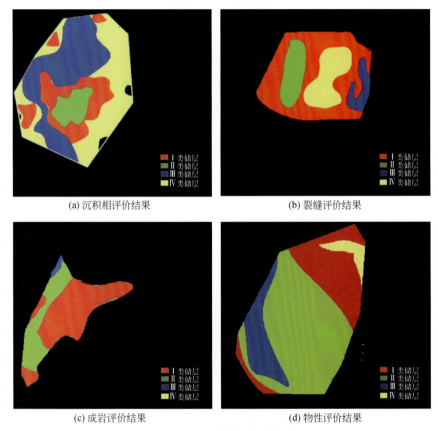

图 6-41　单因素储层评价模块测试

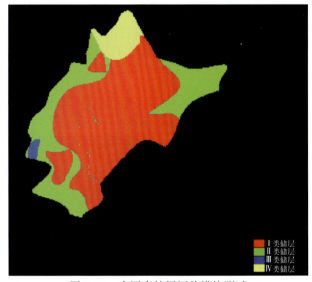

图 6-42　多因素储层评价模块测试

(四) 致密砂岩储层离散裂缝网络建模模块研发

致密砂岩储层离散裂缝网络建模模块研发包括计算裂缝分形维数模拟、生成裂缝建模区域和建立裂缝几何模型等功能。具体类文件及功能说明见表6-7。

表6-7 致密砂岩储层离散裂缝网络建模模块类文件及功能说明

序号	类文件	功能说明
1	CFractureReader	裂缝井文件导入类
2	CFractureWell	裂缝井原始数据类：是从文件中读取的原始井裂缝数据对象，用来初始化储存裂缝原始网格数据
3	CFractureLayerBuilding	建立裂缝层算法类
4	CFractureLayer	裂缝层模型数据类
5	CFractureModel	裂缝模型数据类：是 CFractureLayer 的集合
6	CCalculateFractal	计算裂缝分形维数算法类
7	CFracFractalSimulation	裂缝分形维数模拟算法类：使用序贯高斯条件模拟得到分形维数
8	CFracDensitySimulation	裂缝密度模拟算法类：通过使用最小二乘法来拟合原始数据中分形维数和面密度的直线，得到其斜率和截距；然后根据拟合关系，使用模拟后的分形维数求解密度值
9	CFracLenghtSimulation	裂缝长度模拟算法类：根据裂缝长度具有分形的特征，来求解裂缝长度
10	CFracLocationSimulation	裂缝位置模拟算法类：用非齐次泊松分布对裂缝位置进行模拟
11	CFracOrientationSimulation	裂缝产状模拟算法类：模拟裂缝的倾角、方位角和趋势方向之间的夹角。其中裂缝的倾角符合 Fisher 分布，方位角符合均匀分布

分别对计算裂缝分形维数模块、生成裂缝建模区域模块和建立裂缝几何模型模块进行了测试，测试结果真实地反映了致密砂岩储层裂缝的分布情况（图6-43～图6-45）。

 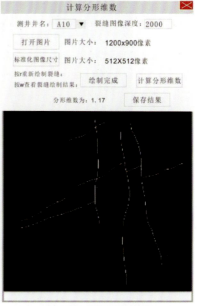

(a) 计算裂缝分形维数模块界面　　　　(b) 裂缝分形维数计算结果

图6-43　计算裂缝分形维数模块测试

图 6-44　生成裂缝建模区域模块测试

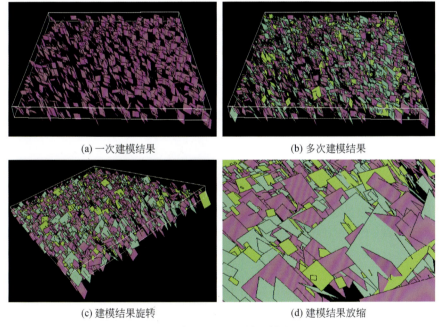

图 6-45　建立裂缝几何模型模块测试

（五）致密砂岩储层微观孔隙结构等效建模模块研发

致密砂岩储层微观孔隙结构等效建模模块研发具有微观孔隙度测井数据粗化、微观孔隙度相控井间数据预测、微观孔隙度等效模拟等功能，并实现在二维及三维视图下的可视化绘制。具体核心类文件及功能说明见表6-8。

表6-8 致密砂岩储层微观孔隙结构等效建模模块类文件及功能说明

序号	类文件	功能说明
1	CPorHistogram	孔隙度频度分布直方图类：用于存放测井的纳米、微米、毫米分布频度直方图数据，并包含井头坐标及深度等数据
2	CVMicroFacies	垂向微相数据类：用于存放沉积微相及其对应的纳米、微米、毫米孔隙度取值范围，并包含井头坐标及深度等数据
3	CScaleUpWellPorosity	微观孔隙测井数据粗化核心类：调用粗化算法，结合频度分布数据、垂向微相将微观孔隙数据加载到地层的小层中
4	CFaceModeling	沉积相贴合核心类：将沉积相叠加到地层中，设置对应网格的沉积相类型
5	CFaciesControlModeling	相控建模核心类：根据用户传入的参数进行相控约束调整
6	CSimulateModelingDlg	微观孔隙等效模拟交互界面类：用于系统与用户进行交互，用户可以设定孔隙颜色、个数、比例等参数
7	CSimulateModeling	微观孔隙等效模拟核心类：用于生产每个网格的纳米、微米、毫米孔隙个数、形状、大小、中心坐标等信息
8	CSimulateCellInfo	微观孔隙基本数据类：用于存放每个网格模拟的微观孔隙个数、形状、中心位置及伸缩比例系数
9	CChangePorColorDlg	改变孔隙颜色类：用于修改不同大小类型孔隙的颜色，便于观察
10	CPorosityRender	微观孔隙渲染类：用于微观孔隙的二维、三维可视化绘制

分别对微观孔隙度测井粗化模块、微观孔隙度相控建模模块、微观孔隙度等效建模模块进行了测试，取得了很好的效果（图6-46~图6-49）。

(a) 微观孔隙度粗化界面　　　　(b) 微观孔隙度粗化结果

图6-46 微观孔隙度测井粗化模块测试

第六章 致密砂岩储层建模技术研究

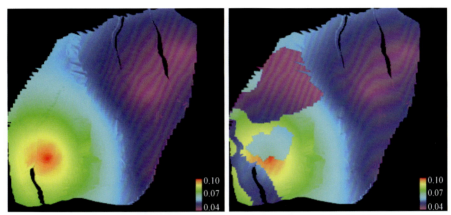

(a) 微观孔隙度相控建模前　　　　　(b) 微观孔隙度相控建模后

图 6-47　微观孔隙度相控建模模块测试

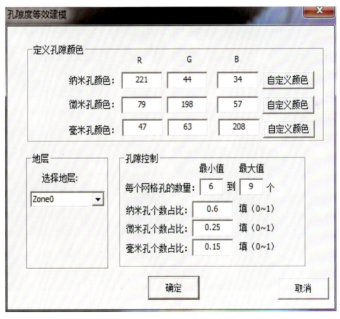

图 6-48　微观孔隙度等效建模界面

(a) 微观孔隙度等效模拟结果(整体二维视图)

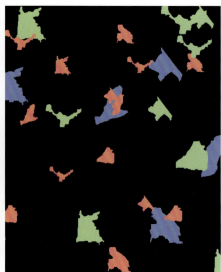
(b) 微观孔隙度等效模拟结果(放大查看)

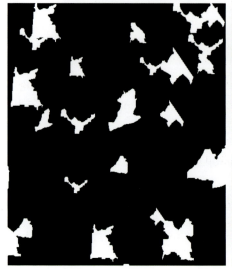
(c) 微观孔隙度等效模拟结果(二维视图)

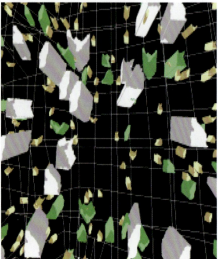
(d) 微观孔隙度等效模拟结果(三维视图)

图 6-49　微观孔隙度等效建模模拟结果

参 考 文 献

白斌, 朱如凯, 吴松涛, 等. 2013. 利用多尺度 CT 成像表征致密砂岩微观孔喉结构. 石油勘探与开发, 40 (3): 329-333.

曹青, 赵靖舟, 刘新社, 等. 2013. 鄂尔多斯盆地东部致密砂岩气成藏物性界限的确定. 石油学报, 34 (6): 1040-1048.

陈志鹏. 2009. 松辽盆地齐家北地区青山口组构造特征及其对沉积的控制作用. 中国石油大学（华东）硕士学位论文.

高辉, 孙卫, 田育红, 等. 2011. 核磁共振技术在特低渗砂岩微观孔隙结构评价中的应用. 地球物理学进展, 26 (1): 294-299.

高辉, 王美强, 尚水龙. 2013. 应用恒速压汞定量评价特低渗透砂岩的微观孔喉非均质性——以鄂尔多斯盆地西峰油田长 8 储层为例. 地球物理学进展, 28 (4): 1900-1907.

高永利, 张志国. 2011. 恒速压汞技术定量评价低渗透砂岩孔喉结构差异性. 地质科技情报, 30 (4): 73-76.

公言杰, 柳少波, 方世虎, 等. 2014. 四川盆地侏罗系致密油聚集孔喉半径下限研究. 深圳大学学报（理工版）, 31 (1): 103-110.

郭小文, 何生, 郑伦举, 等. 2011. 生油增压定量模型及影响因素. 石油学报, 32 (4): 637-644.

郝乐伟, 王琪, 唐俊. 2013. 储层岩石微观孔隙结构研究方法与理论综述. 岩性油气藏, 25 (5): 123-128.

黄薇, 梁江平, 赵波, 等. 2013. 松辽盆地北部白垩系泉头组扶余油层致密油成藏主控因素. 古地理学报, 15 (5): 635-644.

贾承造, 邹才能, 李建忠, 等. 2012. 中国致密油评价标准、主要类型、基本特征及资源前景. 石油学报, 33 (3): 343-350.

巨世昌. 2015. 松辽盆地齐家地区高台子油层致密油成藏动力研究. 西安石油大学硕士学位论文.

李易霖, 张云峰, 丛琳, 等. 2016. X-CT 扫描成像技术在致密砂岩微观孔隙结构表征中的应用——以大安油田扶余油层为例. 吉林大学学报（地球科学版）, 46 (2): 379-387.

刘国杰, 贺网兴. 1990. 压缩液体的状态方程式. 华东化工学院学报, 16 (5): 576-583.

刘娜娜. 2014. 齐家—古龙凹陷高台子油层储层成岩作用及其对储层质量的影响. 吉林大学硕士学位论文.

刘向君, 朱洪林, 梁利喜. 2014. 基于微 CT 技术的砂岩数字岩石物理实验. 地球物理学报, (4): 1133-1140.

马勇, 钟宁宁, 黄小艳, 等. 2014. 聚集离子束扫描电镜（FIB-SEM）在页岩纳米级孔隙结构研究中的应用. 电子显微学报, 33 (3): 251-256.

潘树新, 梁苏娟, 史永苏, 等. 2010. 松辽盆地上白垩统青山口组介形虫群集性死亡事件成因. 古地理学报, 12 (4): 409-414.

秦积舜, 李爱芬. 2006. 油层物理学. 青岛: 中国石油大学出版社: 211-237.

屈乐, 孙卫, 杜环虹, 等. 2014. 基于 CT 扫描的三维数字岩心孔隙结构表征方法及应用——以莫北油田 116 井区三工河组为例. 现代地质, (1): 190-196.

苏娜, 段永刚, 于春生. 2011. 微 CT 扫描重建低渗气藏微观孔隙结构——以新场气田上沙溪庙组储层为例. 石油与天然气地质, 32 (5): 792-796.

孙卫, 史成恩, 赵惊蛰, 等. 2006. X-CT 扫描成像技术在特低渗透储层微观孔隙结构及渗流机理研究中的应用——以西峰油田庄 19 井区长 82 储层为例. 地质学报, 80 (5): 775-779.

王朋岩, 刘风轩, 马锋, 等. 2014. 致密砂岩气藏储层物性上限界定与分布特征. 石油与天然气地质, 35 (2): 238-243.

王伟明, 卢双舫, 田伟超, 等. 2016. 吸附水膜厚度确定致密油储层物性下限新方法——以辽河油田大民屯凹陷为例. 石油与天然气地质, 37 (1): 135-138.

闫明. 2015. 齐家地区高台子油层储层微观特征研究. 东北石油大学硕士学位论文.

杨华, 李士祥, 刘显阳. 2013. 鄂尔多斯盆地致密油、页岩油特征及资源潜力. 石油学报, 34 (1): 1-10.

姚泾利, 王怀厂, 裴戈, 等. 2014. 鄂尔多斯盆地东部上古生界致密砂岩超低含水饱和度气藏形成机理. 天然气工业, 34 (1): 37-43.

姚泾利, 赵彦德, 邓秀芹, 等. 2015. 鄂尔多斯盆地延长组致密油成藏控制因素. 吉林大学学报 (地球科学版), 45 (4): 983-992.

曾溅辉, 杨智峰, 冯枭, 等. 2014. 致密储层油气成藏机理研究现状及其关键科学问题. 地球科学进展, 29 (6): 651-661.

张洪, 柳少波, 张水昌, 等. 2014. 四川公山庙油田致密砂岩油充注孔喉下限探讨及应用. 天然气地球科学, 25 (5): 693-700.

张厚福, 方朝亮, 高先志, 等. 1999. 石油地质学. 北京: 石油工业出版社: 142-151.

赵彦超, 陈淑慧, 郭振华. 2006. 核磁共振方法在致密砂岩储层孔隙结构中的应用——以鄂尔多斯大牛地气田上古生界石盒子组 3 段为例. 地质科技情报, 25 (1): 109-112.

赵子龙, 赵靖舟, 曹磊, 等. 2015. 基于充注模拟实验的致密砂岩气成藏过程分析——以鄂尔多斯盆地为例. 新疆石油地质, 36 (5): 583-587.

郑民, 李建忠, 吴晓智, 等. 2016. 致密储集层原油充注物理模拟——以准噶尔盆地吉木萨尔凹陷二叠系芦草沟组为例. 石油勘探与开发, 43 (2): 1-9.

朱如凯, 白斌, 崔景伟, 等. 2013. 非常规油气致密储集层微观结构研究进展. 古地理学报, 15 (5): 615-623.

邹才能, 陶士振, 侯连华, 等. 2013. 非常规油气地质. 北京: 地质出版社.

Al-Yaseri A Z, Lebedev M, Vogt S J, et al. 2015. Pore-scale analysis of formation damage in Bentheimer sandstone with in-situ NMR and micro-computed tomography experiments. Journal of Petroleum Science and Engineering, 129: 48-57.

Attwood D. 2006. Microscopy: Nanotomography Comes of Age. Nature, 442 (10): 642-643.

Bijeljic B, Muggeridge A H, Blunt M J. 2004. Pore-scale modeling of longitudinal dispersion. Water Resources Research, 40 (11): W11501.

Clarkson C R, Jensen J L, Pedersen P K, et al. 2012. Innovative methods for flow-unit and pore-structure analyses in a tight siltstone and shale gas reservoir. Amer Assoc Petroleum Geologist Bulletin, 96 (2): 355-374.

Curtis M E, Sondergeld C H, Ambrose R J, et al. 2012. Microstructural investigation of gas shales in two and three dimensions using nanometer-scale resolution imaging. Amer Assoc Petroleum Geologist Bulletin, 96 (4): 665-677.

Dewanckele J, De Kock T, Boone M A, et al. 2012. 4D imaging and quantification of pore structure modifications inside natural building stones by means of high resolution X-ray CT. Science of The Total Environment, 416: 436-448.

Dutton S P, Loucks R G. 2010. Reprint of: Diagenetic controls on evolution of porosity and permeability in lower

Tertiary Wilcox sandstones from shallow to ultradeep (200 – 6700m) burial, Gulf of Mexico Basin, U. S. A. Marine and Petroleum Geology, 8: 1775-1787.

Heath J E, Dewers T A, McPherson B J, et al. 2011. Pore networks in continental and marine mudstones: Characteristics and controls on sealing behavior. Geosphere, 7 (2): 429-454.

Karen E H, Horst Z, Agnes G R, et al. 2007. Diagenesis, porosity evolution, and petroleum emplacement in tight gas reservoirs, Taranaki Basin, New Zealand. Journal of Sedimentary Research, 77 (12): 1003-1025.

Lei Y H, Luo X R, Wang X Z, et al. 2015. Charateristics of silty laminae in Zhangjiatan Shale of southeastern Ordos Basin, China: Implications for shale gas formation. Amer Assoc Petroleum Geologist Bulletin, 99 (4): 661-687.

Lewis R T, Seland J G. 2016. A multi-dimensional experiment for characterization of pore structure heterogeneity using NMR. Journal of Magnetic Resonance, 263: 19-32.

Loucks R G, Reed R M, Ruppel S C, et al. 2012. Spectrum of pore types and networks in mudrocks and a descriptive classification for matrix-related mudrock pores. Amer Assoc Petroleum Geologist Bulletin, 96 (6): 1071-1098.

Nishiyama N, Yokoyama T. 2013. Estimation of water film thickness in geological media associated with the occurrence of gas entrapment. Procedia Earth and Planetary Science, 7 (6): 20-623.

Prodanović M, Lindquist W B, Seright R S. 2006. Porous Sructure and Fluid Prtitioning in Polyethylene Cores from 3D X-Ray Microtomographic Imaging. Journal of Colloid and Interface Science, 298 (1): 282-297.

Sakdinawat A, Attwood D. 2010. Nanoscale X-Ray Imaging. Nature Photonics, 267 (4): 840-848.

Zeng J, Cheng S, Kong X, et al. 2010. Non-Darcy flow in oil accumulation (oil displacing water) and relative permeability and oil saturation characteristics of low-permeability sandstones. Petroleum Science, 1: 20-30.

Zhang L P, Bai G P, Luo X R, et al. 2009. Diagenetic history of tight sandstones and gas entrapment in the Yulin Gas Field in the central area of the Ordos Basin, China. Marine and Petroleum Geology, 26 (6): 974-989.